Alliancing Contracts im deutschen Rechtssystem

Schriften zum deutschen und internationalen Baurecht

Herausgegeben von Axel Wirth

Band 10

PETER LANG
Frankfurt am Main · Berlin · Bern · Bruxelles · New York · Oxford · Wien

Franz Weinberger

Alliancing Contracts im deutschen Rechtssystem

Internationaler Verlag der Wissenschaften

Bibliografische Information der Deutschen Nationalbibliothek
Die Deutsche Nationalbibliothek verzeichnet diese Publikation
in der Deutschen Nationalbibliografie; detaillierte bibliografische
Daten sind im Internet über http://dnb.d-nb.de abrufbar.

Zugl.: Darmstadt, Techn. Univ., Diss., 2010

Umschlaggestaltung:
Olaf Glöckler, Atelier Platen, Friedberg

D 17
ISSN 1863-091X
ISBN 978-3-631-60305-5
© Peter Lang GmbH
Internationaler Verlag der Wissenschaften
Frankfurt am Main 2010
Alle Rechte vorbehalten.

Das Werk einschließlich aller seiner Teile ist urheberrechtlich geschützt. Jede Verwertung außerhalb der engen Grenzen des Urheberrechtsgesetzes ist ohne Zustimmung des Verlages unzulässig und strafbar. Das gilt insbesondere für Vervielfältigungen, Übersetzungen, Mikroverfilmungen und die Einspeicherung und Verarbeitung in elektronischen Systemen.

www.peterlang.de

Meinen Eltern

Vorwort

Die Arbeit wurde im Juli 2009 abgeschlossen und im März 2010 als Dissertation von der Technischen Universität Darmstadt angenommen. Rechtsprechung und Schrifttum wurden bis Mitte 2009 berücksichtigt.

Die Idee zu dieser Arbeit entstand während meines Pflichtwahlpraktikums, welches ich in Sydney, Australien, in der Rechtsanwaltskanzlei Clayton Utz absolviert habe. Die „Construction & Major Projects Group", deren Teil ich war und insbesondere Doug Jones sind weltweit für ihre Expertise im Bereich Allianzverträge anerkannt. Bjorn Gehle, der mein Mentor in dieser Zeit war und der mich zu dieser Arbeit ermuntert hat, schulde ich viel Dank.

An dieser Stelle möchte ich mich auch bei meinem Doktorvater Herrn Prof. Dr. Axel Wirth bedanken, der die Arbeit in jeder Hinsicht unterstützt hat. Dank schulde ich auch Herrn Prof. Gerd Lautner für die Erstellung des Zweitgutachtens.

Mein Dank gilt insbesondere meinen Eltern, die mich über die gesamte Zeit hinweg nicht nur finanziell unterstützt, sondern die Arbeit auch in Form zahlreicher Gespräche intensiv begleitet haben. Ebenso meiner Freundin Vivian, die ich über alles liebe und die mir viel geholfen hat. Ihnen möchte ich diese Arbeit widmen. Danken möchte ich auch meinen Freunden Svenja Kerkman und Christian Heister, sowie Helmut Linnenbrink für die mühevolle Korrektur dieser Arbeit. Gleichermaßen Armin Fary für die schöne Zeit während des Verfassens dieser Arbeit.

München im März 2010   Franz Weinberger

Inhaltsverzeichnis

- **A. EINLEITUNG** 1
- **I. Allgemeine Einführung** 1
- **II. Themenbegrenzung und Gang der Arbeit** 3
- **B. DER ALLIANZVERTRAG AM BEISPIEL AUSTRALIENS** 5
- **I. Definition** 5
- **II. Ursprung** 6
- **III. Modelle – Relationship Contracts** 7
  1. Hintergrund 7
  2. Partnering 10
  3. GMP-Vertrag 12
  4. Construction Management 13
  5. Projektallianzen 14
  6. Hybrid Allianzen und Mischformen 14
  7. Langzeit/strategische Allianzen 15
- **IV. Phasen einer Allianz** 16
- **V. Struktur** 17
  1. Überblick 18
  2. Das ALT 20
  3. Das AMT 22
- **VI. Charakteristische Klauseln** 23
  1. Remuneration Regime (Vergütungssystem) 23
     - a) Vergütung I – Direkte Kosten 24
     - b) Vergütung II – Gewinn und Unternehmenskosten 27
     - c) Vergütung III – Bonus/Malus System 29
       - (1) Benchmark 1: erwartete Bauzeit und Baukosten ... 31
       - (2) Benchmark 2: nicht Zeit oder Baukosten betreffende KRA 33
       - (3) Aufteilung unter den Vertragsparteien 36
       - (4) Folgen 37
     - d) Einbindung von Subunternehmern 37

	(1) Einbindung in den Vertrag	38
	(2) Klassische Subunternehmerschaft	38
e)	Financial Auditor	38
f)	Vorteile und Nachteile der Vergütungsregelung	39

2. „No blame, no disputes" (Haftungsausschluss und Klageverzicht) ... 42
3. Unanimous Agreement (Einstimmigkeitsgebot) ... 47
4. Streitbeilegungsverfahren ... 48
   a) Frühwarnsystem ... 48
   b) Streitbeilegung auf Ebene AMT ... 48
   c) Streitbeilegung auf Ebene ALT ... 49
   d) Das Dead-Lock-Breaking System ... 49
      (1) Swing-man ... 50
      (2) Dispute Resolution Boards ... 52
      (3) Schlichtungs-/Schiedsverfahren nach SOBau ... 53
      (4) Top-Executives ... 54
      (5) Mediation ... 54
      (6) Schiedsgericht/ordentliche Gerichtsbarkeit ... 55
      (7) Zusammenfassung ... 55
5. Intellectual property rights ... 56
6. Vertragsbeendigungsklausel ... 57

VII. Veränderung des Bausolls und der TOC nach Vertragsschluss ... 59

VIII. Bauversicherung ... 60

IX. Auswahl des Vertragspartners ... 60
1. Value for Money Strategie ... 61
2. Auswahlprozess ... 63
   a) Abschnitt 1 - Die Ausschreibung ... 65
   b) Abschnitt 2 - Die Interviews ... 67
   c) Abschnitt 3 - Die Workshops ... 68
   d) Abschnitt 4 – Vertragsverhandlungen ... 69
3. Verhandlungen mit einem Vertragspartner ... 71
4. Wettbewerb über die TOC ... 72

X. Vor- und Nachteile ... 73

XI. Anwendungsbereiche von Allianzverträgen ... 76

| C. | DIE UMSETZUNG IN DEUTSCHES RECHT | 79 |

I.	Rechtliche Einordnung der Allianz	79
1.	Zweck der „virtuellen Gesellschaft"	79
2.	Einordnung der Allianz im Common Law	80
3.	Deutsche Gesellschaftsformen	82
a)	Kapitalgesellschaften	85
b)	Personengesellschaften	86
(1)	ARGE	87
(2)	Joint Venture	88
(3)	Public-Private-Partnerships	89
(4)	Gesellschaft bürgerlichen Rechts	90
(a)	Gesellschaftsvertrag	90
(b)	Gesellschafter	91
(c)	Gemeinsamer Zweck	91
(d)	Außengesellschaft	95
(e)	Innengesellschaft	99
(f)	Formbedürftigkeit	100
(g)	Typengesetzlichkeit	101
(h)	Zusammenfassung	102
(5)	Offene Handelsgesellschaft	102
(a)	Gewerbe	103
(b)	In kaufmännischer Weise eingerichteter Geschäftsbetrieb	105
c)	Gemeinschafter gem. § 741 BGB	106
4.	Ergebnis	106

II.	Vereinbarkeit des Allianzvertrages mit dem deutschen Recht	108
1.	Bürgerliches Gesetzbuch	108
a)	Ausschluss der Haftung	108
b)	Der Allianzvertrag als Allgemeine Geschäftsbedingung	109
(1)	Vertragsbedingung	109
(2)	Vorformulierung für eine Vielzahl von Verträgen	110
(3)	Stellen von AGB	110
(4)	Aushandlung im Einzelnen	111
(5)	Individualvereinbarung	112
(6)	AGB-Anwendungsbereich gem. § 310 BGB	112

(7) Zusammenfassung ... 113
c) Werkvertragsrecht ... 114
(1) Gewährleistungsrechte ... 114
   (a) Abnahme/Fertigstellung ... 115
   (b) Allianzvertragliche Regelung der Abnahme/Fertigstellung ... 115
   (c) Gesetzliche Folgen der Abnahme ... 117
   (d) Allianzvertragliche Folgen der Abnahme ... 118
   (e) Verjährung ... 119
(2) Vergütung ... 120
(3) Kündigung § 643, 649 BGB ... 121
(4) Zusammenfassung ... 122
d) Die Gesellschaft bürgerlichen Rechts ... 122
(1) Organisation ... 123
(2) Einstimmigkeitsgebot ... 126
(3) Kündigungsrecht ... 126
   (a) Anwendbares Recht ... 126
   (b) Fortsetzungsklausel ... 129
   (c) Grundsätzlicher Ausschluss des ordentlichen Kündigungsrechts 130
   (d) Ordentliches Kündigungsrecht des Bauherrn ... 130
   (e) Kündigung der NEP'en aus wichtigem Grund ... 131
   (f) Kündigung des Bauherrn aus wichtigem Grund ... 133
   (g) Insolvenz eines Gesellschafters ... 133
   (h) Folgen einer Kündigung/Insolvenz ... 134
   (i) Rückgabe von Gegenständen ... 136
   (j) Anpassungen ... 136
(4) Haftungsbeschränkung § 708 BGB ... 137
(5) Treuepflichten ... 138
   (a) Organschaftliche Treuepflicht ... 139
   (b) Mehrheitsbezogene Treuepflichten ... 142
   (c) Mitgliedschaftliche Treuepflichten ... 142
   (d) Lösung ... 144
(6) Gewinn- und Verlustverteilung ... 146
(7) Ausschluss der Vertretungsmacht ... 146
e) Zusammenfassung ... 147
2. Die VOB/B ... 147

3. Der Klageverzicht ... 149
   a) Verzicht auf die Klagbarkeit ... 151
   b) Konsequenzen und Auswege ... 156
   c) Problem der Bereichsausnahme für Vorsatz und Insolvenz ... 157
   d) Ergebnis ... 157
4. Das Streitbeilegungsverfahren ... 158
   a) Ersetzung des ordentlichen Gerichts- durch ein ADR-Verfahren ... 158
   b) Streitentscheidungsverfahren bei „unreinen" Allianzverträgen ... 159
   c) Schiedsgutachten ... 161
      (1) Abgrenzung zum Schiedsgericht ... 161
      (2) Gestaltende und feststellende Rechtsgutachten ... 162
   d) swing-man dispute resolution process ... 163
   e) Dispute Boards ... 165
   f) Andere ADR-Verfahren ... 166
   g) Öffentliche Hand als Vertragspartner ... 167
   h) Bindung an die Entscheidung im ADR-Verfahren ... 168
   i) Verfassungsrechtliche Grenzen ... 170
   j) Ergebnis ... 170

III. Die Bindungswirkung des Allianzvertrags ... 171

IV. Vereinbarkeit mit dem Vergabeverfahren ... 173
1. Rechtlicher Rahmen ... 174
2. Anwendungsbereich des deutschen Vergaberechts ... 175
3. Anwendung auf den Allianzvertrag ... 176
   a) Öffentlicher Auftraggeber ... 176
   b) Öffentlicher Auftrag ... 178
   c) Schwellenwerte ... 180
   d) Ergebnis ... 180
4. Die Vergabearten des Kartellvergaberechts ... 180
   a) Das offene Verfahren ... 181
   b) Das nichtoffene Verfahren ... 181
   c) Der wettbewerbliche Dialog ... 182
   d) Das Verhandlungsverfahren ... 182
   e) Verweise auf die Verdingungsordnungen ... 182
5. Vergabeart(en) für den Allianzvertrag ... 183

6. Anwendungsbereich des wettbewerblichen Dialogs 184
   a) Staatlicher Auftraggeber 184
   b) Besonders komplexer Auftrag 185
   c) Abgrenzung zum Verhandlungsverfahren 190
      (1) Unterschied Verhandlungsverfahren/ wettbewerblicher Dialog 190
      (2) Verhältnis Verhandlungsverfahren/wettbewerblicher Dialog 192
   d) Allianzverträge im Anwendungsbereich wettbewerblichen Dialogs . 193
7. Ablauf des wettbewerblichen Dialogs 194
   a) Der Teilnahmewettbewerb 195
      (1) Bekanntmachungspflicht 196
      (2) Inhalt der Bekanntmachung 197
      (3) Eignungsprüfung 199
   b) Die Dialogphase 199
      (1) Auswahl der Dialogpartner 200
      (2) Aufnahme von Verhandlungsgesprächen 201
      (3) Inhaltliche Ausgestaltung der Verhandlungsgespräche 201
      (4) Dialogabschluss 207
   c) Die Angebotsphase 207
   d) Der Zuschlag 208
8. Zwischenergebnis 209
9. Vereinbarkeit mit den VOB/A Basisparagraphen 210
   a) Verpflichtung zur Anwendung der VOB/B in § 10 VOB/A 211
   b) Verjährung der Mängelansprüche § 4 und 13 VOB/A 212
   c) Vergabe in Losen gem. § 97 Abs. 3 GWB und § 4 VOB/A 212
   d) § 5 VOB/A 214
   e) Ergebnis: Nationale Gesetzesänderung nötig! 215
10. Anwendungsgebiete aus vergaberechtlicher Sicht 217
    a) Öffentliche Auftraggeber 217
    b) Sektorenauftraggeber 217
    c) Anwendung im nicht-öffentlichen (privaten) Bereich 218
11. Erkenntnisse für die Vergabe von Allianzverträgen 218

D. ZUSAMMENFASSUNG/ERGEBNIS 219

Abkürzungsverzeichnis

a.A.	andere Ansicht
Abs.	Absatz
ACLN	Australian Construction Law Newsletter
ACT	Australian Capital Territory
ADR	Alternative Dispute Resolution
ADRJ	Australian Dispute Resolution Journal
AG	Aktiengesellschaft
AGB	Allgemeine Geschäftsbedingungen
AktG	Aktiengesetz
ALT	Allianz Leadership Team
AMT	Allianz Management Team
Anm.	Anmerkung
Anwbl.	Anwaltsblatt
ARELJ	Australian Resources & Energy Law Journal
ARGE	Arbeitsgemeinschaft
Art.	Artikel
BAG	Bundesarbeitsgericht
BauR	Baurecht
BayObLG	Bayrisches Oberstes Landgericht
BB	Betriebsberater
BCL	Building and Construction Law
BFH	Bundesfinanzhof
BGB	Bürgerliches Gesetzbuch
BGBl.	Bundesgesetzblatt
BGH	Bundesgerichtshof
BGHZ	Entscheidungen des Bundesgerichtshofes in Zivilsachen
BVerfG	Bundesverfassungsgericht
CLR	Commonwealth Law Reports
Const.L.J.	Construction Law Journal
D&C	Design and Construct
DB	Der Betrieb
DCM	Design, Construct and Management
ders.	derselbe

Diss.	Dissertation
DLB	Dead Lock Breaking
DRB	Dispute Resolution Board
DStR	Deutsches Steuerrecht
DTF	The Secretary Department of Treasury and Finance (Victoria)
DVA	Deutsche Verdingungsausschuss für Bauleistungen
e.V.	eingetragener Verein
EG	Europäische Gemeinschaft
EinhM	einheitliche Meinung
EU	Europäische Union
EuGH	Europäischer Gerichtshof
EWHC	High Court of England and Wales
FA	Financial Auditor
FIDIC	Fédération Internationale des Ingénieurs-Conseils
Fn.	Fußnote
GbR	Gesellschaft bürgerlichen Rechts
GG	Grundgesetz
GmbH	Gesellschaft mit beschränkter Haftung
GmbHG	GmbH Gesetz
GMP	Guaranteed maximum price
GWB	Gesetz gegen Wettbewerbsbeschränkungen
HGB	Handelsgesetzbuch
hM	herrschende Meinung
Hrsg.	Herausgeber
i.V.m.	in Verbindung mit
IBR	Zeitschrift Immobilien- und Baurecht
ICC	International Chamber of Commerce
ICLR	International Construction Law Review
IPAA	Interim Project Alliance Agreement
J Int Arb	Journal of international Arbitration
JZ	Juristenzeitung
Kap.	Kapitel
KG	Kommanditgesellschaft
KGaA	Kommanditgesellschaft auf Aktien
KPI	Key Performance Indikator
KRA	Key Result Area

LM	Nachschlagewerk des Bundesgerichtshofes
Ltd.	Limited
m.W.v.	mit Wirkung vom
MDR	Monatsschrift für deutsches Recht
MEDALOA	Mediation and Last Offer Arbitration
MüchKommBGB	Münchner Kommentar (Bürgerliches Gesetzbuch)
MünchKommHGB	Münchner Kommentar Handelsgesetzbuch
MünchKommZPO	Münchner Kommentar Zivilprozessordnung
MV ARGE	Mustervertrag Arbeitsgemeinschaft
mwN	mit weiteren Nachweisen
NEP	Nichteigentümerpartei
NJW	Neue Juristische Wochenschrift
NJW-RR	Neue Juristische Wochenschrift - Rechtsprechungsreport
NSW	New South Wales (Australia)
NSWSC	New South Wales Supreme Court
NT	Northern Territory (Australia)
NVwZ	Neue Zeitschrift für Verwaltungsrecht
NZBau	Neue Zeitschrift für Baurecht
NZG	Neue Zeitschrift für Gesellschaftsrecht
NZLR	New Zealand Law Reports
NZV	Neue Zeitschrift für Verkehrsrecht
OHG	Offene Handelsgesellschaft
OLG	Oberlandesgericht
OPS	Overall Performance Score
PAA	Project Alliance Agreement
PartGG	Partnerschaftsgesetz
PPLR	Public Procurement Law Review
PPP	Public Private Partnership
Pty.	Party
Qld	Queensland (Australia)
Rdnr.	Randnummer
RFP	Request for Proposal
RGZ	Entscheidungen des Reichsgerichts in Zivilsachen
RIW	Recht der internationalen Wirtschaft
RL	Richtlinie
SA	South Australia

SKR	Sektorenkoordinierungsrichtlinie
SOBau	Schlichtungs- und Schiedsordnung für Baustreitigkeiten
st. Rspr.	ständige Rechtsprechung
Tas	Tasmania (Australia)
TCE	Target cost estimate
TOC	Target outturn cost
Univ.	Universität
v	versus
Verg	Vergabe
VergabE	Vergabeentscheidung
VergabeR	Zeitschrift für das gesamte Vergaberecht
VersR	Versicherungsrecht
vgl.	Vergleiche
VgV	Verordnung über die Vergabe öffentlicher Aufträge
Vic	Victoria (Australia)
VK	Vergabekammer
VKR	Vergabekoordinierungsrichtlinie
VOB/A	Vergabe und Vertragsordnung für Bauleistungen Teil A
VOB/B	Vergabe und Vertragsordnung für Bauleistungen Teil B
VOF	Verdingungsordnung für freiberufliche Leistungen
VOL/A	Verdingungsordnung für Leistungen
WA	Western Australia
WA Sup Ct	Supreme Court of Western Australia
WM	Wertpapier Mitteilungen
ZfBR	Zeitschrift für deutsches und internationales Bau- und Vergaberecht
ZGR	Zeitschrift für Unternehmens- und Gesellschaftsrecht
ZHR	Zeitschrift für das gesamte Handelsrecht
ZIP	Zeitschrift für Wirtschaftsrecht
ZMR	Zeitschrift für Miet- und Raumrecht
ZPO	Zivilprozessordnung
ZZP	Zeitschrift für Zivilprozeß

A. Einleitung

I. Allgemeine Einführung

Die Bauwirtschaft befindet sich seit Jahren in einer anhaltenden konjunkturellen und strukturellen Krise.[1] Die Ursachen hierfür liegen, neben konjunkturellen Einflüssen auf die Bauwirtschaft, in einer Vielzahl von Veränderungen auf dem Markt für Bauleistungen. Stetig sinkende Bauvolumina, steigender Wettbewerbsdruck, daraus resultierender Preiskampf und eine starke Zunahme der Insolvenzen im Bereich der Bauwirtschaft prägen das Branchenumfeld. Diese massiven Veränderungen haben dazu geführt, dass die Unzufriedenheit in der Baubranche mit den jeweiligen Vertragspartnern gestiegen ist und mehr denn je Misstrauen und Vorsicht die Atmosphäre der Projektabwicklung beherrschen. Feste Budgets, kurze Bauzeiten, schwierige Finanzierungsfragen und –probleme und ein in zunehmendem Maße internationaler Wettbewerb tragen zusätzlich zur schlechten Stimmung bei. Stetig steigende Lohn- und Materialkosten lassen zudem eine sichere Kostenprognose zum Zeitpunkt des Vertragsschlusses kaum zu.

In Großbritannien hat eine Analyse dieses, dort in ähnlicher Form existierenden, Dilemmas im sogenannten *Latham Report 1994*[2] ergeben, dass unter anderem ein stärkerer kooperativer und partnerschaftlicher Ansatz bei der Abwicklung von Bauprojekten notwendig ist. Dies hat auch der BGH erkannt, als er in seinem viel beachteten Urteil vom 28.10.1999[3] die Kooperationspflichten der Vertragspartner stärker in den Fokus rückte und den Parteien eine Verweigerungshaltung attestierte. In diesem Urteil formulierte der BGH erstmals eine Vertragspflicht der Parteien zur Kooperation. Ausfluss dieser Kooperationspflicht ist es unter anderem, zumindest einen ernsthaften Versuch zu unternehmen, Meinungsverschiedenheiten durch Verhandlungen beizulegen.

In diesem Kontext steht die Entwicklung partnerschaftlicher und kooperativer Baumodelle. Die Verfechter dieser Modelle bezweifeln, dass die traditionellen Organisationsformen, Bauverträge und Vergabeverfahren den Veränderungen auf dem Baumarkt ausreichend Rechnung tragen.[4] Um dies zu ändern, sind

---

1 Messerschmidt/Voit – Richter Teil D, Rdnr. 310.
2 Der Latham Report war ein einflussreicher Bericht, geschrieben von Sir Michael Latham und beauftragt von der Regierung und der Bauindustrie Großbritanniens. Er analysierte die damals gängigen Vergütungssystems und Vertragsordnungen.
3 BauR 2000, 409 ff.und Anmerkungen von Kniffka, Mitglied des VII. Zivilsenats des BGH in Kniffka, Rolf: Die Kooperationspflichten der Bauvertragspartner im Bauvertrag, BauR 2001 S.1 ff.
4 vgl. Jensen, Christina: Das Dilemma der Bauverträge, 2006, S. 19 ff.; Schröder, Rainer: Die statistische Realität des Bauprozesses, NZBau 2008, S. 12; Messerschmidt/Voit – Richter Teil D, Rdnr. 246.

die Vertragsmodelle des Partnering, des GMP-Vertrages, des Construction Management und einige andere partnerschaftliche Baumodelle entwickelt worden.[5] Der Allianzvertrag wurde ursprünglich bei Ölförderprojekten in der Nordsee entwickelt, um der Unzufriedenheit mit den dort ansonsten üblichen „construct only" und „construct and design" Verträgen entgegenzuwirken. Er erfreut sich seitdem vor allem in Australien und Asien wachsender Beliebtheit und wird inzwischen bei einer Vielzahl von Infrastrukturprojekten und anderen Großprojekten verwendet. Auch im internationalen Anlagenbau finden sich Alliancing-Modelle.[6]

Dem australischen und dem deutschen Markt sind gemein, dass die Kosten für Arbeit und Material und somit auch die gesamten Baukosten stark gestiegen sind. In diesem Umfeld ist es für Bauunternehmen zunehmend schwierig geworden, die Kosten eines Großprojekts, das über mehrere Jahre andauert, präzise zu prognostizieren. Oftmals vergehen zwischen Planung und Ausführung Jahre in denen Rohstoffpreise stark schwanken können. Anders als im australischen Markt, herrscht hierzulande ein Überangebot an Bauunternehmen, die sich um ein Projekt bewerben. Dies führt dazu, dass die Bauunternehmen zum Teil mit sehr niedrigen Preisen in den Wettbewerb gehen, um den Auftrag zu erhalten. Nicht selten wird dann versucht, über Änderungen und Erweiterungen und über die VOB/B die Gewinnmarge nachträglich doch noch zu erhöhen.[7]

Der Allianzvertrag versucht durch seinen kooperativen Charakter neuartige Wege aus der Krise der Bauwirtschaft aufzuzeigen. Er verknüpft dabei einzelne Elemente des Partnering, des GMP-Vertrages und des Construction Management und fügt es in einem Vertrag zusammen. Zudem enthält der Allianzvertrag durch eine „no blame – no dispute"-Kultur ein sehr innovatives Konfliktmanagement, das Konflikte nicht nur effizient lösen soll, sondern bereits deren Entstehung entgegen wirkt. Erst in der Zusammenschau all seiner Elemente wird ersichtlich, dass der Allianzvertrag weit mehr ist als die Summe seiner Klauseln und keineswegs auf ein besonderes Vergütungssystem reduziert werden kann. Ziel ist es, durch rechtlich verbindliche und (erstmals) im Bauvertrag selbst implementierte Strukturen weg von einer Atmosphäre des "Your gain is my loss"[8] hin zu einer „Win:Win"-Situation zu gelangen. So sollen Risiken, nicht wie bisher geschehen, mehr oder weniger gerecht unter den Parteien verteilt werden, sondern es soll vielmehr versucht werden, erkannte oder aufkommende Risiken

---

5 Siehe für weitere partnerschaftliche Vertragsarten Korbion, Claus-Jürgen in Ingenstau/Korbion VOB, 16. Auflage, 2007, Anhang 3, S. 146ff; Messerschmidt/Voit – Richter Teil D, Rdnr. 246 ff.
6 Messerschmidt/Voit – Richter Teil D, Rdnr. 310.
7 Zum Dilemma der Bauverträge und insbesondere zu den Problemen mit Nachtragskonflikten siehe Jensen, Christina: Das Dilemma der Bauverträge, 2006, S. 19 ff.
8 Jones, Douglas: Keeping the Options Open: Alliancing and Other Forms of Relationship Contracting with Government, Building and Construction Law 2001 S. 153.

gemeinschaftlich zu lösen. Denn es ist mittlerweile weitestgehend anerkannt, dass sich auf Kosten der anderen Parteien kein Gewinn erwirtschaften lässt. Vielmehr führen solche Versuche zu extrem langwierigen und teuren Streitigkeiten, die am Ende niemandem helfen.[9]

Zudem ist es möglich, durch frühzeitige Einbindung aller am Projekt beteiligten Parteien und den Wegfall von Risikozuschlägen, die Gesamtkosten eines Projekts zu senken.

Allerdings und dies soll hier auch ganz klar dargestellt werden, ist der Allianzvertrag kein Allheilmittel, sondern hat selbst auch Nachteile. Insbesondere bedarf es einer Änderung der Mentalität und ein Umdenken der verantwortlichen Personen, um Allianzverträgen zum Erfolg zu verhelfen. Diese müssen erkennen, dass die Zukunft der Bauwirtschaft nicht in einer Verlagerung der Risiken und einer Ausuferung der Nachträge liegt, sondern im kooperativen und partnerschaftlichen Zusammenwirken.

II. Themenbegrenzung und Gang der Arbeit

Diese Arbeit soll eine Grundlage für die Beurteilung von Allianzverträgen nach deutschem Recht schaffen. Dazu wird zunächst der Allianzvertrag am Beispiel Australiens dargestellt. Ein Schwerpunkt soll dabei weniger auf der praktischen Umsetzung als auf der rechtlichen Umsetzung, insbesondere der charakteristischen Klauseln, liegen. Anschließend soll die Rechtsnatur des Allianzvertrages geklärt werden, um sodann die Vereinbarkeit des Allianzvertrages mit dem deutschen Recht zu analysieren. Schließlich wird noch auf das deutsche Vergabewesen einzugehen sein, um den Allianzvertrag auch dort einordnen zu können. Diese Arbeit kann nicht den Anspruch haben alle Einzelheiten des Allianzvertrages rechtlich zu beurteilen. Vielmehr sollen die charakteristischen Merkmale eine rechtliche Überprüfung finden. Das deutsche Steuerrecht und die Frage der steuerrechtlichen Behandlung einer Allianz werden aus diesem Grunde ebenso ausgelassen wie das spezielle Architektenrecht der HOAI. Diese Arbeit dient der grundlegenden Untersuchung der Allianz und ihrer Beurteilung nach deutschem Recht.

---

9   Siehe auch dazu Jones, Douglas: Keeping the Options Open: Alliancing and Other Forms of Relationship Contracting with Government, Building and Construction Law 2001 S. 153 ff.

B. Der Allianzvertrag am Beispiel Australiens

I. Definition

Eine Projektallianz ist ein rechtlicher und kommerzieller Rahmen zwischen einem Bauherrn und einem oder mehreren Bauunternehmen, Architekten, Sonderfachleuten, Dienstleistern, etc. (NEP, Nichteigentümerpartei), um ein Projekt zu „erschaffen". Der Allianzvertrag führt Unternehmen, die die richtige Einstellung und Befähigung haben, um in einer von Gemeinschaftlichkeit geprägten Atmosphäre zu arbeiten, zusammen und vereinigt dadurch auch kommerziellen Interessen. Allianzen haben dabei folgende Grundsätze und Prinzipien:[10]

- alle Vertragsparteien gewinnen und verlieren gemeinsam, je nach Ausgang des Projekts;
- gemeinsame Verantwortung für das Projekt und gleichmäßige Verteilung aller Risiken und Vergütungen;
- eine Zusammenarbeit unter Gleichen, jeder hat die gleichen Rechte;
- Bezahlung der NEP für ihre Leistungen durch ein Vergütungssystem, welches unterteilt ist in:
  - Kostenerstattung aller den NEP'en entstehenden direkten Kosten nach dem Prinzip der gläsernen Taschen;
  - eine Vergütung, bestehend aus indirekten Kosten und normalen Gewinn;
  - ein Bonus/Malus System, das Belohnungen für gute Arbeit und Bestrafungen für schlechte Arbeit enthält und diese auf alle Parteien gleichmäßig verteilt;
- Einstimmigkeit bei allen wichtigen Fragen und Konflikten;
- voller Zugang zu und Bereitstellung von den besten Ressourcen aller Vertragsparteien;
- Fokussierung auf Innovationen und Engagement, um herausragende Ergebnisse zu erzielen;
- klare Verantwortlichkeiten und Haftungsumfänge innerhalb einer „no blame – no dispute"-Klausel;
- Projektteams, die aufgrund ihrer persönlichen Eigenschaften ausgewählt wurden, weil sie für das Projekt am besten geeignet sind;
- ehrliche und offene Kommunikation zwischen den Parteien;
- Vereinbarungen und Transaktionen unterliegen einer „open-book-policy"[11].

---

10 DTF, Project Alliance Practitioners' Guide, Introduction to the Guide, S. 2.
11 Prinzip der gläsernen Taschen, vgl. Gehle, Bjorn/Wronna, Alexander.: Der Allianzvertrag – Neue Wege kooperativer Vertragsgestaltung, Baurecht 2001, S. 4.

Bei einem Allianzvertrag wählt der Bauherr und Eigentümer einen oder mehrere Bauunternehmen und/oder Architekten, Statiker etc. aus und formt eine Allianz. Die Anforderungen des Projekts sind durch den Eigentümer und Bauherrn definiert und von vornherein klar. Das endgültige Design steht meistens noch nicht fest. So legt der Bauherr z.b. bei einem Autobahnbau zwar fest, wo genau die Autobahn verlaufen soll und an welchen Stellen Brücken, Tunnel etc. entstehen sollen, aber es gibt keine endgültigen Pläne und Berechnungen. Dies ist Aufgabe der Allianz. Hierdurch entsteht der Vorteil, dass alle Parteien von Beginn an am Projekt beteiligt sind und so ihr Know-How schon frühzeitig einbringen können.[12]

II. Ursprung

Allianzverträge wurden ursprünglich für Ölförderprojekte in der Nordsee und Alaska entwickelt. Insbesondere British Petroleum sah in der Nutzung von Allianzverträgen den besten Weg, hauptsächlich Größenkostenersparnisse zu nutzen. Durch die Trends der Managementrestrukturierung und des Outsourcings in den 80`er und 90`er Jahren wurde der Allianzvertrag immer populärer. In dieser Zeit wurde der Drang, profitabler zu arbeiten, immer stärker, wurde aber gehemmt von einem Personalmangel im Bereich spezialisierter Fachkräfte. Dies veranlasste die Ölfirmen und Dienstleistungsfirmen dazu, neue Strategien zu entwickeln, um gemeinsam eine hohe Qualität bei gleichzeitig niedrigen Kosten zu erreichen. Die ersten Allianzen und Partnerschaften wurden daher aus diesem Mangel an Fachkräften gebildet und organisierten die Zusammenarbeit mehrerer Firmen.[13]

Am Anfang war dies der Hauptgrund für die Gründung von Partnerschaften und Allianzen. Erst in der weiteren Entwicklung wurde das partnerschaftliche Element gestärkt und die Kommunikation verbessert. Vertrauen bekam eine immer größere Bedeutung.[14]

---

12 Myers, James: Alliancing Contracting: A Potpourri of proven Techniques for successful Contracting, S.57.
13 Wood, Geoff; Chew, Andrew: Alliance Contracting – A Partnership in Business, ACLN S. 9.
14 Wood, Geoff; Chew, Andrew: Alliance Contracting – A Partnership in Business, ACLN S. 9.

III. Modelle – Relationship Contracts

1. Hintergrund

Um die verschiedenen Kooperations-Modelle (relationship contracts) zu verstehen, muss kurz auf die in Deutschland vorherrschenden Pauschalpreisverträge eingegangen werden. Diese sind verhältnismäßig einfach strukturiert und bereits weitestgehend untersucht. Der wohl häufigste Vertrag ist der reine Bauvertrag nach VOB/B in Form eines Leistungsvertrages, Einheitspreisvertrages oder Pauschalvertrages.[15] Bei diesem wird der Bauunternehmer beauftragt, ein von einem Architekten entworfenes Projekt genau nach Plan auszuführen. Dieser Vertrag hat den Vorteil, dass der Bauherr (vermeintlich)[16] genau weiß, was ihn das von dem Architekten entworfene Projekt kosten wird. Die Nachteile sind mannigfaltig und spiegeln sich in den häufig geführten Bauprozessen wieder (vgl. Grafiken).

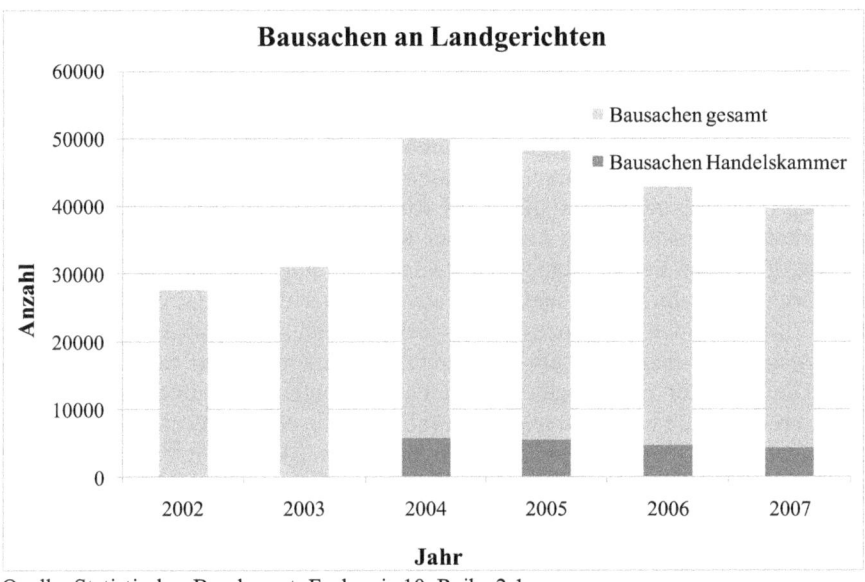

Quelle: Statistisches Bundesamt, Fachserie 10, Reihe 2.1

---

15 Vgl. hierzu Keldungs, Karl-Heinz in Ingenstau/Korbion VOB, 16. Auflage, 2007, § 5 VOB/A, Rdnr. 8 ff.
16 Zur Problematik der Nachtragsforderungen und deren Stellenwert vgl. Jensen, Christina: Das Dilemma der Bauverträge, 2005.

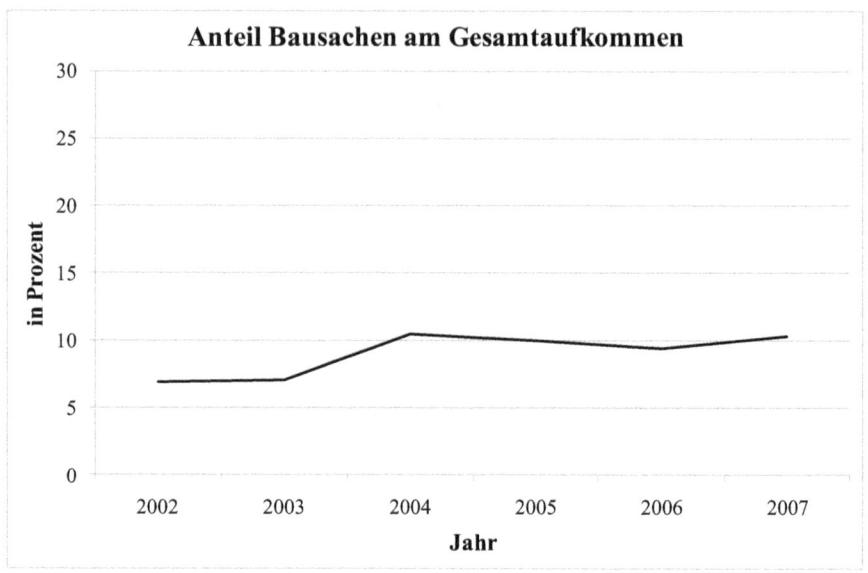

Quelle: Statistisches Bundesamt, Fachserie 10, Reihe 2.1

Zu dieser relativen Häufigkeit, an der Kammer für Handelssachen erhöht sich die Quote auf 23,3 %,[17] kommt bei Bauprozessen hinzu, dass diese oft eine technische Prägung aufweisen, die es den Richtern und Anwälten erschwert, den Sachverhalt zu verstehen und aus eigener Kenntnis zu entscheiden. Die Folge sind eine Fülle von Sachverständigengutachten und eine dadurch bedingte Zeitverzögerung.[18] Bauprozesse sind unter anderem aus diesem Grund besonders langwierige und intensive Prozesse, was sich auch an der Häufigkeit der Berufungen zeigt, will man diese als Indikator für die Intensität der Streitigkeit sehen.[19] Die Zahl der Berufungen an den Landgerichten in Baurechtssachen ist überdurchschnittlich hoch und lag in den Jahren 1999-2005 stets zwischen 7 und 14 Prozent. Am Oberlandesgericht sogar bei 9 bis 24 Prozent.[20] Bauprozesse sind daher nicht nur besonders langwierig, sondern gehen oft auch über mehrere Instanzen.

Die Grundproblematik entsteht dadurch, dass Bauherr und Bauunternehmer unter konventionellen Verträgen unterschiedliche Interessen haben. Während der Bauherr ein möglichst innovatives, hochwertiges und rechtzeitig im Rahmen

---

17 Jensen, Christina: Das Dilemma der Bauverträge, 2006, S. 20.
18 Pieper, Helmut: Sachverständige im Zivilprozess. Theorie, Dogmatik und Realität des Sachverständigenbeweises, 1982.
19 Blankenburg, Erhard: Mobilisierung des Rechts. Eine Einführung in die Rechtssoziologie, 1995.
20 Schröder, Rainer: Die statistische Realität des Bauprozesses, NZBau 2008, S. 12.

der Kosten hergestelltes Bauwerk haben möchte, will der Bauunternehmer möglichst viel Gewinn erzielen.[21] Hierbei sind ihm Design, Qualität und Pünktlichkeit gerade so wichtig, dass er die unterste Grenze des rechtlich und vertraglich Notwendigen einhält. Das dadurch entstehende Konfliktpotential ist enorm, was beide Parteien dazu anhält, von Beginn an dem anderen zu misstrauen und stets alles zu protokollieren, um in späteren Rechtsstreitigkeiten einen besseren Ausgangspunkt zu haben. Mit zunehmendem Baufortschritt wird die Gemengelage von Forderungen und Gegenforderungen immer komplexer und lässt sich nur schwer durchblicken.[22] Vertragliche Vereinbarungen von pauschalisierten Vertragsstrafen und Beweislasten tun ihr Übriges, um von vornherein eine Atmosphäre des Misstrauens entstehen zu lassen.[23] Aus diesen Gründen ist bei Pauschalpreisverträgen eigentlich nur eines sicher: Billiger wird es mit Sicherheit nicht!

Da der Baupreis zumeist durch einen mehr oder weniger reinen Preiswettbewerb ermittelt wird, liegt dieser oftmals und bei durchschnittlichen Projekten zumeist unter den eigentlichen Kosten. Die Bauunternehmen wissen daher bei Vertragsschluss genau, dass sie mit der vereinbarten Summe bestenfalls keinen Verlust einfahren.[24] Dieser Ausgangspunkt zwingt die Bauunternehmen, sich über Minderungen und Mehrungen sowie Kostenreduzierungen einen Gewinn zu erwirtschaften (sog. Nachträge)[25]. Für den Bauherrn bedeutet dies, dass er den Bauablauf stärker kontrollieren muss, um die Einhaltung des Bauvertrages zu überwachen. All dies geht in der Regel zu Lasten des Projekts und erzeugt Kosten an der falschen Stelle.[26]

Ein weiteres enormes Konfliktpotential und Problem bei gerichtlichen Auseinandersetzungen entsteht für den Bauherrn durch die Beweislastverteilung im Prozess. Dort ist es für den Bauherrn sehr schwierig zu beweisen, wer den Fehler/Mangel verursacht hat. Oftmals kann nicht eindeutig geklärt werden, ob der Fehler/Mangel nun auf einem fehlerhaften Bauplan, einer falschen Berechnung

---

21 Lembcke, Moritz: Die Influenz von Justizgewährungsanspruch, Rechtsprechungsmonopol des Staates und rechtlichem Gehör auf außergerichtliche Streitbeilegungsverfahren; NVwZ 2008, 42, 43; Jensen, Christina: Das Dilemma der Bauverträge, 2006, S. 22.
22 Stubbe, Christian: Mediation und Claim Management; BB-Beiage 1998 Nr. 27, S. 25; ders.: Wirtschaftsmediation und Claim Management, BB 2001, 685.
23 Jones, Douglas: Keeping the Options Open: Alliancing and Other Forms of Relationship Contracting with Government, Building and Construction Law 2001 S. 154.
24 Alchimie Pty Ltd: Target Outturn Cost: Ensuring Value for Money through TOC Process, S.3.
25 Jensen, Christina: Das Dilemma der Bauverträge, 2006, S. 21.
26 Nußbaumer, Manfred, Nübel, Konrad: Konfliktbewältigung bei risikoreichen Bauprojekten, S. 132.

der Statik oder einer mangelhaften Ausführung der Bauarbeiten beruht.[27] Beweislastumkehrungen und undurchsichtige Beweislastregelungen sowie zahllose Sachverständigengutachten sind die Folge. Da so der Bauherr zudem mehrere Parteien verklagen muss, um sicherzugehen, dass er zumindest gegen einen gewinnt, steigt auch sein Prozessrisiko, denn einen oder sogar mehrere Prozesse wird er vermutlich verlieren. Dieses Problem kann man zwar durch so genannte „Design and Construct" Verträge umgehen, da dort der Architekt und der Bauunternehmer zusammen Vertragspartei des Bauunternehmers sind, hier ist dann aber die Gefahr von Streitigkeiten innerhalb der D&C Partei erhöht und das Design leidet noch mehr als bei einem unabhängigen Architekturbüro.

In diesem Umfeld ist es sehr schwierig, zu herausragenden Ergebnissen in Architektur und Ausführung zu kommen. Genau an diesen Problemen setzen Kooperationsmodelle an. Die Bandbreite reicht dabei von bloßen, unverbindlichen Absichtserklärungen bis hin zu rechtlich bindenden Projektallianzen.[28]

2. Partnering

Charles Cowan, einer der Väter des Partnering, hat über Partnering folgendes gesagt[29]:

> "Partnering is about going back to the way people used to do business, and putting the handshake back into business. Partnering empowers those involved in the project with the freedom and authority to accept responsibility to do their jobs by encouraging decision making and problem solving at the lowest possible level of authority. It encourages everyone to take pride in their work and tells them it's OK to get along with each other."

Das Grundkonzept des Partnering ist relativ einfach und ändert zunächst nichts an der rechtlichen Struktur des Vertrages.[30] Vielmehr ist das Partnering entwickelt worden, um die Kommunikation, die Streitbeilegung und die Bereitschaft, sich in den anderen hineinzuversetzen, zu verbessern.[31] Partnering ist daher eher ein Management-Konzept[32] als eine eigenständige Vertragsform und versucht auf die Atmosphäre, in der die Arbeiten ausgeführt werden, einzuwirken. Die

---

27 Lembcke, Moritz: Die Influenz von Justizgewährungsanspruch, Rechtsprechungsmonopol des Staates und rechtlichem Gehör auf außergerichtliche Streitbeilegungsverfahren; NVwZ 2008, 42, 43.
28 Baker, Ellis: Partnering Strategies: The Legal Dimension, Const.L.J. 2007, S. 344 ff.
29 Zitat aus Mak, Bevis: Partnering/Alliancing, Const.L.J. 2001, S. 218.
30 Mak, Bevis: Partnering/Alliancing, Const.L.J. 2001, S. 219.
31 Nußbaumer, Manfred, Nübel, Konrad: Konfliktbewältigung bei risikoreichen Bauprojekten, S. 127.
32 Mak, Bevis: Partnering/Alliancing, Const.L.J. 2001, S. 219; Kemper, Ralf/Wronna, Alexander: Der Allianzvertrag – Neuer Vertragstyp für Partnering-Modelle bei Großbauvorhaben, Baumarkt + Bauwirtschaft 2007, S.65.

Parteien eines „construct only" oder eines Pauschalpreisvertrages verpflichten sich, in einem „side-letter" zu einem fairen Umgang miteinander, der auf Vertrauen und gemeinsamen Zielen aufbaut. Hierbei werden Prinzipien festgelegt, nach denen sich die Parteien richten sollen. Gegenstand solcher Vereinbarungen sind zumeist: Treu und Glauben, gemeinsame Zielsetzungen, Kooperationen und Bekenntnisse zu dem Projekt.[33]

Ein solches Partnering-Konzept wirft mehrere Probleme auf.[34] Schon die rechtliche Struktur schafft einiges an Konfliktpotential. Angenommen man befolgt nun das Partnering-Konzept und arbeitet an einer gemeinschaftlichen Lösung. Heißt das für den nachfolgenden Bauprozess nun, man hat durch geschlossene Kompromisse auf seine Rechte verzichtet? Welche rechtliche Qualität haben die Vereinbarungen beim Partnering? Sind es nur unverbindliche Absichtserklärungen, Obliegenheiten oder sind es Ansprüche? Da der „side-letter" nur ergänzend zum Bauvertrag geschlossen ist, ist auch die Hierarchie der beiden Verträge streitig.[35] Dies ist kein Problem solange es gut läuft und Konflikte gemeinschaftlich und effizient gelöst werden. Wenn jedoch der Streit eskaliert, gibt es erhebliche Probleme.[36]

Der Bauvertrag sieht zumeist Vertragsstrafen und Schadensersatzansprüche vor, während das Partnering-Konzept solche vermeiden und ein Miteinander statt ein Gegeneinander hervorrufen will. Auch die Sprache und Regelungen der beiden „Verträge" sind konträr. Während der Bauvertrag versucht, die Aufgaben und Pflichten klar zu verteilen und abzusichern, will das Partnering-Agreement keine Abschottung sondern das genaue Gegenteil.

Problematisch sind auch schriftliche Verhandlungsunterlagen, die im Rahmen des Partnering entstehen. Verhandeln die Parteien auf Basis des Partneringagreement, kommen aber zu keinem Ergebnis, können diese Unterlagen in einem späteren Prozess als Beweise verwendet werden. Dies führt zu einer erheblich geringeren Bereitschaft aufeinander zuzugehen. Partnering ist daher nichts Ganzes und nichts Halbes. Es bleibt, zumindest bei den großen Konflikten, bei derselben Risikoverteilung und Streitanfälligkeit wie beim Pauschalpreisvertrag. Partnering ist letztlich nur ein Versuch, die beiden Parteien durch ein Gentleman-Agreement dazu zu bringen, gegenseitig die Interessen des Anderen zu wahren. Kommt es aber dennoch zu einer gerichtlichen Auseinandersetzung, schafft diese Übereinkunft mehr Probleme, als dass sie nutzt.[37]

Ein weiterer Nachteil des Partnering ist, dass es bei bilateralen Verträgen bleibt. Verträge werden immer nur von zwei Parteien geschlossen. Teambildung

---

33 Jones, Douglas: Keeping the Options Open: Alliancing and Other Forms of Relationship Contracting with Government, Building and Construction Law 2001 S.155.
34 Tyrrill, John.: The dark side of Partnering, ADRJ, S.166 ff.
35 Mak, Bevis: Partnering/Alliancing, Const.L.J. 2001, S. 220.
36 Mak, Bevis: Partnering/Alliancing, Const.L.J. 2001, S. 222.
37 Tyrrill, John.: The dark side of Partnering, ADRJ, S.166 ff.

ist hier zwar möglich, wird aber vertraglich nicht gefördert, da sternförmig vom Bauherrn ausgehend gearbeitet wird. Vielmehr soll sich die Teamarbeit aus den einzelnen „Side-letters" heraus bilden. Auch dies ist eine Schwäche des Partnering.[38]

3. GMP-Vertrag

Beim GMP-Modell[39] handelt es sich um einen bestimmten Bauvertragstypus mit zusätzlichen Vereinbarungen zur Vergütungsbestimmung und nicht um eine Unternehmereinsatzform.[40] Dem Auftraggeber wird in einem ausgewogenen Vertragsverhältnis ein garantierter maximaler Preis[41] (Guaranteed Maximum Price) angeboten, die Gewerke der Nachunternehmer aber zu üblichen Preisansätzen berechnet und dem Auftraggeber in Rechnung gestellt. Für die eigenen Leistungen erhält der Auftragnehmer eine Pauschalvergütung. Im Laufe des Vertrages soll nun versucht werden den garantierten Höchstpreis durch gemeinschaftliche Planung und Ausführung zu unterschreiten. Die ersparten Kosten werden dann auf die Parteien verteilt.[42] Der GMP-Vertrag basiert ebenso wie das Partnering und die Projektallianz auf einer Kooperationsverpflichtung, die alle Parteien zu kooperativen Verhalten verpflichtet und aus den Parteien gleichberechtigte Partner macht. Diese Vereinbarung beeinflusst auch das Nachtragsmanagement, dass die Rechtsfolgen der §§ 2 Nr. 5, 2 Nr. 6, 2 Nr. 7 und 2 Nr. 8 VOB/B ausschließt. Stattdessen gilt das Kooperationsmodell, das eine variable Leistungsverpflichtung enthält.[43]

Der GMP-Vertrag kommt der Projektallianz in einigen Bereichen sehr nahe. Auch der Allianzvertrag hat starke kooperative Elemente, die das Vergütungssystem, das Nachtragssystem und den Umgang der Parteien beeinflussen. Zu-

---

38 Baker, Ellis: Partnering Strategies: The Legal Dimension, Const.L.J. 2007, S.347.
39 Der GMP-Vertrag soll hier nur kurz dargestellt werden um darzulegen, dass der Allianzvertrag sich von diesem unterscheidet. Vertiefend zum GMP-Vertrag vgl. Kapellmann/Messerschmidt – Messerschmidt/Thierau, VOB/B, 2.Auflage, 2007, Anhang VOB/B, Fn. 32 m.w.N.
40 Kapellmann/Messerschmidt – Messerschmidt/Thierau, VOB/B, 2.Auflage, 2007, Anhang VOB/B, Rdnr. 42.
41 Die in Deutschland übliche Übersetzung „Garantierter Maximalpreis" ist eigentlich nicht korrekt, da Guaranty nicht für Garantie sondern vielmehr für Bürgschaft steht, vgl. Biebelheimer/Wazlawik: Der GMP-Vertrag – Der Versuch einer rechtlichen Einordnung, BauR 2001, 1639, 1640.
42 Biebelheimer/Wazlawik: Der GMP-Vertrag – Der Versuch einer rechtlichen Einordnung, BauR 2001, 1639, 1640.
43 Korbion in Ingenstau/Korbion VOB, 16.Auflage, 2007, Anhang 3, Rdnr. 146 ff.

dem sollen auch hier durch eine möglichst frühzeitige Einbindung aller Parteien Synergieeffekte bei der Planung erreicht werden.[44] Der Allianzvertrag geht aber weit über den GMP-Vertrag hinaus, indem er die Kosten und Gewinnmarge trennt und letztere vom Erfolg des ganzen Projekts abhängig macht. Im Übrigen enthält der Allianzvertrag keinen garantierten Höchstpreis. Auch die „no blame – no dispute"-Kultur ist dem GMP-Vertrag fremd.

4. Construction Management

CM (Construction Management)[45] ist eine Projektorganisationsform und ein Modell zur partnerschaftlichen Projektabwicklung.[46] Typische Erscheinungsformen sind das CM „at agency" und „at risk".[47] Letztlich unterscheiden sich diese beiden Formen nur in der Einsatzart des Construction Manager. Im CM „at agency", auch „as advisor" genannt, ist die Rolle des CM auf die Projektsteuerung reduziert und entspricht in etwa der deutschen Baubetreuung.[48] Das CM „at Risk", auch „as a contractor" genannt, geht weit darüber hinaus, da hier der Manager auch die Verantwortung für die Schnittstellen-, Preis-, Termin- und Qualitätsrisiken übernimmt. Die Organisationsform als solche soll eine frühzeitige Einbindung aller Projektbeteiligten ermöglichen und insbesondere in der Planungsphase die fachkundige Unterstützung aller Beteiligter sichern. Der Construction Manager tritt dabei als eine Art Projektmanager des Auftraggebers auf. Er setzt keine Generalunternehmer ein, sondern vergibt Gewerkepakete oder beauftragt Einzelunternehmen.[49] CM stellt letztlich die Projektstruktur, die Projektorganisation und die Ablauforganisation für die Umsetzung von Partnering zur Verfügung. Das CM nutzt wesentlich umfangreicher als GMP-Modelle Partneringmethoden und setzt eine spezifische Projekt- und Ablauforganisation um.[50]

---

44 Biebelheimer/Wazlawik: Der GMP-Vertrag – Der Versuch einer rechtlichen Einordnung, BauR 2001, 1639, 1640; Kapellmann/Messerschmidt – Messerschmidt/Thierau, VOB/B, 2.Auflage, 2007, Anhang VOB/B, Rdnr. 47.
45 Auch die Darstellung des Construction Management dient nur der Abgrenzung zum Allianzvertrag. Vertiefend zum CM siehe Korbion in Ingenstau/Korbion VOB, 16.Auflage, 2007, Anhang 3, Rdnr. 154b ff. und Messerschmidt/Voit – Richter, Teil D, Rdnr. 303 ff.
46 Korbion in Ingenstau/Korbion VOB, 16.Auflage, 2007, Anhang 3, Rdnr. 154b ff.
47 Messerschmidt/Voit – Richter, Teil D, Rdnr. 303; Korbion in Ingenstau/Korbion VOB, 16.Auflage, 2007, Anhang 3, Rdnr. 154b.
48 Messerschmidt/Voit – Richter, Teil D, Rdnr. 303.
49 Messerschmidt/Voit – Richter, Teil D, Rdnr. 304.
50 Messerschmidt/Voit – Richter, Teil D, Rdnr. 306.

5. Projektallianzen

Der Allianzvertrag verbindet das Gentleman-Agreement des Partnering-Konzepts mit dem Bauvertrag und schafft daraus einen einheitlichen Vertrag mit völlig neuen rechtlichen und technischen Strukturen. Es existieren keine Parallelabkommen, sondern nur ein rechtlich verbindlicher Vertrag. Dieser wird so aufgebaut, dass alle wirtschaftlichen Risiken und Vorteile unter den Parteien geteilt werden. So entstehen entweder win-win oder lose-lose Situationen. Ebenfalls werden Elemente aus dem GMP-Vertrag, insbesondere im Bereich des Nachtragsmanagements und der Kooperationsverpflichtung übernommen. Ohne bereits hier zu tief in die Struktur und die rechtliche Beurteilung des Allianzvertrages einzusteigen, soll doch erwähnt werden, dass es stets das oberste Ziel ist, alle Risiken und Chancen, die das Projekt bietet, zwischen den Parteien gleichmäßig zu teilen. Dies wird durch ein innovatives Vergütungssystem und die „no blame – no dispute" Kultur als elementare Prinzipien des Allianzvertrages erreicht.[51] Die Projektallianz ist Gegenstand dieser Dissertation und wird anschließend ausführlich untersucht und erläutert.

6. Hybrid Allianzen und Mischformen

Neben dem reinen Allianzvertrag gibt es mehrere Mischformen, so genannte „hybrid alliance contracts". Diese sind zwar mehr oder weniger an den reinen Allianzvertrag angenähert, enthalten aber nicht alle oder abgeschwächte Klauseln. Wirklich reine Allianzverträge gibt es im tatsächlichen Geschäft kaum. Noch ist die Skepsis gegenüber dieser Art der Vertragsgestaltung zu groß. Daher gibt es insbesondere im Bereich der „no blame – no dispute"-Klausel einige Abweichungen. Von diesen unreinen Allianzverträgen spricht man daher meistens dann, wenn zwar das Partnering-Agreement im Vertrag implementiert ist, es also Management- und Projektteams, eine leistungsorientierte Vergütungsregel und ein vertraglich abgesichertes Treueverhältnis gibt - nur dann spricht man überhaupt noch von Allianzen - aber diese nicht voll umgesetzt werden, beziehungsweise Ausnahmeregelungen bestehen. Typischerweise werden die Haftungsklauseln aus Pauschalpreisverträgen beibehalten, es ist also jeder für seine Fehler verantwortlich. Diese Vertragsart ist vor allem dort beliebt, wo alle Risiken bekannt sind (konventionelle Bauten, aber auch Outsourcing und Unterhalt/Betrieb von Infrastruktur).[52]

---

51 Jones, Douglas: Keeping the Options Open: Alliancing and Other Forms of Relationship Contracting with Government, Building and Construction Law 2001 S. 155.
52 Chew, Andrew: Alliancing in delivery of major infrastructure projects and outsorcing services in Australia – An overview of legal issues, The International Construction Law Review 2004, S. 323 ff.

7. Langzeit/strategische Allianzen

Diese Vertragsart ist weitgehend dem Allianzvertrag angenähert, verwirklicht aber eher das Konzept eines „Construct, Design, Maintain and Manage (CDM)"-Vertrages. Es soll eine strategische Langzeitallianz gebildet werden, deren Aufgaben nicht nur das Design und der Bau, sondern auch der Betrieb und die Unterhaltung des Projekts sind. Der Unterschied zum CDM-Vertrag besteht lediglich darin, dass nicht das Grundprinzip eines Pauschalpreisvertrages, sondern das eines Allianzvertrages vorherrschend ist. Eine solche Allianz ist überall dort sinnvoll, wo der Bauherr nicht nur ein Projekt zu einem bestimmten Zeitpunkt fertiggestellt, sondern dieses auch fremdbetrieben haben will. Anders als bei sonst üblichen Verträgen wird hier auch der Betrieb bzw. die Unterhaltung auf einer „cost plus" Basis geführt. Strategische Allianzen können auch im Bereich „Outsourcing" eingesetzt werden. Für Unternehmen werden sie dort interessant, wo ihre eigenen Kenntnisse und Fähigkeiten hinter denen anderer Unternehmen zurückbleiben und der Bereich nicht unbedingt zum Kernaufgabenbereich gehört.[53]

In Deutschland könnte man dabei unter anderem an Wind-Offshore Parks denken. Dort haben sicher Energieunternehmen weit weniger Know-How einen solchen Park zu unterhalten und zu warten, als dies spezialisierte Bauunternehmen haben. Gleiches gilt für Eisenbahnen, Autobahnen, Ölplattformen und viele weitere Projekte. Überall hier sind strategische Allianzen im Vorteil. In einer solchen Allianz macht jeder das, was er am besten kann.

---

[53] Wood, Geoff; Chew Andrew: Alliance Contracting – A Partnership in Business, ACLN S. 9.

IV. Phasen einer Allianz

Eine Projektallianz kann grob in vier Phasen unterteilt werden:[54]

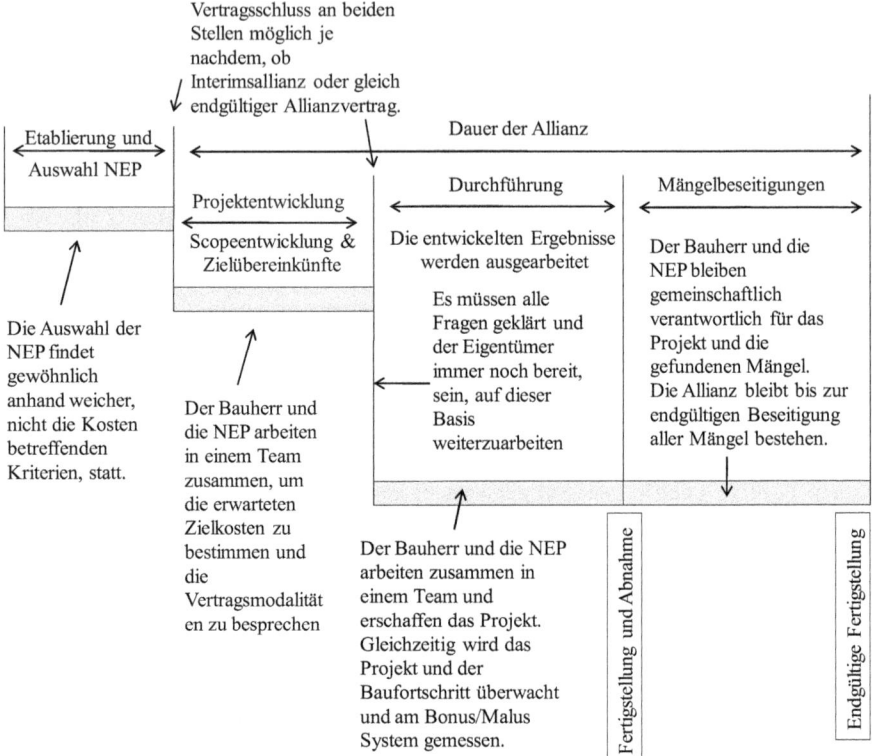

In der ersten Phase, der Etablierungsphase, findet die Auswahl der NEP'en statt, also aller am Allianzvertrag beteiligten Parteien.[55] Anschließend gibt es zwei Varianten, wie fortgefahren wird. Zum einen ist es möglich, schon vor der Projektentwicklungsphase, also direkt nach Auswahl der Vertragspartner einen Allianzvertrag einzugehen. Zum anderen können die Parteien einen Interimsvertrag eingehen und erst nach Entwicklung des Vertrags und Ausarbeitung aller Risiken und Anforderungen einen endgültigen Allianz-vertrag abschließen.[56] Letztlich ist es auch möglich, erst nach der Projektentwicklungsphase einen Vertrag einzugehen ohne Interimsvertrag, was allerdings die Möglichkeit aus-

---

54 DTF, Project Alliance Practitioners' Guide, Introduction to project Alliancing, S.9.
55 Dieser Prozess wird in Kap. BIXausführlich beschrieben.
56 DTF, Project Alliance Practitioners' Guide, App. 6: IPAA/PAA versus single alliance agreement, S. 105.

schließt schon während der Projektentwicklung mit Bauarbeiten wie z.b. dem Aushub zu beginnen.

Vorteilhaft an dieser Struktur ist, dass die Parteien, insbesondere die bauausführenden Unternehmen, schon sehr früh an der Projektentwicklung zusammenwirken. Es erfolgt also nicht der sonst übliche Ablauf, bei dem der Architekt die Pläne erstellt und dann erst der Bauunternehmer seinen Ablauf plant, bevor er zur Durchführung schreitet. Beim Allianzvertrag wirken vom ersten Moment an alle Parteien zusammen und entwickeln das Projekt gemeinsam. So kann das Know-How von allen Parteien und damit verbundene Hinweise, wie wirtschaftlicher gebaut werden kann, schon sehr früh genutzt werden. Dies soll zu einer innovativen Bauweise und zugleich zu einer Kostenreduktion bei gleichzeitiger Zeitersparnis führen. Je weiter das Projekt geplant ist, desto weniger Möglichkeiten bestehen die Kosten zu senken.[57]

Im Anschluss an die Entwicklungsphase folgt die Bauphase, in der die NEP'en das Projekt fertig stellen. Wie sonst üblich erfolgt auch hier im Anschluss eine Abnahme. Nach dieser schließt sich eine vertraglich vereinbarte Phase der Mängelbeseitigung an, an deren Ende die endgültige Fertigstellung steht.[58]

V. Struktur

Es gibt eine Vielzahl rechtlicher Strukturen, wie eine Allianz aufgebaut werden kann. Angefangen von losen Bündnissen, bis hin zu festen gesellschaftlichen Verträgen.[59] Teilweise wird in Australien sogar diskutiert, ob Verträge überhaupt notwendig sind, da der Allianzvertrag auf Vertrauen beruhe.[60] Soweit geht aber selbst in Australien wohl niemand, insbesondere nicht die öffentliche Hand. Die Managementstruktur wird in aller Regel zwar nur dem Projekt angepasst, kann aber auch Auswirkungen auf rechtliche Fragen haben. Insbesondere im Bereich des Gesellschaftsrechts ist die Organisation ein entscheidendes Kriterium. Daher empfiehlt es sich, sich zunächst einen Überblick zu verschaffen, bevor die einzelnen Management Ebenen besprochen werden.

---

57 Korbion in Ingenstau/Korbion VOB, 16.Auflage, 2007, Anhang 3, Rdnr. 154a.
58 DTF, Project Alliance Practitioners' Guide, Legal framework, S. 62.
59 Lacey, James: Partnering and Alliancing: Back to the future?, ARELJ 2007, 71, 72.
60 Chew, Andrew: Alliancing in delivery of major infrastructure projects and outsourcing services in Australia – An overview of legal issues, The International Construction Law Review 2004, S. 326.

1. Überblick

Der Allianzvertrag schafft eine „virtuelle Gesellschaft"[61] zwischen den Vertragsparteien. Sämtliche Vertragsparteien, also z.b.: Bauherr, Bauunternehmer, Architekt, Projektsteuerer, Fachplaner, Subunternehmer, usw. schließen sich „virtuell" zusammen und bündeln ihre jeweilige Leistung in der Gesellschaft. Virtuell ist dabei aber nicht als schwaches Bündnis zu verstehen, sondern nur so, dass eben keine eigene Gesellschaft (GbR, OHG, GmbH o.ä.) entstehen soll. Wie das im deutschen Recht, insbesondere mit der Gesellschaft bürgerlichen Rechts umgesetzt werden kann, soll später geklärt werden.[62]

Anders als in reinen Fixpreisverträgen wird nicht sternförmig vom Bauherrn aus gearbeitet, sondern alle Parteien werden kreisförmig zusammengeschlossen. Dies ermöglicht eine erleichterte Kommunikation unter den Parteien. Ebenso trägt diese Struktur, wie alle Komponenten, dazu bei, mehr Miteinander und weniger Gegeneinander zu erreichen. Die Parteien sind wie Gesellschafter miteinander verwoben und haben alle denselben Zweck: „doing best for project". Insbesondere der Teamgedanke ist für den Allianzver-trag immanent wichtig. Das Projekt steht und fällt mit der Bereitschaft, sich zusammenzuschließen und sich mit dem Projekt zu identifizieren. Alle Vorteile des Allianzvertrages sind letztlich auf dieses Kernelement zurückzuführen. Durch verschiedene Klauseln und Übereinkünfte wird versucht, den Teamgedanken rechtlich zu unterstützen und zu fördern.[63]

Folgende Struktur ist bei Allianzverträgen üblich und fördert den Teamgedanken:[64]

---

61 Gehle, Bjorn/Wronna, Alexander.: Der Allianzvertrag – Neue Wege kooperativer Vertragsgestaltung, Baurecht 2001, S. 6.
62 Vgl. dazu Kap. CI3.
63 Myers, James: Alliancing Contracting: A Potpourri of proven Techniques for successful Contracting, S. 58.
64 DTF, Project Alliance Practitioners' Guide, Introduction to project alliancing, S. 12.

Bauherr/Eigentümer:
- Einbindung von
  - Gesellschaftsstrategien
  - weiteren Abläufen/Betrieben
- klare Erwartungen und Zielsetzungen
- best people
- Entscheidungskompetenz

Vorstand:

Das ALT erstattet den Vorständen Bericht

Nicht-Eigentümer und weitere Parteien:
- Integration
- klare Erwartungen und Zielsetzungen
- unterstützende Beziehungen
- best people & resources

Alliance Leadership Team (ALT)
- Schaffung einer dem Allianzgedanken freundlich gesinnten Atmosphäre
- Aufstellen von Prinzipien und Erwartungen
- Vereinbaren /Genehmigen von Kosten und anderen Zielen
- Strategieentwicklung und Gremienbesetzung
- Überprüfung und Genehmigung von Managementplänen
- Bestellung und Ernennung des Allianz Managers
- Benennung und/oder Genehmigung der Mitglieder des AMT
- High-level Support/Ansprechpartner für Interessengruppen
- Nutzbarmachen von den besten Ressourcen einer jeden Partei
- Überwachung von Leistungen und Vornehmen von Änderungsmaßnahmen
- Eindämmen und lösen von Konflikten im ALT

Rechenschaftspflicht

Kommunikation

Kommunikation ↕ Rechenschaftspflicht

Alliance Management Team (AMT)
Angeführt vom Alliance Manager

- Ablieferung von Ergebnissen, die die Projektarbeit verbessern
- Bestellung und Ernennung von weiteren Projektteams
- Tagesgeschäft des Projekts
- Leitung und Aufsicht über andere Projektteams
- Messung/ Vorhersage/ Benachrichtigung über die Performance an das ALT
- Vornehmen von angemessenen Änderungen

2. Das ALT

Das Alliance Leadership Team (ALT) ist das oberste Gremium des Allianzvertrages bzw. des Allianzbündnisses. Teilweise wird das ALT auch Project Alliance Board genannt.[65] Es setzt sich aus höchsten Vertretern aller Vertragspartner (Bauherr und NEP'en) zusammen und dient hauptsächlich der Führung und Steuerung der Allianz.[66] Im Gegensatz zum Allianz Management Team (AMT) befasst es sich nicht mit den täglichen Aufgaben, sondern trifft die richtungsweisenden und grundlegenden Entscheidungen.[67] Hierzu gehören vor allem die Überwachung der Einhaltung des Allianzvertrages und die Konfliktbewältigung. Das ALT ist sozusagen „Herrin des Allianzvertrages". Änderungen am Allianzvertrag können nur durch das ALT beschlossen werden. Solche sind vor allem im Vergütungssystem durch Änderungen des vereinbarten Bausolls (Scope) oder bei unerwarteten Problemen zu erwarten. Das ALT kann auch Entscheidungen des AMT revidieren oder selbst an Stelle des AMT entscheiden.[68]

Um dem Grundgedanken des Allianzvertrages gerecht zu werden, gemeinsam das Beste für das Projekt erreichen zu wollen, hat jede Partei des Allianzvertrages eine Stimme im ALT. Alle Entscheidungen müssen einstimmig getroffen werden, ein Stimmenthaltungsrecht gibt es nicht. So wird vermieden, dass sich eine Mehrheit auf Kosten anderer durchsetzen kann, da jeder Partei durch diese Regelung ein Vetorecht zusteht. Dies führt dazu, dass die Parteien sich in die Situation des anderen hineinversetzen müssen, um dessen Probleme zu verstehen. Anschließend muss ein Kompromiss gefunden werden, der das Beste für das Projekt darstellt. Die Stimmung im ALT ist daher ganz entscheidend für das Gelingen des Projekts. Je höher die Kompromissbereitschaft der ins ALT entsandten Personen ist, desto besser wird das Projekt. Von großer Bedeutung ist daher die Auswahl der Personen für das ALT.[69] Hier werden die Weichen für das Gelingen des Projekts gestellt.

Es versteht sich von selbst, dass die Mitglieder des ALT von ihren Firmen mit der notwendigen Entscheidungskompetenz ausgestattet sein müssen. Es ist schwer vorstellbar, dass ein gefundener Kompromiss anschließend noch von höherer Stelle abgesegnet werden muss, wobei neue Diskussionen zu erwarten wären. Dabei können auch mehrere Personen pro Partei zugelassen werden,

---

65 Bücker, Marc: Alliance Contracting – Streitverzicht beim Bauvertrag, NZBau 2007, S. 609.
66 Eine Aufgabenauflistung findet sich im Kingsgrove to Revesby Quadruplication Project Alliance Agreement S. 69.
67 Horvath, Günter: Juristisches Konfliktmanagement in internationalen Großprojekten, S. 141.
68 Jones, Douglas: Project Alliances, The International Construction Law Review 2001, S. 417.
69 Abrahams, Anthony; Cullen, Alan: Project Alliances In The Construction Industry, ACLN 1998, S. 31.

wenn dies sinnvoll erscheint. Allerdings ist zu beachten, dass zu viele Mitglieder den Entscheidungsprozess negativ beeinflussen. Ein ALT-Treffen sollte nicht stattfinden bzw. verschoben werden, wenn eine Partei entschuldigt nicht teilnehmen kann, da sonst negative Entscheidungen gegen diese Partei getroffen werden könnten, ohne dass diese von ihrem Vetorecht Gebrauch machen kann. Entscheidungen, die das ALT getroffen hat, sind für alle Parteien bindend und können nur durch einen gemeinsamen Beschluss zurückgenommen werden. Ein nachträgliches Vetorecht gibt es nicht. Die Stimmabgabe erfolgt, um spätere Unklarheiten zu vermeiden, schriftlich. Es können auch geheime Abstimmungen vereinbart werden, wenn dies in einigen Fällen sinnvoll erscheint oder von einer Partei beantragt wird. Allerdings würde dies den Grundsätzen der Offenheit und des Vertrauens zuwiderlaufen, die für den Allianzvertrag immanent wichtig sind.

Natürlich hat das Einstimmigkeitserfordernis auch Nachteile. Insbesondere wenn kein Kompromiss gefunden werden kann, droht der Stillstand des Projekts. Dies kann und sollte dadurch verhindert werden, dass ein „Dead-Lock-Breaking-System" im Vertrag implementiert wird, um so Konflikte, notfalls durch Dritte, lösen zu können. Zumeist wird ein solches nach einer gewissen Konfliktdauer auf Antrag einer Partei eingeleitet. Der Allianzvertrag enthält hierzu zumeist sehr ausführliche Regelungen.[70] Insbesondere, wenn eine „no blame – no dispute"-Klausel verwendet wird, ist ein solches System empfehlenswert. Ansonsten würde im Falle der Nichteinigung ein nicht zu überwindendes Hindernis entstehen. Der Vertrag wäre letztlich nicht durchführbar.[71]

Das ALT wird von einem Direktor angeführt. Er beruft die (zumeist monatlichen) Meetings ein und leitet diese. Eine eigene Entscheidungskompetenz hat er nicht. Er soll auch die Tagesordnung vorbereiten, wobei jede Partei einen Anspruch darauf hat, ein bestimmtes Thema auf die Tagesordnung zu setzen. Dem Direktor wird ein Sekretär zur Seite gestellt, dessen Aufgabe es ist, die Meetings und besonders die Beschlüsse zu protokollieren.[72]

Das ALT wird schon sehr früh zusammengesetzt. Die zukünftigen Mitglieder lernen sich bereits im Auswahlverfahren kennen und können so ihre Zusammenarbeit in Workshops testen.[73] In der Etablierungsphase beteiligen sich die zukünftigen ALT-Mitglieder an den Vertragsverhandlungen. Hier geht es insbesondere um die Schaffung gemeinsamer Ziele und Visionen.[74] Später in der Bauphase ist das ALT dann höchste Entscheidungsinstanz und hat alle oben genannten Aufgaben zu erfüllen. Da ALT-Mitglieder so von Anfang an am Projekt beteiligt sind, haben sie fundierte Kenntnisse von Problemen und Risiken des

---

70 Kingsgrove to Revesby Quadruplication Project Alliance Agreement S. 41.
71 Eine ausführliche Besprechung dieser Problematik erfolgt in Kap. VI4d).
72 DTF, Project Alliance Practitioners' Guide, Legal framework, S. 53.
73 Ausführlich zum Auswahlverfahren und den Workshops siehe Kap. BIX2c).
74 DTF, Project Alliance Practitioners' Guide, Establishing a project Alliancing, S. 76 f.

Projekts, aber auch von Zielen und Wünschen des Bauherrn. Aus diesem Grund sollten ALT-Mitglieder auch nicht ausgetauscht werden, um die Arbeit des Gremiums nicht zu gefährden.

3. Das AMT

Die tägliche Arbeit wird vom Allianz Management Team (AMT), oder auch Integrated Development Team genannt[75], erledigt. Dieses wird vom Allianz Manager angeführt. Zu den Aufgaben des AMT gehören insbesondere der Entwurf von Ablauf und Zeitplänen, die Leitung der Bauausführung sowie Koordinationsaufgaben. Das AMT trifft sich je nach Größe des Projekts mindestens alle zwei Wochen, besser wöchentlich, um Konflikte zu lösen und um das Projekt voranzutreiben. Das AMT kann für bestimmte Aufgaben, die entweder besondere Probleme verursachen, umfangreich sind oder besonderer Fachkenntnis bedürfen, Unterausschüsse einrichten. Sinnvollerweise sitzt auch im AMT zumindest ein Vertreter einer jeden Partei. Diese brauchen zwar nicht dieselbe Führungsstärke wie die Mitglieder des ALT, sollten aber ein hohes Maß an Verständnis für das Projekt aus technischer Sicht haben. Dafür müssen AMT-Mitglieder dem Projekt Vollzeit unterstellt sein, um schnelle Entscheidungen zu begünstigen. Aus diesem Grund dürfen Mitglieder des AMT ebenfalls nicht einfach ohne Weiteres ausgetauscht werden. Stabilität spielt hier eine entscheidende Rolle. Ebenso wie beim ALT sollten Personen ausgewählt werden, die nicht nur teamfähig sind und ein besonders hohes Maß an Kompromissbereitschaft haben, sondern auch den Grundsatz „Best-for-Projekt" verstanden haben.[76]

Das AMT bereitet auch Berichte für die Sitzung des ALT vor, in denen insbesondere der Fortschritt des Projekts aufgezeigt wird.[77]

Eine weitere Hauptaufgabe des AMT besteht in der Konfliktlösung. Aufkeimende oder entstandene Konflikte müssen sofort an das AMT herangetragen werden. Besonders in Verträgen mit einer „no blame – no dispute"-Klausel sollte dieser eine verbindliche Meldepflicht enthalten.[78] So kann rasch eine Lösung des Problems gefunden und Stillstand vermieden werden. Sollte der Konflikt auf dieser Ebene nicht gelöst werden können, so überweist das AMT das Problem umgehend an das ALT zur Entscheidung. Hier wird dann endgültig das Problem gelöst. Der Erfolg des Projekts hängt damit stark von der effektiven Arbeit der beiden Gremien ab. Nur wenn hier teamfähige Personen eingesetzt werden, die alle das Beste für das Projekt wollen, kann ein Allianzvertrag erfolgreich sein.

---

75 Bücker, Marc: Alliance Contracting – Streitverzicht beim Bauvertrag, NZBau 2007, S. 609.
76 DTF, Project Alliance Practitioners' Guide, Introduction to project Alliancing, S. 14.
77 DTF, Project Alliance Practitioners' Guide, Legal framework, S. 54.
78 Siehe auch die Musterklausel in Kap. BVI2 und 4

Der AMT Manager wird entweder im Allianzvertrag bestimmt oder vom ALT gewählt. Der AMT Manager kann jederzeit vom ALT abbestellt und ersetzt werden. Seine Hauptaufgabe ist, neben einigen das Tagesgeschäft eines Projekts betreffenden Aufgaben, hauptsächlich die Leitung des AMT. Er bereitet die Tagespunkte vor und führt anschließend die Sitzung. Hier wird von ihm erwartet, dass er Konflikte löst und als Mittler/Mediator auftritt. Daneben behält er den Fortschritt des Projekts und das Bonus/Malus System im Auge.[79] Der Allianz Manager ist auch Schnittstelle zum ALT. Er nimmt regelmäßig an deren Sitzungen teil und berichtet über den Fortschritt des Projekts, sowie aufkeimende Probleme oder Konflikte.

VI. Charakteristische Klauseln

Besonderes Merkmal eines Allianzvertrages ist es, dass es keinen "Standard"-Vertrag gibt. Wie bereits gesehen, gibt es verschiedene Modelle des Allianzvertrages und dieser wird daher auf das jeweilige Bauprojekt zugeschnitten. Es gibt aber einige Vertragsklauseln, die den Vertrag wesentlich gestalten und für den Allianzvertrag charakteristisch sind. Insbesondere diese Klauseln sorgen dafür, dass die grundlegenden Prinzipien nicht nur ein Gentleman-Agreement bleiben, sondern deren Einhaltung rechtlich verbindlich wird. Dort, wo dies nicht möglich ist, sollen durch die Schaffung von Anreizen und Strukturen die Parteien zu einem Handeln zugunsten der Allianzgemeinschaft angeregt werden. Diese Vertragsklauseln sollen hier nun dargestellt werden.

1. Remuneration Regime (Vergütungssystem)

Das Vergütungssystem beim Allianzvertrag ist komplett verschieden von dem eines Pauschalpreisvertrages. Während beim Pauschalpreisvertrag der Unternehmer seinen Gewinn in den Fixpreis mit einberechnet, muss er sich diesen beim Allianzvertrag erst über ein Bonus/Malus-System verdienen. Die Vergütung unterteilt sich in drei Segmente. Die Vergütung I besteht aus allen direkten Kosten, sowie den direkt mit dem Projekt zusammenhängenden Gesellschaftskosten. Die Vergütung II regelt den „normalen" Gewinn und alle indirekten Gesellschaftskosten, den so genannten „Overhead". Die Vergütung III wiederum besteht aus einem Bonus/Malus-System, nach dem der Gewinn aus Vergütung II sich entweder erhöht oder verringert.

---

[79] Aufgabenliste im Kingsgrove to Revesby Quadruplication Project Alliance Agreement S. 70.

3-teiliges Vergütungsschema:[80]

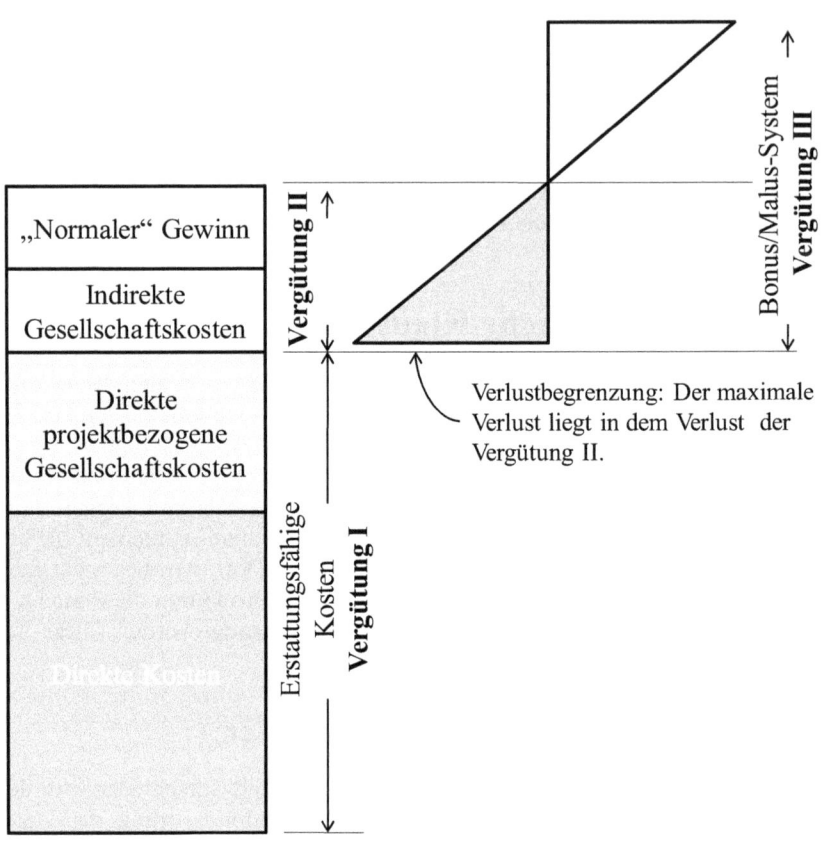

a) Vergütung I – Direkte Kosten

Entscheidend für das Verständnis des Vergütungssystems ist, dass direkte Kosten und Gewinnmarge getrennt werden. So entstehen zwei unabhängige Vergütungsteile. Die Vergütung I enthält alle direkten Kosten, also insbesondere Baumaterialien, Mieten, Löhne, etc. Diese müssen den NEP'en, insbesondere dem Bauunternehmen, das sicherlich die meiste Arbeit ausführt, entstanden sein und mit dem Projekt in direktem Zusammenhang stehen.

---

80 DTF, Project Alliance Practitioners' Guide, Compensation framework, S.27.

Gewährleistung und Reparatur

Zu den direkten Kosten gehören auch Kosten, die durch Reparatur von fehlerhaften Arbeiten entstehen. Wie später erklärt werden wird, sind die Parteien untereinander nur für vorsätzliche Schädigungen haftbar. Unterläuft einer NEP daher nur fahrlässig ein Fehler und muss dieser repariert werden, so werden ihm die damit zusammenhängenden direkten Kosten erstattet. Negativ wirkt sich dies für ihn und alle anderen erst im Rahmen des Bonus/Malus –Systems, Vergütung III, aus. Bei den direkten Kosten, Vergütung I, führt dies nur zu einer Erhöhung, die vom Bauherrn zu tragen ist. [81]

Dies mutet auf den ersten Blick zwar befremdlich an, ist aber einer der zentralen Gedanken des Allianzvertrages, um den Preis zu senken. Der Bauunternehmer kann nämlich nur die direkten Kosten weitergeben. Unter jedem gewöhnlichen Pauschalpreisvertrag besteht der Endbetrag aber nicht nur aus Kosten und Gewinn, sondern vielmehr auch aus Risikoaufschlägen. Diese werden insbesondere wegen zu erwartender Reparaturarbeiten und Rechtsstreitigkeiten aufgeschlagen und machen einen bedeutenden Teil des Baupreises aus. Beide Aufschläge werden durch die Vergütungsregel I aber entfernt. Der Bauherr zahlt somit einen niedrigeren Preis. Dass der Anreiz für den Bauunternehmer, möglichst ohne Mängel zu bauen, trotzdem bestehen bleibt, wird durch das Bonus-Malus-System (die Vergütung III) gewährleistet. [82]

Natürlich wird dem Bauherrn und anderen Allianzparteien das Recht eingeräumt, die direkten Kosten überprüfen zu lassen. Jede Partei hat das Recht, die Höhe der direkten Kosten anzuzweifeln und sich detailliert nachweisen zu lassen. Dieses Prinzip der „Gläsernen Taschen" oder auch „Open-Book-Policy" ist ein wesentlicher Bestandteil der Vergütungsregel und soll helfen eine Vertrauensbasis aufzubauen. [83] Die einzelnen Abrechnungen werden streng kontrolliert und die Zahlungen dokumentiert. Nur nach beiderseitiger Abzeichnung findet eine Bezahlung statt. Zumeist werden die Rechnungen, insbesondere bei großen Projekten und solchen der öffentlichen Hand, durch einen Financial Auditor überprüft und erst nach dessen Abzeichnung getätigt. [84]

Kosten, die durch Verwaltungsaufgaben entstehen, so genannter Geschäftskosten, werden im Rahmen der Vergütung I nur erstattet, wenn diese direkt in Zusammenhang mit dem Bauvorhaben entstehen. Daher sollte schon frühzeitig

---

81 Chew, Andrew: Alliancing in delivery of major infrastructure projects and outsourcing services in Australia – An overview of legal issues, The International Construction Law Review 2004, S. 338 ff.
82 Gehle, Bjorn/Wronna, Alexander: Der Allianzvertrag – Neue Wege kooperativer Vertragsgestaltung, BauR 2001, S. 5.
83 Gehle, Bjorn/Wronna, Alexander: Der Allianzvertrag – Neue Wege kooperativer Vertragsgestaltung, BauR 2001, S. 4.
84 siehe Kap. BVI1e) und Myers, James: Alliancing Contracting: A Potpourri of proven Techniques for successful Contracting, S. 58.

festgelegt werden, welche Kosten als direkte Kosten ersetzt werden und welche nicht. So kann das Gehalt des Vorstandsvorsitzenden nicht, auch nicht teilweise, abgerechnet werden, das des Allianzmanagers hingegen schon, obwohl beide (nur) administrativ tätig sind. Direkte Kosten sind insbesondere Subunternehmer, Baustoffe, Miete für Gerätschaften etc. Diese direkten Kosten sind für den Bauunternehmer relativ leicht zu beziffern, da hier nur die Rechnung vorgelegt werden muss. Ein Problem kann in diesem Zusammenhang die Verwendung unternehmenseigener Geräte sein. In solchen Fällen sollten die sonst üblichen Marktwerte angesetzt werden, wobei hier zu klären ist, ob der Unternehmer seine, bei Fremdvermietungen übliche, Gewinnspanne abziehen muss oder nicht.

Kosten für Angestellte des Bauunternehmens können dagegen auf mehrere Arten abgerechnet werden. Zum einen kann ein Stundenlohn vereinbart werden oder der entsprechende Mitarbeiter dem Projekt ganz unterstellt werden. Bei letzterem ist die Vergütung kein Problem. Hier wird nur die Lohnabrechnung als Nachweis vorgelegt. Bei ersterem Modell muss nachgewiesen werden, dass der Stundensatz das Monatsgehalt widerspiegelt. Sonst würde ein verdeckter Gewinnaufschlag oder Verlust für den Bauunternehmer entstehen, was gerade vermieden werden soll. Auch dies kann durch Vorlage der Lohnabrechnung und der Angabe der durchschnittlichen Arbeitszeit sichergestellt werden.[85]

Bei Beratern und Architekten ist die Berechnung der direkten Kosten problematischer, da diese regelmäßig keine Subunternehmer- und Rohstoffkosten haben, sondern hauptsächlich Arbeitsleistung erbringen. Da nur das Projekt betreffende Kosten abgerechnet werden können, bedarf es hier besonderer Kriterien. Insbesondere lassen sich hier die allgemeinen und direkten Geschäftskosten noch schwerer trennen, da die Mitarbeiter zumeist an mehreren Projekten arbeiten und insbesondere im Marketing, Management und in der Administration viele indirekte Kosten entstehen.[86]

Ein Problem der Vergütung I kann es sein, dass der Bauunternehmer bewusst oder unbewusst nicht nur die direkten Kosten weiterreicht, sondern auch noch einen (verdeckten) Gewinn bzw. allgemeine Geschäftskosten einberechnet, also versucht, das Vergütungssystem zu umgehen. Dies ist, wenn es nicht in auffälligem Maße geschieht, für den Bauherrn schwer zu entdecken, will er nicht jede Position einzeln überprüfen. Um diese „Betrugsmöglichkeit" einzudämmen, kann der Bauherr stets eine genaue Detaillierung etwaiger Rechnungen verlangen. Zudem sind der Financial Auditor und weitere unabhängige Gutachter dazu angehalten, stichprobenartig Kontrollen durchzuführen. Allerdings kam es in Australien durchaus schon zu Fällen, in denen die NEP'en versteckte Ge-

---

85 DTF, Project Alliance Practitioners' Guide, Appendix 7: Further discussion of limb 1 issues, S. 107.
86 Ausführlicher hierzu DTF, Project Alliance Practitioners' Guide, Appendix 7: Further discussion of limb 1 issues, S. 107 ff.

winne berechnet hatten. In der Folge kam es zumeist zu einer Auflösung der Allianz und Schadensersatzklagen.[87]

Die Vergütung I wird entweder, wie bei einem Pauschalpreisvertrag auch, bauabschnittsweise gezahlt oder fortlaufend nach Vorlage der Rechnung.

b) Vergütung II – Gewinn und Unternehmenskosten

Der Bauunternehmer erhält zur Vergütung I einen marktüblichen Gewinnaufschlag und eine pauschale Abgeltung für seine allgemeinen Geschäfts- oder Unternehmenskosten, die Vergütung II. Diese kann sowohl prozentual als auch absolut berechnet werden. Bei einer prozentualen Berechnung sind jedoch nicht die tatsächlichen Kosten Grundlage der Berechnung, da sonst die NEP'en von einer höheren Bausumme profitieren würden, sondern der erwartete Projektpreis, den alle Parteien vor Beginn der Bauphase festgelegt haben (siehe Kasten TOC und TCE unten). So kommt es letzten Endes zum selben Ergebnis, ob die Vergütung II prozentual berechnet oder als absolute Zahl festgelegt wird, da ein nachträgliches Ansteigen der tatsächlichen Kosten nicht automatisch zu einem höheren Gewinn führt. Der erwartete Projektpreis wird zu Beginn der Bauphase festgesetzt und bleibt zunächst konstant. Der marktübliche Gewinn ist also mit der Berechnung des erwarteten Baupreises (TOC – Target outturn cost) festgelegt. Die Vergütung II kann stark variieren, denn sie ist nicht nur branchenabhängig, sondern wird auch von der wirtschaftlichen Lage beeinflusst. Als Grundlage dienen Referenzwerte aus vergangenen Projekten ebenso wie durch unabhängige Gutachter vorgeschlagene „normale Gewinnmargen".[88] Natürlich muss die Vergütung II jeweils an das Projekt angepasst werden. Ein höchst innovatives Projekt rechtfertigt sicherlich eine höhere Marge als ein Standardbau.

TOC und TCE[89]

Die target outturn cost (TOC) und die target cost estimate (TCE) dürfen nicht verwechselt werden. Während die TCE eine Kostenschätzung sind und lediglich die direkten Kosten (Vergütung I) betreffen, stellen die TOC eine Art erwarteter Projektkosten dar. Die TCE enthalten daher nur Löhne, Subunternehmerkosten, Baumaterial etc., die den Allianzparteien (sowohl Eigentümer als auch NEP'en) durch das Projekt direkt entstehen. Die TOC hingegen enthalten weit mehr Kosten als nur die TCE:

---

87 Thiess Contractors Pty Ltd v. Placer (Granny Smith) Pty Ltd (unreported, WA Sup Ct, Ipp, Seytler and Wheeler JJ, 14 April 2000). Zur Problematik mit der "no blame – no dispute" Klausel, siehe Kap. BVI2.
88 DTF, Project Alliance Practitioners' Guide, Compensation Framework, S. 31 ff.
89 DTF, Project Alliance Practitioners' Guide, Compensation Framework, S. 29.

- Alle Kosten, die dem Eigentümer direkt entstehen und mit dem Allianzvertrag in Verbindung stehen, wie Kosten für die Projektplanung und den Financial Auditor in der Etablierungsphase sowie Zahlungen für unabhängige Gutachter, allgemeine Geschäftskosten etc.
- Alle direkten Kosten der NEP'en aus der Vergütung I.
- Den Gewinn und die allgemeinen Unternehmenskosten aus der Vergütung II.

Leider werden in der australischen Literatur diese Begriffe nicht einheitlich verwendet.

Bei der Festlegung der TOC entstehen bei Allianzverträgen zumeist die größten Probleme. Diese sind ähnlich gelagert wie bei herkömmlichen Pauschalpreisverträgen, wenn der Baupreis verhandelt wird. Zu hohe TOC machen es den NEP'en leicht, trotz mäßiger Ausführung den vollen Gewinn einzustreichen, zu niedrige TOC führen aber ebenfalls zu Motivationsverlusten, wenn die NEP'en feststellen, dass sie diese niemals erreichen können. Dann fällt die Vergütung II und damit auch der Gewinn weg.[90]

Natürlich bleibt es den Parteien unbenommen, sollte durch Variationen die zu erwartende Bausumme stark ansteigen und ein völlig anderes Projekt entstehen, den Gewinn im Nachhinein zu erhöhen. Daher spricht viel für eine prozentuale Berechnung des Gewinns, da so die prozentuale Gewinnmarge schon feststeht und der Gewinn einfacher angepasst werden kann als bei einer absoluten Berechnung. So kann bei signifikanter Erhöhung der TCE einfach der ursprünglich vereinbarte Prozentsatz für die neue Berechnung des Gewinns verwendet werden.

Der Gewinn des Architekten oder der Berater hingegen wird zumeist nicht an ihren erwarteten, sondern an ihren tatsächlichen Kosten berechnet. Der Hintergrund der Vergütungsregelung ist, dass die NEP`en nicht mehr Geld ausgeben als veranschlagt. Dies könnte bei Architekten aber dazu führen, dass sie versuchen möglichst einfache Entwürfe zu fertigen, um eine möglichst hohe Marge zu erwirtschaften. Innovationen würden dadurch gehemmt oder gar verhindert, was gerade nicht Sinn des Allianzvertrages ist. Legt man den Gewinn aber nicht von vornherein fest, so entsteht zwar eine gewisse Unsicherheit bezüglich des zu zahlenden Preises, dafür bekommt man aber zugunsten des gesamten Projekts das bestmögliche und innovativste Produkt. Diesem Umstand kann aber auch durch eine stärkere Fokussierung der Vergütung III auf Innovation Rechnung getragen werden.[91]

---

90 Ausführlich hierzu Kap. BIX im Rahmen des Auswahlverfahrens.
91 DTF, Project Alliance Practitioners' Guide, Compensation Framework, S. 32.

Die Vergütung II soll auch alle Kosten decken, die nicht unter die Vergütung I fallen. Also alle übrigen, nicht direkt mit dem Projekt zusammenhängenden Kosten, die eine Gesellschaft verursacht, wie Miete, Administration, Telefon usw. Diese würden bei einem Pauschalpreisvertrag als Aufschlag auf die direkten Kosten in der Endsumme aufgehen. Somit kann ein effizienter aufgestelltes Unternehmen auch hier mit einer niedrigeren Vergütungsmarge punkten und dennoch denselben absoluten Gewinn erzielen wie ein weniger effizientes Unternehmen! Zudem sind Allianzverträge üblicherweise Großaufträge mit hohem Volumen. Allgemeine Geschäftskosten, die zumeist projektunabhängig sind und daher nicht parallel zum Bauvolumen ansteigen, spielen gewöhnlich in Relation zum Gesamtpreis nur eine kleine Rolle.

Es kann vereinbart werden, dass nach Abschluss von zwei Dritteln des Projektes die ersten Zahlungen der Vergütung II beginnen. Allerdings muss wegen des Bonus/Malus-Systems der Großteil dieser Vergütung bis zur Fertigstellung oder noch später zurückbehalten werden.

Die Zahlungen der Vergütung I, also der direkten Kosten, geschehen sowieso fortlaufend nach Anfall und Abzeichnung der Rechnung.

c) Vergütung III – Bonus/Malus System

Charakterisierend für den Allianzvertrag ist die Vergütung III. Alle Allianzparteien, also der Bauherr und die NEP`en, teilen sich in einem Bonus/Malus System die Vorteile/Nachteile, die sich aus einer guten oder schlechten Ausführung der Arbeiten durch die Allianz als Ganzes ergeben.

Für die Beurteilung legt man bestimmte Faktoren fest, die für den Bauherrn von besonderem Interesse sind. Solche können Baukosten, Bauzeit und andere Schlüsselbereiche (KRA = Key Result Areas) sein. Zu Beginn der Allianz werden Key Performance Indikators (KPI's) festgelegt, die die genauen Messwerte und Messbereiche festlegen (z.B. im Bereich der erwarteten Baukosten). Der maximale Verlust liegt im Verlust der Vergütung II, da die Vergütung I unabhängig von dem Bonus-Malus-System gezahlt wird. Der maximale Gewinn kann, sollte aber, um das Engagement nicht zu stoppen, nicht individuell vereinbart werden.[92]

Es sind grundsätzlich zwei Regelungen denkbar, um das System umzusetzen. Zum einen können die NEP'en direkt an den Ersparnissen oder Teuerungen beteiligt werden, z.B. im Verhältnis 50:50. Dann teilen sich Bauherr und NEP'en die Differenz zwischen den erwarteten Baukosten und den tatsächlichen Baukosten je zur Hälfte. Die andere Möglichkeit besteht darin, ein Rankingsystem einzuführen und die Konsequenzen einer über- oder unterdurchschnittlichen Leistung im Allianzvertrag festzulegen. Letzteres kommt vor allem

---

[92] DTF, Project Alliance Practitioners' Guide, Compensation Framework, S. 34 f.

bei „non-cost criterias", wie Umweltbelange oder Sicherheit am Bau zum Einsatz, da diese zunächst nicht in absoluten Kosten festgestellt werden können.[93]

Es gibt aber einige grundlegende Gedanken, die bei den Vertragsverhandlungen berücksichtigt werden müssen und eine gleichwertige Verteilung der Risiken zwischen dem Bauherrn und den NEP sicherstellen sollen:[94]

- Boni und Mali müssen mit Ergebnissen verknüpft sein, die das Projekt direkt beeinflussen,
- es darf nur win-win oder lose-lose Situationen geben, win-lose oder lose-win Situationen sind ausgeschlossen,
- ein besseres Ergebnis als vereinbart, sollte zu einer höheren Vergütung der NEP'en führen und andersherum. Die Performance der Allianz muss sich jedenfalls in der Höhe der Vergütung widerspiegeln. Somit besteht der einzige Weg für die NEP'en einen höher als vereinbarten Gewinn zu erzielen darin, ein herausragendes Projekt abzuliefern.

Zusätzlich kommen folgende Grundsätze in Betracht:

- der Eigentümer muss sich im Klaren und damit einverstanden sein, dass die NEP'en ihren Gewinn über die Vergütung III erhöhen können,
- der maximale Verlust liegt für die NEP'en im Verlust der Vergütung II,
- der maximale Gewinn kann, sollte aber nicht gedeckelt werden,
- der Verlust und der Gewinn sollte zwischen den NEP'en fair und gerecht geteilt werden,
- alle Benchmarkberechnungen und Vereinbarungen sollten transparent und für jeden nachprüfbar sein,
- die verschiedenen Elemente in der Vergütung III sollten miteinander gekoppelt sein, um zu verhindern, dass die NEP'en einen Teil aufgeben, um einen anderen zu erfüllen,
- alle Vereinbarungen sollten klar, präzise und leicht verständlich sein.

Ziel dieses Systems ist es, den für den Allianzvertrag allgemein gültigen Grundsatz „wir gewinnen oder verlieren alle gemeinsam",[95] umzusetzen. So werden Anreize geschaffen, durch Innovationen und Anstrengungen ein herausragendes Projekt zu schaffen. Üblicherweise werden Erfolge und Verluste innerhalb des Systems durch unabhängige Dritte gemessen, so genannte Auditors/Gutachter.[96]

---

93 Ross, Jim: Introduction to Project Alliancing, 2003, S. 7.
94 DTF, Project Alliance Practitioners' Guide, Compensation Framework, S. 34.
95 Horvath, Günther: Juristische Schlüsselfragen bei Allianzverträgen, Aufteilung des Kostenrisikos S. 59.
96 Myers, James: Alliancing Contracting: A Potpourri of proven Techniques for successful Contracting, S. 56.

Für die Berechnung des Gewinns und um das Bonus/Malus System durchzusetzen bedarf es Benchmarks, um die Leistungen zu bewerten. Erreichen die NEP'en bei allen Benchmarks genau die veranschlagten Werte, so bekommen sie ihren „marktüblichen" Gewinn, die Vergütung II, in vollem Umfang ausbezahlt. Liegen sie unter den Benchmarks, gibt es Abzüge, liegen sie darüber, gibt es zusätzliche Zahlungen, die den Gewinn erhöhen. So lässt sich im Ergebnis die Vergütung III zusammenfassen.

Üblicherweise gibt es zwei große Gruppen von Benchmarks. Die eine Gruppe beinhaltet alle Bereiche, die Kosten und Zeit betreffen. Die andere Gruppe alle übrigen „non time/cost related areas".[97]

(1) *Benchmark 1: erwartete Bauzeit und Baukosten*

Wichtigste Benchmarks sind, wie bei allen Bauprojekten, die Bauzeit und die Baukosten. Diese sind für die Bauherren die absolut wichtigsten Kriterien für ein erfolgreiches Projekt. Üblicherweise enthält der Allianzvertrag hier eine Risikoteilung (50:50) zwischen dem Bauherrn und den NEP'en.

Erwartete Baukosten

Am einfachsten ist es, eine Überschreitung der Baukosten zu bestimmen. Hierzu werden die tatsächlichen Baukosten mit den im Allianzvertrag fixierten erwarteten Baukosten verglichen. Zumeist werden die Einsparungen oder die Teuerungen 50:50 zwischen dem Bauherrn und den NEP aufgeteilt. Hier sind zwar auch andere Quoten oder Staffelungen denkbar, es sollte aber bedacht werden, dass auch der Anreiz effektiv zu arbeiten schwächer wird, je schlechter die Quote für die NEP ausfällt. Es ist hier klar zu trennen zwischen endgültigen und anfangs erwarteten Baukosten. Die endgültigen Baukosten stehen, anders als bei Pauschalpreisverträgen, erst mit Abschluss des Projektes fest. Wenn alle direkten Kosten (Vergütung I) und der Gewinn (Vergütung II) berechnet sind, stehen die endgültigen Baukosten fest. Als Vergleich dienen die erwarteten Baukosten. Diese sind die erwarteten direkten Kosten (Vergütung I), also eine Art verbindliche Prognose, die die Allianzparteien vorab treffen. Hier ist kein Gewinn eingerechnet. Als Benchmark dienen immer die reinen direkten Baukosten.[98]

Natürlich ergibt sich, wie beim Pauschalpreisvertrag auch, das Problem der Mehrungen und Minderungen (Variationen). Werden nach Festlegung der erwarteten Baukosten Veränderungen vorgenommen, die die Baukosten betreffen, so müssen die erwarteten Baukosten, die als Benchmark dienen, angepasst werden. Der Bauherr erhält schließlich auch ein anderes Produkt. Anders als in ei-

---

97 DTF, Project Alliance Practitioners' Guide, Compensation Framework, S. 35.
98 Alchimie Pty Ltd: Target Outturn Cost: Ensuring Value for Money through TOC Process, S. 3.

nem Pauschalpreisvertrag entsteht aber nicht dieselbe Konfrontationshaltung.[99] Denn der Bauherr muss die direkten Kosten der Veränderung sowieso tragen (Vergütung I). Es geht anders als bei einem Pauschalpreisvertrag schon einmal nur um einen Bruchteil der Kosten (Vergütung II). Auf der anderen Seite steht der Bauunternehmer nicht unter dem Druck, über die Variationen seinen Gewinn verdienen zu müssen. Wird eine Veränderung vorgenommen, so werden die direkten Kosten ohne Veränderung mit denen nach der Veränderung verglichen und in die eine oder andere Richtung angepasst. An den meisten Stellen wird hier schon eine echte Variation ausscheiden, da die meisten Anpassungen des Bauplans keine merkliche Anhebung der direkten Kosten verursacht. Der Bauunternehmer hat auch, anders als beim Pauschalpreisvertrag, keinen Vorteil durch hohe Variationskosten. Die direkten Kosten bekommt er ohnehin erstattet und der Gewinn bleibt für ihn gleich, egal ob das Projekt im Ganzen nun teurer wird oder nicht. Eine Variation stellt daher letztlich nur eine Anpassung der erwarteten Bausumme dar. Muss die erwartete Bausumme angetastet werden, so ändert sich auch der Allianzvertrag. Dies wäre dann Aufgabe des ALT.[100]

Problematisch sind daher die Variationen, die nicht nur die Kosten, sondern auch andere Schlüsselziele beeinflussen sowie die Änderungen, die das Projekt so stark ändern, dass der ausgehandelte Gewinn (Vergütung II) nicht mehr gerechtfertigt erscheint. Werden zum Beispiel andere Fenster als anfangs gewünscht verbaut, so ändert dies zwar die Bausumme, aber für den Bauunternehmer ändert sich letztlich nichts. Er baut nach wie vor Fenster ein. Wird hingegen statt einer Treppe nun ein Lift verlangt, so ändert sich das Projekt als solches. Nun müssen Pläne angepasst und völlig andere Arbeiten ausgeführt werden. Dies kann, wenn die Kosten dadurch merklich ansteigen, zu einer Veränderung des Projekts führen, die einen höheren Gewinn rechtfertigt. Solche Änderungen stellen zwar eher die Ausnahme dar, dennoch sollte bereits im Vertrag festgehalten werden, wie darauf zu reagieren ist. Wie bereits gezeigt,[101] ist es von Vorteil, den Gewinn zunächst prozentual zu berechnen und erst dann in absoluten Zahlen zu fixieren. So kann nun der Gewinn einfach durch die prozentuale Berechnung neu festgelegt werden. Werden andere Schlüsselziele wie Umweltverträglichkeit oder Betriebskosten beeinflusst, so müssen die Anpassungen vom ALT, notfalls über Streitschlichtungssysteme, vorgenommen werden.

Damit die durch eine Variation entstehenden Kosten mit den erwarteten Kosten an dieser Stelle verglichen werden können, ist es sinnvoll, das Projekt schon frühzeitig in verschiedene Abschnitte zu unterteilen. So lässt sich später

---

99 Myers, James: Alliancing Contracting: A Potpourri of proven Techniques for successful Contracting, S. 62 f.
100 Myers, James: Alliancing Contracting: A Potpourri of proven Techniques for successful Contracting, S. 63.
101 siehe Kap. BVI1b).

leichter feststellen, ob die Variation zu einer erheblichen Veränderung der erwarteten Kosten geführt hat.

Die Festlegung der erwarteten Baukosten ist höchst sorgfältig vorzunehmen, da sie Benchmark für das wichtige Bonus/Malus System ist. Die Festlegung geschieht im Rahmen des Auswahlverfahrens durch einen gemeinsamen Prozess, der genauestens protokolliert wird.[102]

Bauzeit

Die Bauzeit ist der zweite wichtige Benchmark, der fast immer in Allianzverträgen zu finden ist. Allerdings gibt es hier je nach Projekt starke Unterschiede. So ist für den Bauherrn einer Autobahn die Bauzeit unter Umständen weniger wichtig als für einen Bürokomplex, der schon vermietet ist. Stellen die NEP'en das Projekt nicht in der veranschlagten Zeit fertig, so müssen sie einen Abschlag von ihrem Gewinn hinnehmen. Er teilt sich daher mit dem Bauherrn das Risiko der Verspätung.

Hierbei kann, je nach Art des Projekts, die Verspätung auch schon für einzelne Bauteile festgehalten werden. Ist es zum Beispiel für den Bauherrn wichtig, dass ein bestimmter Abschnitt des Projekts schon früher fertig ist, so nutzt es nichts, wenn das ganze Projekt rechtzeitig fertiggestellt wird, aber dieser Abschnitt verspätet war. Die Bauzeit kann daher auch Abschnittsweise aufgeteilt werden.

Bei Variationen stellen sich im Endeffekt dieselben Fragen wie bei den Baukosten. Die meisten Variationen ändern die Gesamtbauzeit kaum. Es verschiebt sich lediglich die Fertigstellung des jeweiligen Abschnitts. Führt die Variation dennoch zu einer längeren Bauzeit, so muss auch hier der Allianzvertrag angepasst werden, was wiederum Aufgabe des ALT ist.

(2) Benchmark 2: nicht Zeit oder Baukosten betreffende KRA

Über das Bonus-Malus-System lässt sich aber auch eine Vielzahl von anderen, nicht Zeit oder Kosten betreffenden Schlüsselzielen, einbauen. Diese können in ganz unterschiedlichen „key result areas" (KRA)[103] liegen. Insbesondere kommen hier Umwelt, Sicherheit, Qualität, Design in Betracht. Hauptproblem dieser KRA's ist die Messung und objektive Nachweisbarkeit von erreichten Zielen, die nicht in harten Zahlen auszudrücken sind, wie z.B. das Design. Deshalb sollte schon bei den Vertragsverhandlungen bedacht werden, wie sich die Messwerte abfragen und erfassen lassen. Es ist besser eine einfache Messmethode zu

---

102 Abrahams, Anthony; Cullen, Alan: Project Alliances In The Construction Industry, ACLN 1998, S. 32; siehe auch Kap. BIX über die Auswahl des Vertragspartners.
103 siehe oben Kap. BVI1c).

verwenden, die alle Vertragsparteien verstehen und nachprüfen können, als zu viele Faktoren einzubauen und so den Prozess undurchsichtig zu gestalten.[104]

Die KRA sollten während der Vertragsverhandlungen gemeinsam erarbeitet werden. Selbstverständlich ist es zunächst Aufgabe des Bauherrn seine eigenen Vorstellungen von Schlüsselzielen darzustellen. Es ist aber wichtig, dass sich alle Parteien mit diesen Zielen identifizieren und sie alle verstanden haben, warum dem Bauherrn diese Ziele wichtig sind. Bei Baukosten und Bauzeit ist dies üblich und von vornherein klar. Aber bei anderen Bereichen muss den NEP'en unter Umständen erläutert werden, warum der Bauherr auf dieses Kriterium so viel wert legt. Erst wenn die NEP'en den Bauherrn verstanden haben, lassen sich Schlüsselziele vernünftig diskutieren und Messmethoden sowie Benchmarks festlegen. Hierzu dienen Key Performance Indikators (KPI). Diese legen fest, welche Parameter zur Bewertung der Leistung dienen. Im Bereich Umwelt kämen als KPI's z.B. eine ökologische Bewertung der Baumaterialien, eine Bewertung der Energieeffizienz oder Ähnliches in Betracht. Um all dies festlegen zu können, können während den Vertragsverhandlungen entweder Ausschüsse bestellt oder externe Spezialisten hinzugezogen werden. Diese entwerfen dann Teile des vertraglichen Abkommens, welche später eingefügt werden, was natürlich einer juristischen Begutachtung bedarf.[105]

Zumeist werden im Allianzvertrag selbst nur die „Key Result Areas" genannt und alle Details in einem Anhang beschrieben, um den Vertrag nicht ausufern zu lassen. Diese Beschreibung sollte dann zum besseren Verständnis auch Hintergrundinformationen beinhalten, eine Stellungnahme der Parteien, die genaue Messmethode und die damit beauftragten Firmen sowie das Prozedere der Messung. Letztlich müssen auch die „Key Performance Indikators" und die Messmethoden ausgehandelt werden. Verschiedene KPI's verlangen verschiedene Messtechniken. So können z.B. der Energieverbrauch und die Abwassermenge genau berechnet werden. Viele KPI's lassen sich aber nur durch Umfragen bemessen, wie z.B. das Design oder die Akzeptanz in der Öffentlichkeit. Hier sind dann externe Spezialisten gefragt, die diese Umfragen durchführen.[106]

Der Phantasie sind bei den KRA's und den zugehörigen KPI's keine Grenzen gesetzt. Letztlich kann alles, was irgendwie messbar und nachvollziehbar ist in das Bonus/Malus System eingefügt werden. In Pauschalpreisverträgen bleibt zumeist nur die Möglichkeit entweder Verbotsvorschriften, Sollvorschriften oder Vertragsstrafen für ein bestimmtes Verhalten einzubauen. Diese sind zu-

---

104 DTF, Project Alliance Practitioners Guide, Appendix 9: Further discussion of limb 3 issues, S. 111.
105 DTF, Project Alliance Practitioners Guide, Appendix 9: Further discussion of limb 3 issues, S. 111 f.
106 DTF, Project Alliance Practitioners Guide, Appendix 9: Further discussion of limb 3 issues, S. 111 f.

meist ineffektiv oder zu streng. Viel besser ist es, den NEP'en einen finanziellen Anreiz zu geben.

Der Benchmark wird dann dort gesetzt, wo die Parteien eine „normale" Leistung einordnen. Alles, was später darüber liegt wäre eine gute oder herausragende, alles was darunter liegt eine schlechte oder ungenügende Leistung.

Standard-Performance Spektrum:[107]

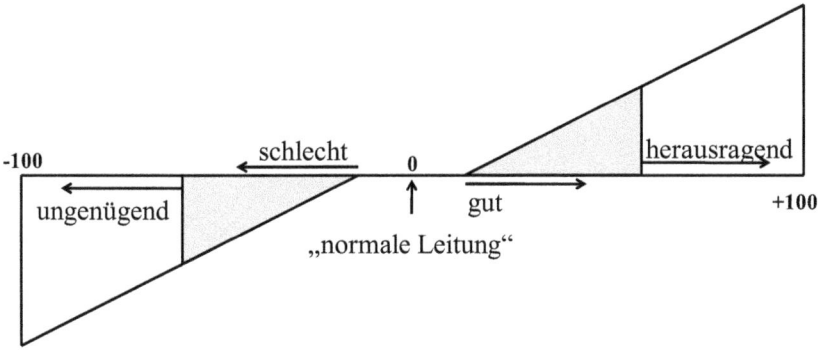

Eine Bewertung der KRA`s kann und muss zu ganz unterschiedlichen Zeiten erfolgen. Soll zum Beispiel bewertet werden, wie die NEP'en bei einem Straßenbauprojekt den fließenden Verkehr während der Bauzeit regeln, so muss dies notwendigerweise während der Bauzeit gemessen werden. Gleiches gilt für Sicherheit am Bau etc. Das Design kann dagegen erst nach Fertigstellung bewertet werden, ebenso wie die Unterhaltskosten. Gleichzeitig heißt dies jedoch nicht, dass zum Zeitpunkt der Bewertung auch schon eine finanzielle Entlohnung stattfinden muss. Eine solche erfolgt erst gegen Ende oder sogar erst nach Fertigstellung des Projekts.

Das Bonus/Malus System ist zudem extrem flexibel. So kann es je nach KRA, KPI und Projekt sinnvoll sein kein lineares sondern ein degressives Ansteigen/Abfallen zu vereinbaren. Ebenso kann die Gewichtung der einzelnen KRA unterschiedlich sein. Es können bei einzelnen KRA`s Verlust oder Gewinngrenzen eingebaut werden usw. Daher ist es in den Verhandlungen sehr entscheidend, dass alle Parteien verstanden haben, worum es dem Bauherrn geht. Sind sie sich darüber im Klaren, können das Bewertungsmodell und die Messmethoden den individuellen Bedürfnissen angepasst werden.[108]

---

[107] DTF, Project Alliance Practitioners Guide, Appendix 10: Generic compensation model with worked examples, S. 114.
[108] DTF, Project Alliance Practitioners Guide, Appendix 10: Generic compensation model with worked examples, S. 117 ff.

Gängig sind folgende nicht Zeit oder Baukosten betreffende KRA:[109]
- Erhaltungskosten
- Betriebskosten
- Umgang mit den Betroffenen (Stakeholder)
- Verkehrsmanagement
- Design und Architektur
- Soziale Verantwortung (Umwelt, Gesundheit und Sicherheit am Bau)
- Qualität der Arbeitsausführung
- Umgang mit Altlasten
- u.v.m.

Overall Performance Score

Oftmals wird aus allen KRA`s, die nicht die Kosten oder die Bauzeit betreffen, ein so genannter „Overall Performance Score" (OPS) berechnet und erst auf dieser Grundlage ein gutes oder schlechtes Abschneiden sichtbar.[110] So können die NEP'en ein schlechtes Abschneiden in einer KRA durch ein gutes in einer anderen ausgleichen. Liegt der OPS bei Null, so haben die NEP'en eine „normale Leistung" erbracht und erhalten den vollen Gewinn (Vergütung II). Haben Sie eine bessere Leistung (1 bis 100%) erbracht, erhalten sie einen Bonus, liegt der OPS unter Null (-1 bis -100%), so erhalten sie weniger, bis hin zu gar keinem Gewinn. Hier können auch die unterschiedlichen KRA`s eine unterschiedliche Gewichtung je nach Projekt und Interesse des Bauherrn erfahren.

(3) Aufteilung unter den Vertragsparteien

Während der Vertragsverhandlung müssen sich die NEP'en auch einigen, wie jeder Bonus/Malus zwischen ihnen verteilt werden soll. In Betracht kommt dabei eine quotenmäßige Aufteilung nach der Höhe der Vergütung II. Je mehr Gewinn ein Unternehmen erhält, desto größer auch das Risiko. Hier können aber auch andere Verteilungen sinnvoll sein, zum Beispiel bei KPI's, die die Baudurchführung betreffen. Diese betreffen in aller Regel allein den Bauunternehmer, aber meistens nicht den Architekten. Wie stets sollten diese Verhandlungen nicht unter Ausschluss nicht beteiligter NEP'en oder des Bauherrn stattfinden. Idealerweise sollte jeder Partner die Probleme der anderen verstehen und so versuchen, für alle das Bestmögliche zu erzielen. Es ist jedoch streng darauf zu ach-

---

[109] DTF, Project Alliance Practitioners Guide, Compensation Framework, S. 36; Kemper, Ralf/Wronna, Alexander: Alliance Contracting – Allianzvertrag, Der Bausachverständige 2007, S. 56.
[110] DTF, Project Alliance Practitioners Guide, Appendix 10: Generic compensation model with worked examples, S. 114.

ten, dass die Verteilung genau formuliert und in den Allianzvertrag aufgenommen wird. Sind die Verteilungen ungenau und im Nachhinein nicht durchführbar, kann dies bis zur vollständigen Aufhebung der Bonus/Malus Regel führen.[111]

(4) *Folgen*

Die NEP'en sind durch die Vergütung III wesentlich enger an das Schicksal des Projekts gebunden. Die NEP'en sind aber dem nicht ohne Weiteres ausgeliefert, sondern haben die Möglichkeit, durch ihre eigene Leistung ihre Vergütung positiv zu beeinflussen. Dies stellt einen starken Anreiz dar, sich möglichst früh und möglichst effektiv in das Projekt einzubringen, da hier bereits die Weichen für ein erfolgreiches Projekt gestellt werden. Die Verknüpfung des Gewinns mit KPI´s hat in Australien dazu geführt, dass sämtliche mit dem Allianzvertrag strukturierte Projekte wesentlich früher fertiggestellt werden konnten als ursprünglich geplant.[112]

Zudem ist ihr Risiko begrenzt. Die Vergütung III kann schlimmsten Falles den Gewinn (Vergütung II) auf Null reduzieren. Dabei sollte die Auswirkung des Unterschreitens eines KPI's niemals zum Verlust des ganzen Gewinns führen. Vielmehr sollte jede KRA nur zu einem anteiligen Verlust führen. Erst ab einer gewissen Anzahl von KPI-Unterschreitungen sollte der Gewinn ganz entfallen, um möglichst lange die Motivation aufrecht zu erhalten. Üblicherweise wird nur bei den Baukosten eine Reduzierung des Gewinnes auf Null ermöglicht, ohne dass andere KPI's unterschritten werden müssen. Aber auch hier wird in den meisten Fällen eine maximale Beteiligung in Höhe der Vergütung II festgelegt. Alle anderen KRA`s schmälern zwar den Gewinn bei Nichterreichen des KPI's, aber lassen ihn nicht ganz entfallen. Auch hier sind etliche andere Ver-sionen und Staffelungen je nach Bedeutsamkeit der KRA denkbar.

Die Vergütung III ist eine der zentralen Merkmale von Allianzverträgen und trägt wesentlich zur gemeinschaftlichen Atmosphäre bei. Schließlich sitzen alle Parteien in einem Boot und profitieren sowohl von einer eigenen guten Leistung als auch von der anderer.

d) Einbindung von Subunternehmern

Auch beim Allianzvertrag besteht dieselbe Notwendigkeit der Beschäftigung von Subunternehmern, wie beim Pauschalpreisvertrag. Nicht alle Arbeiten können von den Vertragsparteien ausgeführt werden. Vor allem Spezialfirmen wer-

---

111 Alstom Signalling Limited (trading as Alstom Transport Information Solutions) v. Jarvis Facilities Limited [2004] EWHC 1232.
112 Kemper, Ralf/Wronna, Alexander: Alliancing Contract – Allianzvertrag, Der Bausachverständige 2007, S. 57.

den zumeist als Subunternehmer engagiert. Es gibt allerdings auch Projekte, die größtenteils mit Subunternehmern durchgeführt werden. Dies ist zumeist bei Generalübernehmern und Projektmanagern der Fall, aber auch bei Projekten, die die Leistungsfähigkeit einzelner Unternehmen überschreiten. Für die Einbindung von Subunternehmen ergeben sich zwei Möglichkeiten.

(1) *Einbindung in den Vertrag*

Die Subunternehmer können als Vertragspartei in den Allianzvertrag aufgenommen werden.[113] Dies geschieht durch Beschluss des ALT. Der Subunternehmer wird dann volle Partei und genießt alle Vor-und Nachteile des Allianzvertrages. Dem Grunde nach ist er ab diesem Zeitpunkt kein Subunternehmer mehr, sondern selbst Allianzpartei.

(2) *Klassische Subunternehmerschaft*

Die zweite, weitaus häufigere, Variante ist die traditionelle Form von Subunternehmerschaft, wie sie z.b. das Kingsgrove to Reversby Quadruplication Project Alliance Agreement verwendet.[114] Die einzelnen Vertragsparteien werden im Allianzvertrag dazu ermächtigt Subunternehmer zu engagieren. Die Vertragsparteien schließen dann selbst mit den Subunternehmern, wie unter Pauschalpreisverträgen auch, Subunternehmerverträge ab. Die Parteien treten in diesem Fall unter eigenem Namen auf und nicht unter dem Namen der Allianz.

Für diese Subunternehmerverträge werden im Allianzvertrag gewisse Bestimmungen festgelegt, die diese enthalten müssen. Diese Bestimmungen stellen sicher, dass sich die Subunternehmer neben den gewöhnlichen Rücksichtnahme- und Sorgfaltspflichtsklauseln auch den Allianzcharakter betreffende Klauseln unterwerfen. Letztere sollen sicherstellen, dass auch der Subunternehmer die Grundsätze und Prinzipien des Allianzver-trages befolgt. Im Innenverhältnis der Allianz ist der jeweilige Vertragspartner voll für seine Subunternehmer und dessen Fehler verantwortlich.[115]

e) Financial Auditor

Aufgabe des Financial Auditors (FA) ist die Überwachung des Vergütungssystems. Er ist hauptsächlich dafür zuständig, die Abrechnungen der NEP'en im Rahmen der „Open-Book-Policy"zu überprüfen und die Rechnungen zur Zahlung frei zu geben. Um eine umfassende Überprüfung gewährleisten zu können

---

113 DTF, Project Alliance Practitioners Guide, Legal Framework, S. 63.
114 Kingsgrove to Revesby Quadruplication Project Alliance Agreement S. 17.
115 Kingsgrove to Revesby Quadruplication Project Alliance Agreement S. 16.

wird der FA schon während des Auswahlverfahrens an den Interviews und den Workshops beteiligt. Die Arbeit des FA wird daher in zwei Phasen unterteilt:

Auswahlphase

Während des Auswahlverfahrens untersucht der FA die Kosten- und Managementberechnungen der verschiedenen Kandidaten. Er kann dazu an allen erforderlichen Meetings und Workshops teilnehmen und von den Kandidaten gesonderte Informationen anfordern. Der FA überprüft aber nicht nur die Kosten und Berechnungen der einzelnen Kandidaten, sondern überprüft auch die Höhe des für die Vergütung II maßgeblichen Gewinns und der allgemeinen Gesellschaftskosten. Er versorgt während des ganzen Auswahlprozesses den Auswahlausschuss mit Informationen und Berichten zu sämtlichen finanziellen Fragestellungen. Der Financial Auditor nimmt auch an den Vertragsverhandlungen teil und hilft dabei, ein Prozedere für die Überprüfung der direkten Kosten und die Begleichung der Rechnungen durch den Bauherrn zu entwerfen.[116]

Bauphase

Nach dem Verabschieden des Allianzvertrages ist der FA zusammen mit unabhängigen Gutachtern dafür zuständig, die tatsächlichen direkten Kosten mit den vertraglich vereinbarten Zielkosten zu vergleichen und hierüber dem ALT zu berichten. Jede Unstimmigkeit soll sofort allen Parteien des Allianzvertrages mitgeteilt werden, um möglichst frühzeitig einer Kostenexplosion an der einen oder anderen Stelle entgegenwirken zu können. Er überprüft zudem fortwährend, ob die tatsächlichen Zahlungen im Einvernehmen mit den vertraglich vereinbarten Klauseln stehen. Wie eingangs bereits erwähnt, gibt er die Abrechnungen der NEP'en zur Zahlung frei.

Der FA begleitet die Allianz durch sämtliche Phasen. Dabei ist es dem Financial Auditor im Rahmen der „Open-Book-Policy" erlaubt, die Bücher einzusehen und alles zu tun, um die Kosten zu überprüfen. Der Financial Auditor ist eine Absicherung des Bauherrn, wirklich nur die direkten Kosten und keine versteckten Gewinne im Rahmen der Vergütung I zu bezahlen.[117]

f) Vorteile und Nachteile der Vergütungsregelung

Auf den ersten Blick hat die Vergütungsregel I zur Folge, dass der Bauherr alle Risiken einer Erhöhung der Baukosten alleine trägt. Fallen diese höher als erwartet aus, so muss er die Kosten im Rahmen der Vergütung I bezahlen. Werden

---

116 Detaillierte Ausführungen hierzu finden sich in Kap. BIX im Rahmen des Auswahlverfahrens und in DTF, Project Alliance Practitioners Guide, Appendix 11: Specialist advisers and their roles, S. 128 f.
117 DTF, Project Alliance Practitioners Guide, Appendix 11: Specialist advisers and their roles, S. 129.

Arbeiten fehlerhaft ausgeführt, so trägt er die zusätzlichen Kosten für die Beseitigung der Fehler, da diese, nach dem Verständnis des Allianzvertrages, ebenfalls direkte Kosten sind. Erst später, aufgrund des Bonus-Malus-Systems (Vergütung III), wird dieser Umstand bis zu einem gewissen Grad ausgeglichen. Die NEP'en, vorrangig der Bauunternehmer, reduzieren mit jedem Euro, der die erwarteten Baukosten übersteigt, ihren gemeinsamen Gewinn um 50 Cent. Hauptleidtragender dürfte dabei stets der Bauunternehmer sein, da er, gemessen an den Gesamtkosten, den größten Teil des Projekts ausführt. Somit ist für die NEP'en eine Erhöhung der tatsächlichen Baukosten genauso nachteilig wie für den Bauherrn. Dies führt in aller Regel dazu, dass sich die Parteien gemeinsam darum bemühen, dass das Projekt besonders effizient durchgeführt wird. Damit nicht das Design oder die Qualität leidet, werden die KRA's so gewählt, dass sie diese Gefahr ausschließen, bzw. es für die NEP'en unattraktiv machen, hier zu sparen. Zudem sorgt das Einstimmigkeitsprinzip in ALT und AMT für ein Vetorecht jeder Partei, sollte eine Partei von dem vereinbarten Bauplan abweichen wollen.

Für den Bauherrn ergibt sich durch diese Vergütungsregelung aber nicht nur eine Risikoteilung bezüglich der Kosten, sondern auch ein Einsparpotential. Der Bauunternehmer hat unter einem Pauschalpreisvertrag einige Risiken, die er bei einem Allianzvertrag nicht hat. So sind steigende Rohstoffkosten oder Arbeitslöhne beim Allianzvertrag kein Problem, da sie als direkte Kosten vom Bauherrn übernommen werden. In einem Pauschalpreisvertrag versucht der Bauunternehmer solchen Kostensteigerungen häufig durch Einsatz minderer Qualität entgegenzuwirken. So gut wie immer, schlägt der Bauunternehmer zudem bei der Berechnung des Pauschalpreises einen Risikozuschlag auf. Dieser Risikozuschlag deckt aber nicht nur höhere Kosten wegen steigender Preise, sondern auch Belastungen, die durch die Behebung fehlerhafter Arbeiten (Gewährleistung) verursacht werden. Dieser Risikozuschlag wird dabei berechnet, unabhängig davon, ob sich das Risiko im Anschluss verwirklicht oder nicht. Diesen Zuschlag braucht es bei einem Allianzvertrag aus oben genannten Gründen nicht. Der Bauunternehmer erhält seine direkten Kosten ja erstattet, unabhängig davon, woher Sie rühren. Einzige Ausnahmen sind natürlich vorsätzliche Schädigungen, für die jede Partei einzustehen hat.

Der Baupreis vermindert sich daher:[118]

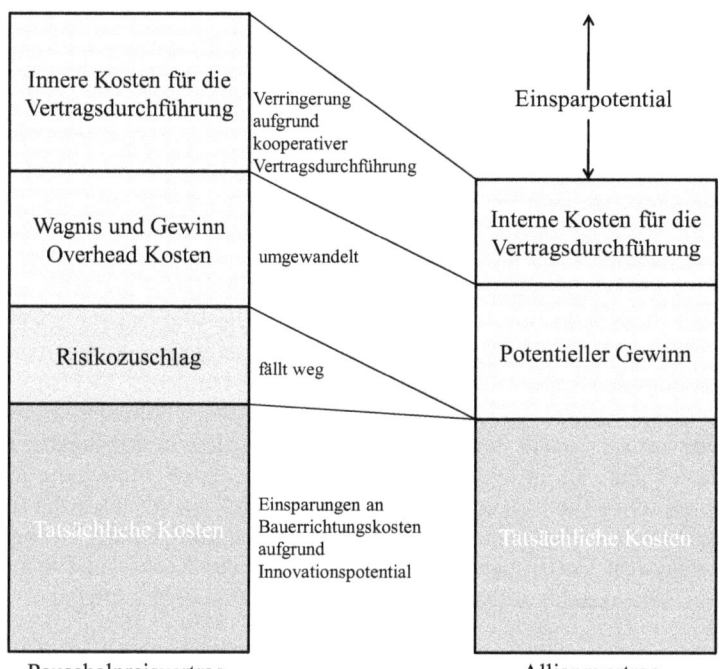

Der Bauherr erhält zudem ein werthaltigeres Projekt als bei einem Pauschalpreisvertrag. Schon ohne Steigerung der Rohstoffpreise ist die Qualität der gelieferten Leistungen bei Pauschalpreisverträgen oft ein Problem, da der Bauunternehmer daran interessiert ist, das Projekt so günstig wie nur irgend möglich zu errichten. Schließlich ist sein Gewinn der Unterschiedsbetrag zwischen dem vereinbarten Preis und seinen Kosten. Der Unternehmer wird daher versuchen, beides zu seinen Gunsten zu verschieben, so oft es ihm möglich erscheint. Dies steht in direktem Konflikt mit dem Interesse des Bauherrn, der ein möglichst hochwertiges Projekt für einen möglichst niedrigen Preis bekommen will. In einem solchen Umfeld sind Unzufriedenheit und Streit fast unvermeidlich.

Zudem sorgt die gleichmäßige Verteilung aller Risiken auf alle Parteien dafür, dass diese gemeinsam an Lösungskonzepten arbeiten und sich nicht gegenseitig verantwortlich machen. Der Allianzvertrag lässt nur eine win-win oder lose-lose Situation zu. Entweder alle setzen sich zusammen und lösen das Problem oder sie verlieren alle, unabhängig davon, ob sie für das Problem verant-

---

118 Gehle, Bjorn/Wronna, Alexander.: Der Allianzvertrag – Neue Wege kooperativer Vertragsgestaltung, BauR 2001, S. 5.

wortlich waren oder nicht. Die Parteien werden sich daher bestmöglich bei der Konflikt- und Problemlösung helfen.

Die Vergütungsregelung im Allianzvertrag führt daher im Wesentlichen zu einer Risikoverschiebung. Im Rahmen von Pauschalpreisverträgen wird im Allgemeinen von den Bauherren versucht, möglichst viele Risiken auf die Bauunternehmen abzuwälzen. Eine Folge davon ist, dass diese Risikoaufschläge berechnen, die der Bauherr dann bezahlen muss egal ob sich das Risiko nun verwirklicht oder nicht. Eine andere Folge, wenn der Bauherr es schafft auch den Preis zu drücken, ist, dass der Bauunternehmer mehr Risiken trägt als ihm zugemutet werden können und er beeinflussen kann. Im Falle der Verwirklichung der Risiken droht Streit und schlimmsten Falles eine Insolvenz des Bauunternehmens, wenn es überfordert ist. Beide Folgen bedeuten einen Stillstand des Projekts und finanzielle Einbußen beim Bauherrn. Die Wahrscheinlichkeit, dass ein Bauunternehmer ein Projekt ohne Auseinandersetzung mit einem herben Verlust abschließt, dürfte in der Praxis gegen Null tendieren. Der Unternehmer wird alle Möglichkeiten ausnutzen, um sich aus dieser Situation zu retten. Der Allianzvertrag verteilt daher die Risiken unter allen Vertragspartnern und regt zusätzlich dazu an, im Falle der Verwirklichung von Risiken diese gemeinsam zu lösen. Dies führt zu einem besseren Risikomanagement als die Risiken nur einer Partei zu überlassen. Im Falle der Überforderung hat der Bauherr schließlich auch keinen Vorteil, wenn er zwar weiß, wer das Risiko hätte tragen sollen, aber sein Projekt dafür stillsteht und schlimmsten Falles fehlschlägt!

2. „No blame, no disputes" (Haftungsausschluss und Klageverzicht)

Der Klageverzicht, der sich in reinen Allianzverträgen findet,[119] ist ein fundamentaler Gedanke, der hinter dem Allianzvertrag steht. Die Vertragsparteien verzichten auf jegliche Geltendmachung ihrer Ansprüche vor Gericht. Ausgenommen von dem Klageverzicht sind nur eng begrenzte Ansprüche, die durch vorsätzliche Schädigung entstehen. Diese sollten in dem Allianzvertrag genau definiert werden, um den Klageverzicht nicht auszuhöhlen. Die reinen Allianzverträge enthalten daher eine Klausel, dass Haftungs-, Gewährleistungs- oder sonstige Ansprüche zwischen den Parteien nur entstehen im Falle der Insolvenz oder vorsätzlicher Schädigung. Die meisten Allianzverträge haben ähnliche Klauseln wie diese:[120]

---

119 So z.B. auch im Kingsgrove to Revesby Quadruplication Project Alliance Agreement S. 31.
120 Übersetzt aus DTF, Project Alliance Practitioners Guide, Legal framework, S. 58.

Klageverzicht:
1. Die Parteien erkennen an und stimmen darin überein, dass das Konflikt- und Streitpotential unter normalen Vertragsformen ein signifikanter Faktor für die Verhinderung von herausragenden Projektergebnissen ist. Wir verpflichten uns daher gemeinsam Probleme zu erkennen und diese zu unser aller Wohl zu lösen, ebenso wie jegliche Form von Streit zu vermeiden, die bei der Durchführung unserer vertraglichen Arbeiten entstehen.
2. Wir glauben, dass, indem wir uns auf unsere Grundsätze, Zielsetzungen, gemeinsame Verantwortlichkeit für alle Projektrisiken und das ausgeglichene Teilen von Risiken und Vergütungen konzentrieren, der Streitverzicht gestützt wird.
3. Wir werden uns gegenseitig sofort über Konflikte oder aufkeimende Meinungsverschiedenheiten informieren. Sollten diese nicht durch das AMT gelöst werden können, werden wir sie innerhalb von [X] Tagen dem ALT zur Behandlung vorlegen.
4. Das ALT wird jeden Konflikt auf einer „best for project basis" behandeln. Es wird ermitteln, welche Handlung notwendig ist, um eine einstimmige Lösung zu erreichen (dies kann auch durch die Bestellung eines unabhängigen Experten oder Mediators, der das ALT unterstützt, geschehen).
5. Wir stimmen darin überein, dass jede Handlung und jedes Unterlassen einer Partei des Allianzvertrages, die in Ausführung der Arbeiten dieses Allianzvertrages geschehen und die
   a. eine vorsätzliche Pflichtverletzung oder einen Insolvenzfall darstellen, gesetzliche und gerichtlich durchsetzbare Ansprüche oder Verpflichtungen begründen können; oder
   b. keine vorsätzliche Pflichtverletzung oder einen Insolvenzfall darstellen, keine gesetzlichen und gerichtlich durchsetzbaren Ansprüche oder Verpflichtungen begründen können;

Wir stimmen darin überein, uns gegenseitig alle Ansprüche zu erlassen, die auf einer Handlung oder einem Unterlassen in Ausführung dieses Allianzvertrages beruhen, wenn sie nicht vorsätzlich geschehen sind oder auf der Insolvenz einer Partei beruhen.

Diese Klausel bewirkt, dass alle Vertragsparteien gemeinsam auf einer „best for project" Basis arbeiten, da sie, selbst wenn ein Fehler passiert ist, alle verpflichtet sind diesen zu beheben. Denn die Parteien können niemanden für Fehler verantwortlich machen und erleiden letztlich sonst alle Verluste (Vorsätzliche Pflichtverletzungen und Insolvenz ausgenommen). Es entsteht, wenn auch gezwungenermaßen, eine Atmosphäre des Miteinanders.

Aber diese Klausel kann weitreichende Konsequenzen haben. Da sich die NEP'en ihren Gewinn gemeinsam erwirtschaften, kann und wird das Fehlverhalten einer Partei den Gewinn der anderen beeinflussen. So. z.B. wenn der Architekt zwar ordnungsgemäß arbeitet, aber das Bauunternehmen das Projekt nicht rechtzeitig fertigstellt. Hier würde das Verhalten des Bauunternehmers den Gewinn des Architekten schmälern, ohne dass dieser sich dagegen wehren könnte, beziehungsweise dies beeinflussen kann. Ebenso kann der Bauherr nicht gegen einzelne NEP'en Parteien vorgehen, die eine nur fahrlässige Pflichtverletzung begehen. Für die NEP'en hat die Klausel im Verhältnis zum Eigentümer kaum Bedeutung, da seine Vertragspflichten sich hauptsächlich auf die Bezahlung richten und das Vorenthalten der Bezahlung fast immer vorsätzlich geschehen wird. Eine Zurückhaltung der Bezahlung wegen mangelhafter Ausführung der Arbeiten ist wegen des Vergütungssystems und der „no blame – no dispute"-Klausel nicht erlaubt. Die Vergütung I besagt, dass alle direkten Kosten erstattet werden und die „no blame – no dispute"-Klausel, dass durch eine fahrlässige Pflichtverletzung keine Ansprüchen entstehen. Der Bauherr kann daher nicht gegen den Bauunternehmer gerichtlich vorgehen, der ein mangelhaftes Bauwerk abliefert. Zwar hat er einen Anspruch auf Mangelbeseitigung, muss aber die Kosten dafür als direkte Kosten nach der Vergütung I ersetzen.[121]

Einzig dann, wenn eine vorsätzliche Schädigung vorliegt sind Regressansprüche möglich. Aus diesem Grund ist eine besonders genaue Formulierung, was unter einer vorsätzlichen Schädigung zu verstehen ist, notwendig. Eine solche Klausel könnte wie folgt formuliert werden:[122]

Vorsätzliche Schädigung

Eine vorsätzliche Schädigung ist gegeben, wenn mindestens eine der folgenden Voraussetzungen erfüllt ist:
1. Eine bewusste mutwillige oder rücksichtslose Handlung oder Unterlassen einer Partei in Bezug auf jegliche bedeutende Aufgabe, Pflicht oder Forderung, die aus diesem Allianzvertrag entstehen, die:
    a) einen Bruch dieser Aufgabe, Pflicht oder Forderung darstellt; und
    b) von dem die Partei wusste oder nach allgemeiner Lebenserfahrung hätte wissen müssen, dass er einer anderen Partei Schaden beifügen kann; und
    c) der tatsächlich einer anderen Partei Schaden verursacht hat;
2. Das Unterlassen einer Partei eine Schadensersatzzahlung nach Klausel [XY] zu bezahlen;
3. Die Nichtleistung einer vertraglichen Zahlung, die fällig geworden ist;
4. Ein verschuldetes Ausbleiben oder die Verweigerung einer Partei, eine Versicherungspolice abzuschließen oder zu unterhalten, die sie nach Klausel [XY] hätte abschließen oder unterhalten müssen;
5. Ein vorsätzlich verschuldetes Ausbleiben oder die Verweigerung einer

---

121 Kingsgrove to Revesby Quadruplication Project Alliance Agreement S. 21.
122 DTF, Project Alliance Practitioners Guide, Legal framework, S. 59.

> Partei, ihren Pflichten aus Klausel [XY; (Audit von finanziellen Transaktionen)] nachzukommen;
> 6. Eine verschuldete Pflichtverletzung einer Partei, die in Zusammenhang mit dem in Klausel [XY] beschriebenen geistigen Eigentum Dritter steht;
> 7. Eine arglistige Handlung oder Unterlassen einer Partei oder eines ihrer Funktionäre, Angestellten oder Auftragnehmer.
>
> Eine vorsätzliche Schädigung kommt dagegen nicht in Betracht bei einer Handlung, Unterlassen, Fehler oder fehlerhaften Beurteilung durch eine Partei oder einer ihrer Funktionäre, Angestellten, Auftragnehmer, wenn sie fahrlässig oder grob fahrlässig war. Davon ausgenommen, die in Nr. 1-7 dargestellten Fälle, wenn diese weniger als Vorsatz voraussetzen.

Die Klausel bedeutet, dass die Parteien untereinander nicht für erlittene Schäden, Verluste oder Ausgaben haftbar gemacht werden können, wenn sie allein auf Fahrlässigkeit beruhen.[123]

Hintergrund der Klausel ist zum einen, die Parteien aus ihrer „comfort zone" [124] herauszuholen und andererseits hierdurch den Projektpreis zu senken. Üblicherweise schlägt bei einem Pauschalpreisvertrag der Bauunternehmer schon diejenigen Kosten auf seine reinen Baukosten auf, die durch mögliche Rechtsstreitigkeiten entstehen könnten. Das Projekt ist also von vornherein teurer, allein weil die Möglichkeit etwaiger Rechtsstreitigkeiten besteht. Dieser Aufschlag ist bei einem Allianzvertrag nicht nötig. Dadurch verringert sich, ebenso wie durch die Entbehrlichkeit des Risikoaufschlags wegen steigender Kosten, der Gesamtpreis.[125]

Zweites Ziel dieser Klausel ist es, eine Atmosphäre des Miteinanders statt des Gegeneinanders zu erschaffen. Dies ist einer der wesentlichen Gedanken des Allianzvertrages. Durch den Streit- und Rechtsmittelverzicht wird die bei den Pauschalpreisverträgen vorherrschende Skepsis unter den Vertragsparteien aufgehoben. Keine der Parteien braucht sich darüber Sorgen zu machen, durch Vorschläge, Änderungswünsche oder Kompromisse auf eigene Rechte zu verzichten. Innovationen, technischer Fortschritt und herausragende Leistungen sollen dadurch zustande kommen, dass die vorsichtige und eher argwöhnische Situation bei Bauprojekten aufgehoben wird. Die Parteien sind unter einer solchen Klausel wesentlich eher bereit, neue Wege zu gehen, als unter Pauschalpreisverträgen, bei denen jeder Fehler zu einem Rechtsstreit führen kann. Die Risikoverteilung des Vergütung III-Systems verstärkt diese Wirkung noch, da nicht nur gegenseitige Rechtsstreitigkeiten ausgeschlossen sind, sondern sich die Parteien

---

123 Jones, Douglas: Project Alliances, The International Construction Law Review 2001, S. 430.
124 Gehle, Bjorn/Wronna, Alexander.: Der Allianzvertrag – Neue Wege kooperativer Vertragsgestaltung S. 8.
125 Siehe dazu auch Kap. BVI1f).

zudem alle Risiken teilen. Es gibt also nur ein Miteinander. Die Alternative wäre ein Verlust, der von allen zu tragen wäre. Sicherlich die schlechtere Alternative.

Die Haftung gegenüber Dritten, also anderen als den Parteien des Allianzvertrages, wird durch die „no blame – no dispute"-Klausel nicht berührt. Dies führt dazu, dass jeder gegenüber Dritten genauso verantwortlich oder haftbar ist wie unter gewöhnlichen Pauschalpreisverträgen.

Ein in Australien entstandener Rechtsstreit zeigt, dass die „no blame – no dispute"-Klausel nicht vor vorsätzlichen Schädigungen schützt. Im Fall Thiess Contractors Pty Ltd v Placer (Granny Smith) Pty Ltd hatte der Bauunternehmer verdeckte Gewinnaufschläge in der Vergütung I mit abgerechnet. Der Bauherr klagte, nachdem er dies entdeckt hatte, auf Rückzahlung der zu viel gezahlten Beträge. Hier schützte die Klausel den Bauunternehmer zu Recht nicht.[126]

Allianzverträge ohne „no blame - no dispute" Regelung

Die „no blame – no dispute"-Klausel wird oft als Grundlage und unverzichtbares Element für alle Allianzverträge bezeichnet.[127] Allerdings ist Vorsicht angebracht, was diese Klausel anbelangt. Sie kann weitreichende Folgen haben, wenn das Projekt scheitert. Aufgrund dieser Unsicherheiten ist die Rechts- und Streitverzichtsklausel diejenige Klausel, die am häufigsten verändert wird und nur sehr selten vollständig umgesetzt wird. Es wurde immer wieder diskutiert, die Parteien für diejenigen Fehler haften zu lassen, die explizit ihrer Kontrolle unterliegen[128]. Natürlich wird so der Grundgedanke des Allianzvertrages verwässert, aber wie bereits gesehen, existiert eine Vielzahl von hybriden Verträgen, die dem reinen Allianzvertrag nur angenähert sind. Die NEP'en werden sich bei Innovationen eher zurückhalten und sicherlich auch Rücklagen für Rechtsstreitigkeiten bilden bzw. Risikozuschläge verlangen. Genau dies soll durch die „no blame – no dispute"-Klausel verhindert werden. Ebenso erhalten Misstrauen und Protokollierungswut Einzug in das Projektmanagement.

Zusammenfassung:

Die Klausel ist sicherlich mit der ungewöhnlichste Teil des Allianzvertrages und löst wohl am meisten Befremden aus. Gleichzeitig trägt diese Klausel zu einer von Gemeinschaftlichkeit geprägten Atmosphäre bei und verhindert kostenintensive und langwierige Bauprozesse, die letztlich für alle Beteiligten nachteilig sind.

---

126 Thiess Contractors Pty Ltd v Placer (Granny Smith) Pty Ltd (unreported, WA Sup Ct, Ipp, Seytler and Wheeler JJ, 14 April 2000).
127 Abrahams, Cullen: Project Alliances in the Construction Industry, ACLN, 31 ff.
128 Jones, Douglas: Project Alliances, The International Construction Law Review 2001, S. 430.

3. Unanimous Agreement (Einstimmigkeitsgebot)

Das Einstimmigkeitsgebot, das für das ALT zwingend vereinbart werden sollte, trägt entscheidend zur „best for project"-Atmosphäre bei. Wie bereits erläutert (siehe BV2), stellt das ALT die höchste Instanz im Allianzvertrag dar. Das Einstimmigkeitsgebot soll dazu führen, dass Kompromisse gemacht werden und keine Grabenkämpfe stattfinden. Nicht unbedingt notwendig ist ein Einstimmigkeitsgebot im AMT. Hier kann dem Allianzmanager oder einer Stimmenmehrheit das Recht eingeräumt werden, gewisse Konflikte zu entscheiden. Es sollte aber auf jeden Fall zunächst versucht werden, Einigkeit herzustellen. Hierbei ist insbesondere der Allianzmanager gefragt. Aus diesem Grund sind hohe Anforderungen an die Konfliktbewältigung und das Verhandlungsmanagement zu stellen. Aufgabe des Allianzmanagers ist es, das Projekt voranzutreiben und Stillstand und Konflikte zu vermeiden. Sollte dies in einzelnen Fragen nicht gelingen, so hat er jedenfalls die Möglichkeit und zum Teil auch die Pflicht, diese Konflikte an das ALT zu übertragen.[129] Der Allianzvertrag enthält meist umfangreiche Regelungen, wie mit Konflikten umgegangen wird. Dies wird im nächsten Kapitel erläutert.

In den meisten Allianzverträgen gibt es auch Klauseln, die einige Entscheidungen dem Eigentümer und Bauherrn vorbehalten.[130] In Bereichen, die die funktionellen Bedürfnisse oder grundlegende Designfragen betreffen, wird meistens dem Eigentümer ein alleiniges Entscheidungsrecht eingeräumt. Es kann auch durchaus sinnvoll sein, dem Eigentümer Rechte bezüglich der Kommunikation mit den Medien, drohenden Umweltverschmutzungen, Zugang zur Baustelle oder das Untersuchungsrecht bezüglich einzelner Bauteile einzuräumen. Die Klausel sollte natürlich nicht so weit ausgestaltet sein, dass sie das Einstimmigkeitsgebot untergräbt. Zudem sollte darauf hingewiesen werden, dass der Eigentümer, außer bei dringenden Angelegenheiten, bei seinen Entscheidungen zunächst versucht, über das ALT Einigkeit herzustellen.

Viele Eigentümer scheuen jedoch davor zurück, das Projekt gestaltende Entscheidungen in das Einstimmigkeitsgebot mit einzubeziehen. Solche den Vertrag ändernden Entscheidungen wären sonst nach Vertragsschluss nur noch mit Zustimmung der anderen Parteien zu erreichen.[131]

Ziel dieser Klausel, wie des gesamten Allianzvertrages, ist es, das Miteinander zu fördern und unter den Allianzparteien kein Hierarchiegefühl, sondern ein Gefühl der Gleichwertigkeit entstehen zu lassen. Die Parteien sollen alle Konflikte und Probleme gemeinschaftlich lösen. Allerdings funktioniert das nicht immer. Für diesen Fall sehen die meisten Allianzverträge Streitbeilegungsver-

---

129 DTF, Project Alliance Practitioners Guide, Legal framework, S. 51 ff.
130 Kingsgrove to Revesby Quadruplication Project Alliance Agreement S. 23 f.
131 DTF, Project Alliance Practitioners Guide, Legal framework, S. 54.

fahren vor, die den Allianzvertrag von den untersten Gremien bis hin zum ALT durchziehen und Abläufe verbindlich regeln.[132]

4. Streitbeilegungsverfahren

Für den Allianzvertrag besonders wichtig sind effiziente Streitbeilegungsverfahren und Konfliktbehandlungs- und Konfliktlösungsmechanismen, da Streitigkeiten insbesondere wegen des Einstimmigkeitsgebots einiges an Sprengkraft besitzen. Letztlich bremsen aber Streitigkeiten und Meinungsverschiedenheiten bei jeder Art von Verträgen den Fortgang des Projekts. In Allianzverträgen wird daher zumeist ausführlich das Vorgehen bei Streitigkeiten geregelt.

a) Frühwarnsystem

Der Allianzvertrag sieht vor, dass Konflikte, sobald sie entstehen und den Vertragsparteien bekannt geworden sind, dem Allianz Management Team mitgeteilt werden müssen. Dies sollte durch schriftliche Mitteilung geschehen. Unabhängig von der Größe des Konfliktpotentials oder der Anzahl der beteiligten Personen soll dadurch ein Gremium eingeschaltet werden, das qualifiziert genug ist, den Konflikt sofort zu beheben.[133]

b) Streitbeilegung auf Ebene AMT

Das AMT informiert nach Bekanntwerden eines bereits entstehenden oder abzusehenden Konflikts alle Vertragsparteien über die Umstände und Hintergründe des Konflikts. Der Allianzvertrag sollte vorsehen, dass sich das AMT unverzüglich des Konfliktes annehmen muss. Der Allianzmanager setzt dann den Konflikt zu einem möglichst frühen Zeitpunkt auf die Tagesordnung. Kommt das AMT nach einer Besprechung zu der Erkenntnis, dass hierüber nur das ALT entscheiden kann, so muss der Allianz Manager unverzüglich den Konflikt zusammen mit den Stellungnahmen der Parteien an das ALT überweisen. Dasselbe geschieht nach einer im Allianzvertrag festgesetzten Frist, innerhalb derer das AMT nicht über den Konflikt entschieden hat. Dieses System dient der möglichst raschen Beilegung von Streitigkeiten und soll den Stillstand des Projekts vermeiden.[134] Viele Allianzverträge, insbesondere solche mit Mehrheitsent-

---

132 Kingsgrove to Revesby Quadruplication Project Alliance Agreement S. 40 ff.
133 Horvath, Günther: Juristische Schlüsselfragen bei Allianzverträgen, Juristische Besonderheiten bei Allianzverträgen, S. 31.
134 Horvath, Günther: Juristische Schlüsselfragen bei Allianzverträgen, Juristische Besonderheiten bei Allianzverträgen, S. 20 und S. 33.

scheidungen im AMT, sehen vor, dass bei Uneinigkeit der streitenden Parteien sofort das ALT eingeschaltet wird.[135]

c) Streitbeilegung auf Ebene ALT

Das ALT entscheidet endgültig und für alle Parteien bindend über den Konflikt.[136] Hierzu kann das ALT zusätzliche Informationen anfordern und einzelne Personen, insbesondere den Allianz Manager, anhören. Das ALT hat dabei alle Grundsätze und Prinzipien des Allianzvertrages zu berücksichtigen. Idealerweise sollte nicht die Position des Einzelnen verteidigt werden, sondern auf die Gemeinschaft Rücksicht genommen werden. Die Lösung sollte auf einer „Best for Project"-Basis gefunden werden. Deswegen ist die Zusammensetzung des ALT besonders wichtig und für das Gelingen des Projekts ausschlaggebend. Es gibt in reinen Allianzverträgen keine höhere Instanz als das ALT. Sollte hier keine Einigung zustande kommen, so steht das Projekt still und alle Parteien werden Schaden nehmen. Aufgrund dieser unerwünschten Situation sehen viele Allianzverträge so genannte Dead-Lock-Breaking-Procedures oder -Systems vor.[137]

d) Das Dead-Lock-Breaking System

Konfliktlösungssysteme sollten eigentlich im reinen „Allianzdenken" gar nicht nötig sein. Vielmehr sollte die durch Gemeinschaftlichkeit und Miteinander geprägte Atmosphäre einheitliche Entscheidungen zum Wohle des Projekts hervorrufen. Ränkeschmiede und andere Konfliktherde sollten erst gar nicht existieren. Diese Machtspiele können jedes Projekt ernsthaft gefährden und sind oft Hintergrund des Scheiterns eines Projekts. Dennoch kann es auch bei Allianzverträgen zu Streitigkeiten kommen, die auch auf Ebene des ALT nicht gelöst werden können. In einem solchen Falle greift das DLB-System ein, das einen Teufelskreis und Stillstand verhindern soll. Stillstand entsteht bei Unstimmigkeiten im ALT zwangsweise, wenn eine „no blame – no dispute"-Klausel aufgenommen wurde. Da ein Gang vor Gericht für die meisten Streitigkeiten dadurch ausgeschlossen worden ist, droht unüberwindbarer Stillstand und damit ein Scheitern des Projekts. Anders als beim Pauschalpreisvertrag gibt es keine Möglichkeit des „Ich mach es so wie Du es willst, aber ich werde dich anschließend verklagen" oder „Du machst es so wie ich es will, und wenn es Dir nicht gefällt, dann

---

135 Kingsgrove to Revesby Quadruplication Project Alliance Agreement S. 40 ff.
136 Myers, James: Alliancing Contracting: A Potpourri of proven Techniques for successful Contracting, S. 63.
137 Kingsgrove to Revesby Quadruplication Project Alliance Agreement S. 41.

klage halt".[138] Konflikte, die nicht gelöst werden können, haben folglich ein hohes Gefährdungspotential für den Allianzvertrag. Aus diesem Grund enthalten die meisten Allianzverträge, auch wenn es nicht dem reinen Wesen entspricht, solche DLB-Systeme. Diese Systeme können entweder bindende Entscheidungen oder nur vorübergehend bindende Entscheidungen treffen. Im letzteren Fall entscheidet das DLB-System bindend bis zur Fertigstellung des Projekts. Erst danach kann eine gerichtliche Überprüfung stattfinden. Das DLB-System sollte, um den Grundgedanken des Allianzvertrages weitestgehend zu befolgen, nur sehr restriktiv eingesetzt werden.

DLB-Systeme können auf die verschiedenste Weise in den Vertrag implementiert werden. Neben der offensichtlichen Möglichkeit, einer Partei ein höheres Stimmgewicht einzuräumen, gibt es aber auch innovative Systeme. Gerade internationale Wirtschaftskonflikte werden heute kaum noch vor staatlichen Gerichten ausgetragen. In den letzten Jahren haben insbesondere Formen der alternativen Streitbeilegung (alternative dispute resolution - ADR) erheblich an Bedeutung gewonnen.[139] Da Baustreitigkeiten, wie bereits gezeigt, eine hohe Sachkompetenz erfordern und zudem bei Großprojekten auch ausländische Firmen Vertragspartner sind, gilt dies in besonderem Maße. Außerdem schätzen die Vertragspartner die schnellere, kostengünstigere und privatere Streitschlichtung.[140]

Für den Allianzvertrag haben sich folgende Streitbeilegungssysteme etabliert:

(1) Swing-man

Ein System, das gerne in Allianzverträgen verwendet wird, nennt man „swingman dispute resolution process"[141] oder in Verbindung mit einer Schiedsabrede „Last/Final Offer Arbitration"[142]. Die beiden oder mehrere Konfliktparteien legen einer im Vertrag bestimmten Schlichtungsstelle ihre jeweilige Position nebst Begründung vor. Diese Vorlage muss jeweils so formuliert sein, dass sie ohne Änderung den Konflikt lösen kann. Die Schlichtungsstelle, zumeist ein sachverständiger Dritter oder ein Schiedsrichter, wählt dann zwischen den Lösungen diejenige aus, von der sie ausgeht, dass sie für das Projekt die bessere ist. Die

---

138 Bei Gehle, Bjorn/Wronna, Alexander.: Der Allianzvertrag – Neue Wege kooperativer Vertragsgestaltung S. 8 heißt es:"Dulden und liquidieren (…)".
139 Eidenmüller, Horst: Hybride ADR-Verfahren bei internationalen Wirtschaftskonflikten, RIW 2002, S. 1.
140 Eidenmüller, Horst: Hybride ADR-Verfahren bei internationalen Wirtschaftskonflikten, RIW 2002, S. 1.
141 Hayford Owen in Project Issues 2002: Paying the price under project alliances, S. 5.
142 Risse, Jörg; Neue Wege der Konfliktbewältigung: Last-Offer-Schiedsverfahren, High/Low-Arbitration und Michigan Mediation, BB-Beilage Mediation & Recht 2001, 16, 17.

Schlichtungsstelle darf aber nur zwischen den ihr vorgelegten Lösungen entscheiden und keine eigene kreieren oder vorschlagen. Die von der Schlichtungsstelle vorgeschlagene Lösung gilt alsdann als einstimmige Entscheidung des ALT und ist für alle Parteien bindend bzw. im Falle der Verknüpfung mit einem Schiedsverfahren als Schiedsspruch. Der Effekt dieses DLB-Systems ist einfach und originell. Da beide Parteien wollen, dass ihre Lösung akzeptiert wird, verlassen sie ihre Extrempositionen, da sie mit diesen keinesfalls gewinnen können. Die Parteien nähern sich daher „unbewusst" der anderen Partei an, aus Angst ihre Lösung könnte sonst nicht akzeptiert werden. So stehen die Lösungsvorschläge bei weitem nicht mehr in dem Missverhältnis wie vorher und beide Parteien können mit der Lösung der Schlichtungsstelle leben.[143]

Eine weitere Variante dieses Systems ist das „envelope-Verfahren".[144] Die Schlichtungsstelle formuliert zunächst ohne Kenntnis der beiden Parteivorschläge eine eigene Lösung. Sobald dann alle drei Vorschläge vorliegen, werden diese miteinander verglichen. Es gewinnt derjenige Vorschlag, der näher an der Schlichterlösung liegt.

Der vom „Swing-man resolution process" ausgehende „Zwang zur Vernünftigkeit"[145] sollte aber auch nicht überschätzt werden. So kann es für die Parteien durchaus interessant sein, sich bei risikoneutralem Verhalten für die Extremlösung zu entscheiden (dominante Strategie). Weiterhin können hier die Parteien auch ihre „Spielchen" treiben. Je moderater der Gegenspieler, desto extremere Angebote kann man rationalerweise selbst abgeben, da man weniger zu verlieren hat.[146]

Gerne wird diese Variante der Streitentscheidung mit einem vorweg durchzuführenden Mediationsverfahren verknüpft (MEDALOA – mediation and last offer arbitration[147]), um die Parteien zu motivieren, faire und realistische Angebote abzugeben. Oftmals erhöht auch das Bewusstsein sonst eine *final offer* abgeben zu müssen die Kompromissbereitschaft. Hierbei ist es möglich, zumindest

---

143 Kingsgrove to Revesby Quadruplication Project Alliance Agreement S. 41; Risse, Jörg; BB-Beilage Mediation & Recht 2001, 16, 17; Hayford Owen in Project Issues 2002: Paying the price under project alliances, S. 5.
144 Eidenmüller, Horst: Hybride ADR-Verfahren bei internationalen Wirtschaftskonflikten, RIW 2002, S. 8.
145 Eidenmüller, Horst: Hybride ADR-Verfahren bei internationalen Wirtschaftskonflikten, RIW 2002, S .8.
146 Zur Vertiefung der Problematik vgl. Raiffa, Howard; The Art and Science of Negotiation, 2003, S. 114 ff.
147 Vgl. Coulson, MEDALOA: A Practical Technique for Resolving International Business Disputes, Journal of International Arbitration, 1994, S. 111 ff., der nach eigenem Bekunden diese hybride Verfahrensart erfunden hat.

wenn der Mediator keine vertraulichen Einzelgespräche geführt hat, diesen gleichzeitig auch als Schiedsrichter einzusetzen.[148]

Wie weit die Entscheidungskompetenz des „Swing-man" reicht, muss vorab im Allianzvertrag festgelegt werden. Ebenso wird dort der Ablauf detailliert beschrieben.[149] Im Falle der Verknüpfung mit einer Schiedsvereinbarung sind auch die Vorschriften der §§ 1025 ff. ZPO einzuhalten.[150]

(2) *Dispute Resolution Boards*

Das Dispute Resolution Board (DRB) ist ein meist dreiköpfiges Gremium, das als neutraler Dritter von den Parteien bestellt wird um sie bei der Streitbeilegung zu unterstützen. Entwickelt wurde dieses Konfliktlösungsmodell in den USA für große Bau- und Anlagenprojekte.[151] Seit 1. September 2004 hat die ICC ihre Regeln über Dispute Boards veröffentlicht.[152] Mit Beginn des Projekts wird das zumeist dreiköpfige Gremium eingesetzt und begleitet fortan den Bau.[153] Diesem Gremium können Konflikte und Streitigkeiten vom ALT vorgelegt werden, die auf dem Verhandlungswege innerhalb der Allianzgremien nicht mehr zu lösen waren. Teilweise wird auch eine Frist vereinbart, binnen derer das ALT vorlegen muss, wenn es die Streitigkeit nicht selbst lösen kann. Das DRB entscheidet dann bindend für alle Parteien anstelle des ALT. Alternativ kann dem DRB auch nur eine weniger weitreichende Entscheidungskompetenz eingeräumt werden. Dann stehen dem DRB nur vorläufig bindende Entscheidungen oder Empfehlungen zur Verfügung.[154]

DRBs sind verhältnismäßig teuer, da während der gesamten Projektdauer ein dreiköpfiges Gremium beschäftigt und fortlaufend unterrichtet werden muss.[155] Auf der anderen Seite ist es sehr effektiv, da es sich mit dem Projekt besser auskennt als ein swing-man und stets sofort verfügbar ist. Gerade bei größeren Projekten wird diese Lösung gerne gewählt, da hier schon wenige Stunden oder Tage Stillstand weit höhere Kosten verursachen als die Vorhalte-

---

148 Eidenmüller, Horst: Hybride ADR-Verfahren bei internationalen Wirtschaftskonflikten, RIW 2002, S 9.
149 Vgl. Kingsgrove to Revesby Quadruplication Project Alliance Agreement S. 41.
150 Dazu später in Kap. CII4d).
151 Dorgan, Carroll: The ICC's New Dispute Board Rules; ICLR 2005, S. 142 ff.
152 Harbst, Ragnar, Manken, Volker; Adjudication und Dispute Review Boards nach den neuen ICC Regeln, SchiedsVZ 2005, S. 34.
153 Greger, Reinhard; Stubbe, Christian: Schiedsgutachten, Rdnr. 32.
154 Greger, Reinhard; Stubbe, Christian: Schiedsgutachten, Rdnr. 32.
155 Harbst, Ragnar, Manken, Volker; Adjudication und Dispute Review Boards nach den neuen ICC Regeln, SchiedsVZ 2005, S. 38.

kosten eines DRBs. Durch die höhere Anzahl an Personen hat das Gremium auch mehr Fachkompetenz.[156]

Alternativ zu den permanenten bzw. projektbegleitenden Dispute Boards existiert die Möglichkeit, ad hoc-Dispute Boards einzurichten.[157] Ein ad-hoc-Gremium wird nur im Konfliktfalle eingeschaltet und dann auch nur für diesen bestimmten Fall. Diese wesentlich günstigere Variante wird hauptsächlich bei kleineren Projekten genutzt, hat allerdings auch weniger Verständnis von dem Projekt und dessen Risiken. Zudem benötigt es mehr Zeit für eine Entscheidung, da die Bestellung und Einarbeitung erst nach der Anrufung stattfinden kann.[158]

Das Dispute Resolution Board eignet sich hervorragend für den Allianzvertrag, insbesondere bei großen Infrastrukturprojekten. Je größer und damit auch teurer das Projekt, desto mehr rückt der Kostenfaktor für DRBs in den Hintergrund. Bei kleineren und mittleren Projekten ist eher ein ad-hoc Gremium anzuraten. Möglich ist es auch nur ein permanentes Mitglied zu haben (zumeist ein Jurist) und erst bei Bedarf das DRB (um Techniker oder Sachverständige) zu vervollständigen.[159]

(3) Schlichtungs-/Schiedsverfahren nach SOBau

Dem Dispute-Resolution-Board verwandt, ist das im deutschen Recht mit der SOBau eingeführte besondere Schlichtungsverfahren für Baustreitigkeiten. Mit der SOBau hat der Arbeitskreis Bauprozess- und Verfahrensrecht der Arbeitsgemeinschaft für Privates Bau- und Architektenrecht im Deutschen Anwaltsverein eine spezielle Schlichtungs- und Schiedsordnung für Baustreitigkeiten geschaffen.[160] Das Verfahren wird auf Antrag einer Partei eingeleitet gem. § 9 Abs. 1 SOBau. Der Schlichter soll dann gem. § 9 Abs. 2 SOBau unverzüglich den Sachverhalt mit den Parteien erörtern. Er darf allerdings gem. § 9 Abs. 2 S.2 ff. SOBau auch eigene Ermittlungen anstellen. Hat er den Sachverhalt ausreichend ermittelt und mit den Parteien erörtert, so unterbreitet er den Parteien einen Schlichtungsvorschlag, falls sich die Parteien nicht ohnehin schon geeinigt haben: § 10 Abs. 2 SOBau. Allerdings ist dieser Vorschlag nicht bindend. Die Parteien können ihn jederzeit ablehnen und anschließend vor das Schiedsgericht ziehen gem. § 10 Abs. 3 SOBau.

Insofern unterscheidet sich das Dispute-Resolution Board von diesem Schlichtungsverfahren. Letzteres hat keine Entscheidungskompetenz, sondern

---

156 Horvath, Günther: Juristische Schlüsselfragen bei Allianzverträgen, Dispute Resolution Boards, S. 37.
157 Dorgan, Carroll: The ICC's New Dispute Board Rules; ICLR 2005, S. 145.
158 Ausführlicher zu den Vor- und Nachteilen von ad-hoc Dispute Boards siehe Greger, Reinhard; Stubbe, Christian: Schiedsgutachten, Rdnr. 333 ff.
159 Greger, Reinhard; Stubbe, Christian: Schiedsgutachten, Rdnr. 341.
160 Zerhusen, Jörg: Sie SOBau der ARGE Baurecht im Deutschen Anwaltverein – praktische Erfahrungen, BauR 2004, 216, 217.

soll eher einem Mediator gleich, den Parteien bei der Erarbeitung einer interessengerechten Lösung verhelfen. Mit Sicherheit ein interessantes Verfahren, das aber nur dann funktioniert, wenn die Parteien vergleichsbereit sind. Die Bindung ist hier eher faktisch bedingt, da durch den Schlichtungsvorschlag ein gesetzlicher oder Schiedsrichter schon eine Entscheidungsmöglichkeit vorgelegt bekommt, der er nicht selten folgen wird.

(4) *Top-Executives*

Die „Top-Executive dispute resolution" ist eine interne Form der Streitbeilegung. Der Streitpunkt wird den Top-Managern der einzelnen Vertragsparteien, zumeist den Vorstandsvorsitzenden oder Geschäftsführern zur Entscheidung vorgelegt. Hintergrund dieses Streitbeilegungssystems ist die Überlegung, dass keine Vertragspartei ihre Manager mit Belanglosigkeiten konfrontieren will. Daher werden kleinere Konflikte vorher gelöst, anstatt sie an die Top-Executives weiterzureichen. Die Top-Executives entscheiden dann auch unter dem Einstimmigkeitsgebot. Sie kommen aber leichter zu einer Einstimmigkeit, da sie nicht direkt mit dem Projekt befasst sind und daher mehr emotionalen Abstand haben. Sie betrachten die Streitigkeit rein aus wirtschaftlichen Gesichtspunkten. Diese interne Streitbeilegung wird daher gerne vor externe Varianten geschaltet. So können fast 90% aller Streitigkeiten mit solchen internen Varianten gelöst werden. Sollte dieses Gremium nicht zu einer einvernehmlichen Lösung kommen, so werden externe Streitbeilegungsvarianten in Gang gesetzt.[161]

(5) *Mediation*

Die Mediation ist eigentlich kein wirkliches Dead-Lock-Breaking System, da es dem Mediator keine Entscheidungskompetenz einräumt. Vielmehr vermittelt dieser nur zwischen den Parteien.[162] Die Parteien sollen dadurch zu einer interessengerechten Lösung kommen, sind aber stets in der Lage das Verfahren abzubrechen. Nicht der Mediator, sondern sie selbst sind Herren des Verfahrens.[163] Daher wird es meist nur zwischen die Konfliktlösung auf Ebene des ALT und dem ersten wirklichen DLB-System eingesetzt. Eine Mediation würde sich mit einer Entscheidungskompetenz des Mediators auch nicht vertragen. Einer der Grundsätze der Mediation ist, dass der Mediator eben nicht Schiedsrichter oder Ähnliches ist, sondern nur als Vermittler auftritt und keine eigenen Ansichten

---

161 Horvath, Günther: Juristische Schlüsselfragen bei Allianzverträgen, Top Executives, S. 36.
162 Risse, Jörg: Wirtschaftsmediation, NJW 2000, 1614, 1615.
163 Wagner, Volkmar: Schiedsgerichtsbarkeit, Schiedsgutachten, Schlichtung, Dispute Adjudication, Mediation – Möglichkeiten der alternative Streitbeilegung im Baurecht, NZBau 2001, 169, 172.

oder Gedanken ins Spiel bringt.[164] Diese neutrale Vermittlerposition würde man aufgeben, wenn man dem Mediator die Entscheidung auferlegt. Eine Mediation kann daher nur auf Ebene des ALT versuchen, die dortigen Parteien doch noch zu einer Einigung zu bewegen. Sie ist aber als entscheidungsbefugte Instanz ungeeignet.

(6) *Schiedsgericht/ordentliche Gerichtsbarkeit*

Als letzte Möglichkeit bleibt die ordentliche Gerichtsbarkeit oder Schiedsgerichtsbarkeit[165] als streitentscheidende Instanz. Diese sind aber die für einen Allianzvertrag unattraktivste Option und eigentlich ungeeignet, da sie keine schnellen und kostengünstigen Lösungen hervorbringen. Vielmehr würden durch gerichtliche Lösungen die Vorteile des Allianzvertrages konterkariert. Die Flexibilität und Möglichkeit der schnellen Lösungsfindung gingen durch dieses langsame Vehikel verloren. Im Übrigen wäre die „no blame – no dispute"-Klausel hinfällig und der gemeinsame Grundgedanke des „best for project" wäre verloren. Alle anderen Streitbeilegungsmethoden, insbesondere die internen, lassen auch keine Beweisanträge oder Ähnliches zu. Daher wird keine Partei angeregt, bereits während des Projekts Beweise gegen die anderen Parteien zu sammeln. Vielmehr versuchen alternative Streitbeilegungsverfahren eine interessengerechte Lösung hervorzubringen, die vor allem zukunftsorientiert ist und mit der alle Parteien leben können. Gerichte versuchen hingegen zu untersuchen, wer den Fehler oder Mangel zu vertreten hat und wie groß der Schaden ist. Gerichte versuchen im Allgemeinen nicht, die Interessen beider Parteien in Einklang zu bringen und projektspezifisch zu denken. Diese Konfliktlösung stellt daher nur einen schwer gangbaren Weg in Allianzverträgen dar.

(7) *Zusammenfassung*

Es gibt eine Vielzahl weiterer alternativer Streitbeilegungsverfahren. All diese Systeme haben gemein, dass sie die Entscheidung an Dritte übertragen oder Dritte als Mittler einsetzen. Diese müssen daher von vornherein im Allianzvertrag bestimmt werden, um Streitigkeiten zu vermeiden. Werden mehrere Systeme hintereinander geschaltet, zum Beispiel erst eine Mediation versucht, bevor ein „Swing-Man" System in Gang gesetzt wird, so muss genau festgelegt werden, wie lange ein Konflikt in dem ersten System „hängen" bleibt, bevor er weitergereicht wird. So entsteht eine für alle Beteiligten übersichtliche Abfolge von Instanzen. Üblicherweise bleibt der Streit einige Tage im AMT bevor er an das

---

164 Risse, Jörg; Neue Wege der Konfliktbewältigung: Last-Offer-Schiedsverfahren, High/Low-Arbitration und Michigan Mediation, BB-Beilage Mediation & Recht 2001, S. 16.
165 In traditioneller Form. Es gibt aber auch interessante Varianten vgl. dazu Kap. CII4.

ALT übertragen wird. Erst wenn dieses innerhalb eines gewissen Zeitraumes nicht zu einer Lösung kommt, werden Dispute-Resolution Systeme eingesetzt. Alles in allem ergibt dies ein faires und verständliches Konfliktlösungssystem. Jede Partei kann überblicken, welches die nächste Instanz ist und wer dort über welche Fragen zu entscheiden hat. Langwierige Gerichts- oder schiedsgerichtliche Verfahren werden vermieden.

5. Intellectual property rights

Der Umgang mit technologischem und geistigem Eigentum ist beim Allianzvertrag ein wesentlicher Punkt.[166] Durch die kooperative Zusammenarbeit kommen die Parteien in unmittelbaren Kontakt mit fremdem Eigentum und damit auch mit den Rechten am geistigen Eigentum. Der Umgang mit diesen ist daher im Allianzvertrag zu regeln.

Unter gewissen Umständen können Probleme mit dem Recht am geistigen Eigentum entstehen. Insbesondere dann, wenn die Vertragsparteien im Laufe oder nach der Durchführung der Allianz neue Ideen, Systeme, Prozesse oder Produkte entwickeln, verbessern, oder anpassen, die in Zusammenhang mit dem Projekt stehen. Normalerweise behalten die Parteien das Recht am geistigen Eigentum, das sie mit in die Allianz bringen und erlauben den anderen Parteien dieses zu nutzen, wenn die Nutzung in Zusammenhang mit dem Projekt steht. Manchmal kann es auch notwendig sein, dem Bauherrn und Eigentümer das Nutzungsrecht für die Zeit nach der Fertigstellung zu gewähren. Wird das geistige Eigentum während der erlaubten Nutzung, also während der Durchführung des Projekts, weiterentwickelt steht dieses üblicherweise dem Inhaber des ursprünglichen Eigentums zu. Unter normalen Umständen wird er es auch sein, der sein geistiges Eigentum weiterentwickelt. Komplett Neues oder von anderen Parteien weiterentwickeltes geistiges Eigentum ist schwieriger zu handhaben und kann zu Konflikten unter den Vertragsparteien führen. Daher sollte der Allianzvertrag hierzu eindeutige Klauseln enthalten, die auf das jeweilige Objekt zugeschnitten sind. Insbesondere sollte hier geregelt werden, was passiert, wenn die Parteien gemeinschaftlich neues geistiges Eigentum entwickeln. Allein aus dem gemeinsamen Innehaben von geistigem Eigentum können mannigfaltige Probleme entstehen. So sollte schon hier eine Lösung dafür getroffen werden, wem das geistige Eigentum zusteht und wer welche Nutzungsrechte daran erwirbt.[167]

---

166 Chew, Andrew: Alliancing in delivery of major infrastructure projects and outsourcing services in Australia – An overview of legal issues, The International Construction Law Review 2004, S. 345.
167 Chew, Andrew: Alliancing in delivery of major infrastructure projects and outsourcing services in Australia – An overview of legal issues, The International Construction Law Review 2004, S. 345 f.

Sehr oft lassen sich Bauherren oder andere Parteien Nutzungsrechte am geistigen Eigentum für weitere Bauprojekte im Allianzvertrag sichern.[168] Dies erscheint dem Gedanken des Miteinanders des Allianzvertrages am ehesten gerecht zu werden und verhindert gleichzeitig, dass nicht am Allianzvertrag Beteiligte ohne Zustimmung des Entwicklers Zugriff auf das geistige Eigentum haben.

Rechte am geistigen Eigentum die Dritten zustehen, werden selbstverständlich geschützt. Sollte eine Partei ein solches Recht Dritter verletzen, so ist auch nur diese Partei dafür verantwortlich. Ebenso muss sich jede Partei selbst gegen eine Verletzung ihres Rechts wehren.

6. Vertragsbeendigungsklausel

Da Allianzverträge für den Bauherrn sehr flexibel sind, steht ihm jederzeit ein Kündigungsrecht zu. Er kann dieses, ohne Vorliegen besonderer Gründe, jederzeit ausüben (*Termination for convenience*[169]). Allerdings muss der Bauherr dann den NEP'en alle bereits entstandenen direkten Kosten erstatten, also schon bestellte und bezahlte Rohstoffe, ausgeführte Arbeiten etc. Hinzu kommen Kosten, die durch die Beendigung selbst entstehen, also durch Verlassen und Säubern der Baustelle oder durch Kündigung von Subunternehmerverträgen. Das Bonus/Malus System wird zum Zeitpunkt der Vertragsbeendigung bewertet und ein anteiliger Gewinn ausgezahlt. Diese Bewertung wird vom ALT übernommen.[170]

Die NEP'en haben die Baustelle zu verlassen und alle Gerätschaften abzuziehen, sowie sämtliche Pläne und Unterlagen herauszugeben, ebenso sind sie verpflichtet alle Verträge mit Subunternehmern unverzüglich zu kündigen. Dies steht auch nicht im Widerspruch zu den Prinzipien des Allianzvertrages. Dieser gewährleistet den NEP'en Ersatz aller direkten Kosten und einen Gewinnaufschlag. Beides wird eingehalten.

Das Recht auf *Termination for convenience* wird in seltenen Fällen auch auf alle Parteien ausgeweitet.[171] Dieses weitreichende Kündigungsrecht erlaubt es dann den Parteien jederzeit und ohne Vorliegen besonderer Gründe oder Umstände aus dem Vertrag auszusteigen.

---

168 Kingsgrove to Revesby Quadruplication Project Alliance Agreement S. 12.
169 Chew, Andrew: Alliancing in delivery of major infrastructure projects and outsourcing services in Australia – An overview of legal issues, The International Construction Law Review 2004, 319, 342.
170 Kingsgrove to Revesby Quadruplication Project Alliance Agreement, Termination, S. 38 ff.
171 Chew, Andrew: Alliancing in delivery of major infrastructure projects and outsourcing services in Australia – An overview of legal issues, The International Construction Law Review 2004, 319, 342.

Typischerweise stehen den NEP'en aber weniger Kündigungsrechte zu.[172] Ein Kündigungsrecht ohne besonderen Grund oder Vorliegen von besonderen Umständen steht den NEP'en nur zu, wenn keine Übereinkunft bei den TOC erreicht wird. Können sich die Parteien nicht auf die Zielkosten eines Projekts einigen, macht es auch keinen Sinn das Projekt durchzuführen.

Nach Festlegung der TOC können die NEP'en den Allianzvertrag insgesamt nicht mehr ohne Vorliegen besonderer Gründe aufkündigen. Sie können nur noch im Falle einer vorsätzlichen Schädigung dem Störer kündigen, wenn dieser nicht unverzüglich Abhilfe leistet. Die übrigen Parteien sprechen dann gemeinsam die Kündigung aus. Ist die gekündigte Partei der Bauherr wird der Vertrag beendigt und es entstehen dieselben Ansprüche, wie bei einer Kündigung durch den Bauherrn. Ist die gekündigte Partei eine NEP, so wird diese aus sämtlichen Gremien ausgeschlossen und der Allianzvertrag ohne diese Partei fortgeführt. Das ALT kann in der Folge gegen die ausgeschlossene Partei sämtliche Ansprüche erheben, die auch dem Bauherrn bei einer Kündigung zustünden (Herausgabe der Pläne, Verlassen und Säubern der Baustelle, etc.).[173]

Die gekündigte Partei erhält dieselben Zahlungen, als wenn der Bauherr den Vertrag gekündigt hätte. Also ihre direkten Kosten, ihren bisher an der Vergütung II erwirtschafteten Anteil und die Kosten, die durch die Vertragsbeendigung direkt entstehen.[174] Allerdings muss sie sich mit eventuellen Schadensersatzforderungen auseinandersetzen. Die „no blame – no dispute"-Klausel wird auch nach Beendigung des Vertrages weiter aufrechterhalten. Der Schutz dieser Klausel bleibt bestehen. Die Parteien können also nur im Falle vorsätzlicher Schädigung Ansprüche gegen diese Partei geltend machen. Selbstverständlich werden sämtliche Ansprüche, die gerade durch die Vertragsbeendigung entstehen von dieser Wirkung ausgenommen. Dies sollte in der Beendigungsklausel eindeutig festgehalten werden.[175]

Bei Insolvenz einer Partei entstehen ebenfalls Kündigungsrechte. Die Insolvenz einer Partei wird insofern einer vorsätzlichen Schädigung gleichgestellt.

Diesen Kündigungsrechten stehen die Prinzipien des Allianzvertrages, insbesondere des Treu und Glaubens sowie der „best for project"-Gedanke, nicht entgegen. Bei einer Insolvenz oder einer vorsätzlichen Schädigung ist dies ohnehin nicht der Fall. Es ist sowohl in der australischen Literatur als auch in der australischen Rechtsprechung weithin anerkannt, dass die Grundideen und Prinzipien, die im Allianzvertrag statuiert werden, nur für die Fälle gelten, die nicht

---

172 DTF, Project Alliance Practitioners' Guide, Legal Framework, S. 60; Kingsgrove to Revesby Quadruplication Project Alliance Agreement, Termination, S. 39.
173 DTF, Project Alliance Practitioners' Guide, Legal Framework, S. 60.
174 Kingsgrove to Revesby Quadruplication Project Alliance Agreement, Termination, S. 39.
175 Kingsgrove to Revesby Quadruplication Project Alliance Agreement, Termination, S. 39.

ausdrücklich anders geregelt werden. Da das Kündigungsrecht vertraglich fixiert wird, ist hier kein Platz für eine Auslegung unter Berücksichtigung des Allianzgedankens.[176]

VII. Veränderung des Bausolls und der TOC nach Vertragsschluss

Änderungen des Bausolls (Scope) oder der TOC (= target outturn cost) nach Vertragsschluss und deren Fixierung können weitreichende Folgen haben. So haben größere Änderungen nicht nur Einfluss auf den Bauplan, sondern auch auf das Vergütungssystem. Es können „Key Result Areas" wie z.b. die Umweltverträglichkeit oder die Wirtschaftlichkeit betroffen sein. Zumeist haben Änderungen aber eine Änderung der TOC zur Folge. Änderungen beim Projektpreis sind jedoch nicht so häufig wie bei einem Pauschalpreisvertrag, da eine genaue Beschreibung des Vorhabens und damit des Bausolls bei Vertragsschluss in der Regel nicht vorliegen. Diese werden erst im Rahmen der Etablierungsphase und teilweise auch erst später festgelegt. Vielmehr bestehen nur die Grundzüge der Planung. Daher kommen Veränderungen auch nur in Betracht, wenn diese geändert werden, also z.b. die Autobahn länger, breiter etc. werden soll. Anders als bei Pauschalpreisverträgen, können die NEP'en Änderungen in der Regel auch nicht nutzen, um für sich einen höheren Gewinn zu erwirtschaften, da dieser als Fixbetrag festgelegt wurde. Eine Anpassung des Vergütungssystems kommt wiederum nur dann in Betracht, wenn Grundzüge der Planung geändert werden. Dieses Problem wurde bereits im Kapitel über die Vergütung III diskutiert.[177]

Diese - relevanten - Änderungen des Bausolls und der TOC können nur vom ALT getroffen werden, da sie eine Änderung des Vertrages darstellen. Hier kommt es dann darauf an, ob diese Änderung vom Bauherrn allein oder von allen Parteien gemeinsam beschlossen werden muss. Eine Änderung des Vergütungssystems muss jedenfalls einstimmig getroffen werden. Sind nur die TOC betroffen, so werden diese der geänderten Situation angepasst.[178]

Die Einschätzung der Änderung als Änderung der Grundzüge und damit als relevante Änderung ist ein häufiger Streitpunkt. Daher wird schon im Auswahlverfahren in Workshops simuliert, wie die Parteien mit solchen Änderungen umgehen. Zudem sorgt das Einstimmigkeitsgebot dafür, dass nicht auf Kosten einer Partei das Bausoll signifikant verändert wird ohne dafür einen Ausgleich zu erhalten.

---

176 Chew, Andrew: Alliancing in delivery of major infrastructure projects and outsourcing services in Australia – An overview of legal issues, The International Construction Law Review 2004, S. 325 ff.; Apple Communications Ltd v. Optus Mobile Pty Ltd [2001] NSWSC 635.
177 siehe Kap. BVIc)(1).
178 DTF, Project Alliance Practitioners' Guide, Legal Framework, S. 56.

VIII. Bauversicherung

Konventionelle Versicherungen im Baugewerbe haben zumeist einen Pauschalpreis im Hintergrund und berechnen auch auf dieser Grundlage die Prämien. Dies ist beim Allianzvertrag nicht möglich, da hier die Bausumme anfangs nicht feststeht, sondern eben aus den drei Vergütungsteilen besteht, die erst nach und nach festgelegt werden. Ein weiteres Problem ist die Versicherung der Allianzparteien. Normalerweise greift eine solche dann, wenn eine Partei für Schäden haften muss. Aufgrund der „no blame – no dispute"-Klausel sind Parteien aber nur für vorsätzliche Schädigungen haftbar. Hier haften aber Versicherungen sowieso nicht. Konventionelle Versicherungen würden daher leerlaufen. Bei Pauschalpreisverträgen werden Versicherungen für Fälle, in denen bei der Ausübung der Arbeiten Schäden entstehen (ausgenommen vorsätzliche Schädigungen) abgeschlossen. Bei Allianzverträgen trägt diese Kosten jedoch der Bauherr und nicht der Bauunternehmer. Versicherungen müssen daher den Gegebenheiten angepasst werden und können nicht wie sonst üblich als Hintermann fungieren. Des Weiteren ist zu bedenken, dass Versicherungspolicen, wenn Sie mit dem Projekt in direkter Verbindung stehen, auch direkte Kosten wären. Das gesamte Versicherungskonzept muss daher überdacht und angepasst werden.[179]

IX. Auswahl des Vertragspartners

Die Auswahl des Vertragspartners gestaltet sich bei Allianzverträgen ganz anders als bei Pauschalpreisverträgen. Bei letzteren spielt nahezu ausschließlich der Preis die entscheidende Rolle. Dieser kann zwar auch bei Allianzverträgen ein Kernelement bei der Auswahl des Vertragspartners sein, steht aber neben vielen weiteren nicht kostenspezifischen Elementen. Zuschlagskriterien sind beim Allianzvertrag viel eher die Planungs- und Ausführungskompetenz, die Erfahrung mit Organisationsmodellen und Value Management, die Qualität des Konzepts sowie die Referenzen und das Auftreten des Projektteams. Es findet daher eher ein Kompetenzwettbewerb als ein Preiswettbewerb statt.[180] Ein Problem bei der Auswahl stellt daher der fehlende Wettbewerb bezüglich der Kosten dar. Dieser Sorge wird durch die „Value for money"-Strategie und durch ein innovatives Auswahlverfahren entgegengetreten, das sicherstellen soll, dass der Bauherr sich letztlich für den besten Anbieter entscheiden kann.

---

[179] Chew, Andrew: Alliancing in delivery of major infrastructure projects and outsourcing services in Australia – An overview of legal issues, The International Construction Law Review 2004, S. 338 f.
[180] Messerschmidt/Voit – Richter Teil D, Rdnr. 270.

1. Value for Money Strategie

Die für den Bauherrn größte Sorge bei der Auswahl seiner Vertragspartner ist es stets, nicht den wirtschaftlichsten Anbieter gefunden zu haben. Hier ist bewusst nicht vom günstigsten Bewerber zu sprechen, da dieser zweifelsohne nicht immer der beste Anbieter ist, wenn es darum geht ein herausragendes Projekt zu schaffen. Für den Bauherrn sind neben den Baukosten, insbesondere bei Infrastrukturprojekten und Bauten, die lange in Betrieb sein sollen, vor allem die Betriebskosten und Erhaltungskosten interessant. Diese können die Baukosten teilweise um ein Vielfaches übersteigen. Daher ist es für den Bauherrn von Interesse, aus allen Anbietern das beste Paket herauszufiltern. Bei Allianzverträgen verschärft sich dieses Problem noch dadurch, dass die endgültigen Kosten weder zu Beginn der Ausschreibung noch bei Vertragsschluss feststehen. Im Rahmen der „Value for Money Strategie"[181] wird versucht sicherzustellen, dass der Bauherr für sein Geld das „Bestmögliche" bekommt. Zentrales Element der Value for Money Strategie sind Workshops in frühen Entwicklungs- und Ausschreibungsphasen, mit allen beteiligten Parteien.[182]

Insbesondere fürchten die Bauherren zunächst, die Zielkosten zu hoch und die KPI's zu niedrig anzusetzen. Den Bauunternehmern fiele es dann leicht, in allen KRA`s zumindest den Nullwert zu erreichen und den vollen Gewinn einzustreichen, ohne jedoch herausragende Ergebnisse erzielt zu haben. Daher wird teilweise ein Preiswettbewerb in die Ausschreibung eingefügt. Zwar sollte dies nach den Grundgedanken des Allianzvertrages (Vertrauen, best for Project) und der „open book policy" nicht nötig sein, aber so groß ist das Vertrauen (wohl oft zu Recht) auch wieder nicht.[183]

TCE Development

Mit Hilfe des TCE (= target cost estimate) Development Plan werden während des kompletten Auswahlprozesses hindurch die zu erwartenden direkten Kosten nach und nach genauer berechnet. Hier noch einmal zum Verständnis: Die TCE betreffen nur eine Kostenschätzung bezüglich der direkten Kosten (Vergütung I). Nicht enthalten sind alle Kosten, die dem Bauherrn direkt entstehen, wie Kosten in der Etablierungs- und Auswahlphase, sowie Gewinnmargen der NEP'en. Die TCE stellen eine reine Kosteneinschätzung der Vergütung I dar. Daneben wird natürlich auch die Gewinnmarge, aber eben getrennt, verhan-

---

181 Jones, Douglas: Keeping the Options Open: Alliancing and Other Forms of Relationship Contracting with Government, Building and Construction Law 2001 S. 160.
182 Messerschmidt/Voit – Richter Teil D, Rdnr. 258.
183 Chew, Andrew: Alliancing in delivery of major infrastructure projects and outsourcing services in Australia – An overview of legal issues, The International Construction Law Review 2004, S. 325 f.

delt.[184] So soll erreicht werden, dass bei Festlegung der genauen TOC, dies in Einverständnis und unter Mithilfe aller Parteien geschieht. Die Entwicklung des Plans wird in allen Phasen genau dokumentiert, um späteren Konflikten vorzubeugen. Die TCE und später die TOC zu entwickeln und festzulegen, gehört zu den größten Herausforderungen der Allianz. Dieser Einigungsprozess zwischen den Eigentümern und den NEP'en ist langwierig und darf zudem nicht die Atmosphäre schon zu Beginn vergiften.[185]

Dieser TCE Development Plan enthält Angaben über das Projekt als solches, einen Überblick über die Bauzeit und die zu tätigenden Bauten, die grundlegenden Prinzipien des Allianzvertrages und die Einrichtung von TCE Workshops, um Einigung über die TOC zu schaffen. Zusammen mit den ersten Ausschreibungsmaterialien reichen die Unternehmen einen einstweiligen TCE Development Plan ein, der diese Mindestvoraussetzungen erfüllt. Dieser Plan wird dann parallel zu den Abschnitten des Auswahlprozesses weiterentwickelt und fortgeschrieben. Insbesondere in der Planungs- und Entwicklungsphase, also nach Abschluss des Allianzvertrages aber vor der Bauphase, werden die TCE immer ausdifferenzierter berechnet.[186] Dies geschieht mithilfe des oder der unabhängigen Beobachter und des Financial Auditor in TCE-Workshops. Diese Workshops und die Gutachter sind für den Bauherrn und die NEP'en auch gleichzeitig Garanten dafür, dass die TOC später fair und den tatsächlichen Anforderungen entsprechend festgesetzt werden. Die Stellung des unabhängigen Gutachters kann sogar soweit führen, dass er eine komplett eigenständige Berechnung der TOC erstellen muss. Der unabhängige Gutachter kann auch ein externes Team von Spezialisten anfordern, um ihn zu unterstützten. Letztlich ist er eine Kontrollinstanz, die den Bauherrn und die NEP'en absichert.[187]

Eines ist hier aber festzuhalten: Die TCE und später die TOC sind nicht die tatsächlichen Baukosten sondern nur ein Benchmark. Die tatsächlichen Baukosten entstehen aus der Addition der Vergütung I-III. Die TOC dienen lediglich dazu, über die Vergütung III den Gewinn der NEP'en zu beeinflussen. Übersteigen die direkten Kosten die TOC, reduziert dies zwar den Gewinn der NEP'en, aber die direkten Kosten sind nach wie vor vom Bauherrn zu tragen. Die TOC sollten daher eine faire und erreichbare Zielgröße sein. Setzt man sie zu niedrig an und sehen die NEP'en keine Chance sie zu erreichen, fällt die Motivation irgendwann ab. Gleiches gilt für den Fall, dass die TOC zu hoch angesetzt werden. Dann können die NEP'en ohne besondere Innovationskraft und besondere Anstrengung den vollen Gewinn erreichen. Daher ist es hauptsächlich für die Motivation der NEP'en wichtig, faire TOC festzulegen.

---

184 Detailliert dazu Kap. BVI1b)"Die TOC und TCE".
185 DTF, Project Alliance Practitioners Guide, Alliance implementation issues, S. 87.
186 DTF, Project Alliance Practitioners Guide, Alliance implementation issues, S. 87.
187 DTF, Project Alliance Practitioners Guide, Appendix 11: Specialist advisers and their roles, S. 130.

2. Auswahlprozess

In den meisten Fällen findet auch bei Allianzverträgen ein Auswahlprozess statt. Allerdings unterscheidet sich der Auswahlprozess stark von demjenigen, der bei Pauschalpreisverfahren angewandt wird. Bei Allianzverträgen gliedert sich dieser Prozess typischerweise in vier Abschnitte. Zunächst schreibt der Bauherr das Projekt aus. Die Bauunternehmer reichen dann innerhalb einer gewissen Frist ihre Angebote ein. Anschließend werden die besten Anbieter zu Gesprächen eingeladen. Um den Anforderungen eines Allianzvertrages gerecht zu werden und um sicherzustellen, dass die Vertragspartner den Grundgedanken und die Prinzipien des Allianzvertrages verstanden haben, werden bei diesem Auswahlprozess Workshops und Diskussionsrunden eingebaut. Der komplette Prozess, von der Ausschreibung über deren Auswertung bis zum Vertragsschluss, wird von einer unabhängigen Stelle überwacht und dokumentiert. Gerade bei Projekten der öffentlichen Hand, ist es enorm wichtig, den Auswahlprozess genauestens zu protokollieren, um sich nicht später dem Vorwurf der ungerechten Bevorzugung eines Kandidaten ausgesetzt zu sehen. Aus diesem Grund ist es auch wichtig, von Beginn an klarzustellen, auf Grund welcher Faktoren ein Kandidat ausgesucht wird. Gerade die Transparenz des Auswahlprozesses und gute Öffentlichkeitsarbeit sind bei Projekten der öffentlichen Hand unumgänglich, um politische Konflikte und Konflikte mit abgelehnten Unternehmen zu vermeiden. Wettbewerbsverzerrungen soll so ein Riegel vorgeschoben werden. Der unabhängige Gutachter übernimmt auch Aufgaben im Bereich des TCE Development Plans und soll den Bauherrn auf Missstände und drohende Konflikte frühzeitig hinweisen.[188]

---

[188] DTF, Project Alliance Practitioners Guide, Establishing a project alliance, S. 69 ff.

Übersicht über den Auswahlprozess:[189]

189 DTF, Project Alliance Practitioners Guide, Establishing a project alliance, S. 69.

a) Abschnitt 1 - Die Ausschreibung

Ausgangspunkt eines jeden Auswahlprozesses ist die Ausschreibung durch den Bauherrn. Diese schreibt gewisse zwingende und fakultative Angaben vor und unterliegt strengen Formalitäten. Die Unternehmen sollen in ihrem Angebot klarstellen, warum gerade sie für den Allianzvertrag und das anstehende Projekt geeignet sind. Zudem dient die Ausschreibung dazu, den Unternehmen die Prinzipien des Allianzvertrages zu erklären und sicherzustellen, dass sie diese verstanden haben und gewillt sind, sich ihnen unterzuordnen.

Einzel- oder Teamausschreibung

In Allianzverträgen mit mehreren Vertragsparteien[190] gibt es zwei Möglichkeiten der Ausschreibung. Entweder man schreibt ein Allianzteam als solches aus (Teamausschreibung), wobei es dann an den Unternehmen selbst liegt, sich zusammenzuschließen oder man schreibt jeden Teil gesondert aus (Einzelausschreibung). Der Vorteil der ersten Lösung ist, dass man schon ein Team als solches gewinnt und nicht erst versuchen muss, diese unter einen Hut zu bekommen. Außerdem stellt diese Variante für den Eigentümer und Bauherrn die einfachste Möglichkeit dar. Hier kann er sich weitestgehend aus der Koordination der NEP'en untereinander zurückziehen. Der Nachteil liegt darin, dass man möglicherweise nicht für jede Aufgabe das beste Unternehmen findet, da sie sich in konkurrierenden Teams befinden. Andererseits dauert die Einzelausschreibung wesentlich länger und ist komplizierter, da der Bauherr die Arbeiten genau differenzieren und einzeln ausschreiben muss. Im Übrigen ist nicht gesagt, dass der Eigentümer mit den besten Einzelunternehmen, gleichzeitig auch das beste Team erhält. Letztlich ist es eine Frage des Einzelfalles, für welches Vorgehen man sich entscheidet.[191]

Ziel der Ausschreibung ist es, am Schluss eine bestimmte Anzahl Kandidaten in den nächsten Abschnitt der Ausschreibung zu schicken. Diese Kandidaten sollten dabei die geeignetsten für einen Allianzvertrag sein. Preiswettbewerb findet bis zu diesem Punkt nicht statt. Vielmehr sollen die Parteien über folgende Punkte Aufschluss geben:[192]

---

190 Insbesondere bei Infrastrukturprojekten, hier werden Ampeln, Verkehrszeichen, Schienen usw. meist nicht von Bauunternehmen aufgestellt.
191 Abrahams, Anthony; Cullen, Alan: Project Alliances In The Construction Industry; ACLN 1998, S. 34.
192 Zusammenfassung aus DTF, Project Alliance Practitioners Guide, Establishing a project alliance, S. 67 ff.

- Unternehmensdaten im Allgemeinen,
- Nachweis darüber, dass das Unternehmen über alle geforderten Ressourcen verfügt, um das Projekt durchzuführen; Insbesondere auch personelle Vorschläge für die Besetzung von ALT, AMT und weiteren leitenden Gremien,
- Nachweis über die Durchführung gleichwertiger Projekte (bzgl. Größe, Umweltbilanz, Erfolg),
- Abgaben darüber, wie das Unternehmen gedenkt die Schlüsselziele (KRA) zu erreichen,
- Ablaufplan über die zeitliche Bauabwicklung,
- Verständnis der Grundprinzipien des Allianzvertrages und der „Value for money Strategie",
- Kritik an der Ausschreibung und dem TCE Development Plan.

Es ist durchaus üblich, dass in den Angeboten auch Kritik an der Ausschreibung geübt werden darf und sollte. Der Bauherr wird und sollte solche Kritik nicht negativ sehen, sondern eher als Zeichen, dass der Kandidat sich ehrlich und offen verhält. Gerade dies ist eine wichtige Eigenschaft für das Gelingen einer Allianz.[193]

Die Zusammensetzung des Auswertungsausschusses sollte ebenfalls bekannt gegeben werden. Je offener die Ausschreibung läuft, desto besser wird anschließend die Atmosphäre innerhalb der Teilnehmer sein, da sie wissen, dass die Ausschreibung fair und gleichwertig abgelaufen ist. Daher beinhalten die Ausschreibungsmaterialien auch die Gewichtung der einzelnen Fragen, um klarzustellen, was genau gewünscht ist und wie der Bauherr sich die Zusammenarbeit vorstellt. So wird es dem Vergabeausschuss ermöglicht, diejenigen Unternehmen herauszusuchen, die am besten für das Projekt geeignet sind.

Die Entwicklung der Ausschreibungsmaterialien muss sehr sorgfältig geschehen. Schon hier sollte ein Hauptaugenmerk auf die Wortwahl und Formulierung gelegt werden. Die Ausschreibung ist der erste Schritt zur Allianz und stellt wichtige Weichen, was die spätere Atmosphäre und Zusammenarbeit betrifft. Hat das Unternehmen in einer vorher festgelegten Anzahl von Seiten zu allen Punkten Stellung bezogen, werden die geeignetsten Bewerber durch den Auswahlausschuss ermittelt und zukünftig als Kandidaten gehandelt. Sie erhalten eine Einladung an Abschnitt 2 des Auswahlverfahrens teilzunehmen. [194]

Während dieser Phase werden die TCE Develpoment Pläne von dem unabhängigen Gutachter ausgewertet und dem Auswertungsausschuss die Ergebnisse vorgelegt.

---

193 DTF, Project Alliance Practitioners Guide, Value for money, S. 41.
194 DTF, Project Alliance Practitioners Guide, Appendix 12: Issues before RFP release, S. 134.

b) Abschnitt 2 - Die Interviews

Die meist zweitägigen Interviews dienen zum einen dazu, die für die Gremien (ALT, AMT und weitere Projektteams) nominierten Personen kennenzulernen und zum anderen dazu, mit den Kandidaten ihre Angaben in der Bewerbung zu besprechen. Das bedeutet für die Bewerber aber auch, dass sie hochqualifiziertes Personal eine Zeit lang für das Projekt abstellen müssen. Dabei ist es keineswegs sicher, ob sich diese Investition auszahlen wird. Dies ist bei gewöhnlichen Ausschreibungen nicht der Fall. Zwar wird auch hier Personal abgestellt, dieses stammt aber eher aus den Marketing- und Entwicklungsabteilungen und ist zumeist speziell auf Ausschreibungen geschult. Bei einer Allianzausschreibung nehmen an den Interviews und später an den Workshops jedoch die Personen teil, die später auch tatsächlich im ALT, AMT oder anderen Gremien arbeiten sollen.[195]

Diese Interviews sollten weniger in der Atmosphäre eines Bewerbungsgespräches ablaufen, sondern eher als offene Diskussion, bei der auch die Kritik der einzelnen Kandidaten zur Sprache kommen sollte. Wichtig ist es in solchen Interviews herauszufinden, ob die Kandidaten die Zielsetzungen und Prinzipien des Allianzvertrages verstanden haben und ob die für die Gremien nominierten Personen teamfähig sind. Es ist dabei nicht notwendig, dass alle stets an der gleichen Diskussionsrunde teilnehmen. Allerdings sollten die künftigen ALT und AMT Mitglieder möglichst überall teilnehmen, denn sie sind im späteren Allianzvertrag die wichtigsten Entscheidungsträger.[196]

Sind alle Interviews durchgeführt, bewertet der Auswahlausschuss die Ergebnisse und Berichte des unabhängigen Gutachters sowie sonstiger Experten und erstellt eine Rangliste. Hierbei wird insbesondere auf das Verständnis des Allianzvertrages und der „Value for money Strategie" sowie weiteren „weichen Faktoren" geachtet. Üblicherweise werden zwischen vier und fünf Kandidaten zu den Interviews geladen. Die beiden besser bewerteten Kandidaten werden zu Abschnitt 3 des Auswahlverfahrens eingeladen.[197]

TCE Development

In diesen Interviews wird auch erstmals der TCE Development Plan mit den Kandidaten besprochen. So kann im Vorfeld dieser Besprechung, neben dem Auswahlausschuss, auch der unabhängige Gutachter weitere Informationen zum derzeitigen Stand des TCE anfordern. Dies ermöglicht es dem Gutachter an der Diskussion teilzunehmen und ein besseres Verständnis vom Zahlenwerk des Kandidaten zu bekommen. Im Anschluss an die Interviews werden die Ergebnisse zu einem Gutachten zusammengefügt. Dieses erste umfassende Gutachten

---

195 DTF, Project Alliance Practitioners Guide, Establishing a project alliance, S. 75.
196 DTF, Project Alliance Practitioners Guide, Establishing a project alliance, S. 75.
197 DTF, Project Alliance Practitioners Guide, Establishing a project alliance, S. 76.

soll insbesondere die Kosten und Kalkulationen der beiden besser bewerteten Kandidaten miteinander vergleichen. Dabei werden neben diesen Kalkulationen auch die Effektivität und die Offenheit und Vollständigkeit der gewünschten Informationen überprüft und einige Daten miteinander in einem Benchmark verglichen. So erhält der Bauunternehmer erstmals eine Beurteilung der Preisentwicklung.[198]

c) Abschnitt 3 - Die Workshops

Hauptaufgabe der Workshops ist es, den Alltag des Allianzprojekts zu simulieren. Dabei wird, ähnlich eines Planspiels, so getan, als befinde man sich in einer speziellen Situation während der Bauphase. So soll herausgefunden werden, welches der beiden Teams besser geeignet ist, den speziellen Anforderungen eines Allianzvertrages gerecht zu werden und effektive, innovative und von allen getragene Lösungen erarbeiten zu können. Beiden Kandidaten werden die Visionen und Ziele des Bauherrn vermittelt. Der Workshop geht gewöhnlich über mehrere Tage und sollte in einer neutralen Umgebung stattfinden. Neben notwendigen Experten und Gutachtern, sollten nur Personen teilnehmen, die auch später in den Gremien vertreten sein werden. Dies sind typischerweise die ALT und AMT Mitglieder, der Auswahlausschuss und weitere wichtige Personen, die Projektverantwortung haben. Die Workshops sind die beste Möglichkeit für den Eigentümer und Bauherrn, eng mit den zukünftigen Parteien zusammenzuarbeiten und diese gut kennenzulernen.[199]

Die Workshops simulieren aber nicht nur den Allianzalltag und behandeln Planspiele, sondern kommen auch zu konkreten Ergebnissen. Insbesondere folgende Punkte sind dabei von Interesse:[200]

- Personelle Besetzung des ALT und Ernennung des Allianzmanagers
- Allianzvisionen und -prinzipien
- Projektrisiken und -chancen
- Bedenken, Erwartungen, Kritiken an den bisherigen Ergebnissen
- „Value for money"-Strategie

Insbesondere der letzte Punkt ist einer der wichtigsten Bestandteile des Workshops. Die NEP'en sollen darstellen, wie sie das Projekt einschätzen und welche Schritte sie unternehmen werden, um das Projekt zu einem herausragenden Projekt zu machen. Hierbei spielt auch der TCE Development Plan eine entscheidende Rolle, da er sicherstellt, dass die Kosten nicht aus dem Ruder laufen und zwischen den beiden bevorzugten Kandidaten ein Preiswettbewerb entsteht.

---

198 Ross, Jim: Introduction to Project Alliancing, 2003, S. 10 und 19 f.
199 DTF, Project Alliance Practitioners Guide, Establishing a project alliance, S. 77.
200 DTF, Project Alliance Practitioners Guide, Establishing a project alliance, S. 78.

Auch an den Workshops nehmen der Auswahlausschuss und mindestens die für die Gremien vorgeschlagenen Personen teil. Zudem ist es sinnvoll, auch weitere Experten und Entscheidungsträger der Kandidaten zuzulassen.

TCE Development

Parallel zu den Allianzworkshops finden auch die ersten TCE-Workshops statt, in denen grundlegende Fragen wie z.b. die größten Risiken des Projekts, aber auch gemeinsame Standards wie Software, Struktur, Aufbau etc. festgelegt werden.[201]

Am Ende der Workshops schlägt der Auswahlausschuss einen Bewerber als bevorzugten Kandidaten vor, mit dem der Bauherr/Eigentümer dann Vertragsverhandlungen führt. Während der Vertragsverhandlungen mit dem bevorzugten Kandidaten sollte der unterlegene Kandidat nicht ganz ausgeschlossen werden. Vielmehr macht es Sinn, um den Wettbewerbsdruck aufrechtzuerhalten, sich eine Fall-Back-Position aufzubauen. In Australien wird dazu der unterlegene Kandidat weiterhin im Rennen belassen, für den Fall, dass die Verhandlungen mit dem bevorzugten Kandidaten nicht zum Abschluss kommen. Die Verhandlungen könnten dann ohne großen Zeitverlust sofort mit dem bisher unterlegenen Kandidaten weitergeführt werden.[202]

d) Abschnitt 4 – Vertragsverhandlungen

Nachdem der bevorzugte Kandidat bzw. das bevorzugte Team nominiert wurde, treffen sich die Entscheidungsträger dieses Unternehmens bzw. dieser Unternehmen und der Bauherr zu Vertragsverhandlungen. Von allen Unternehmen sollten dazu Persönlichkeiten berufen werden, die mit der notwendigen Vertretungsmacht ausgestattet sind, um einen Allianzvertrag unterzeichnen zu können. So können diese Personen den Vertrag aushandeln ohne stets Rücksprache halten zu müssen. Am Ende der Verhandlungen steht idealerweise ein fertiger Allianzvertrag.[203] Die Parteien sollten sich über das Vergütungssystem, insbesondere die Vergütung II (Gewinn) und Vergütung III (Bonus-Malus-System), geeinigt haben. Allerdings können hier auch Fragen offen gelassen werden, wenn sich diese erst in der Planungs- und Entwicklungsphase klären lassen. Es obliegt dann dem ALT, diese Fragen später zu klären. Ebenso werden hier die erwarteten Baukosten festgelegt, beziehungsweise wird ein Rahmen, innerhalb derer diese zu liegen haben, gezogen. Die erwarteten Baukosten lassen sich zumeist erst nach der Planungs- und Entwicklungsphase genau fixieren. Alle anderen Schlüsselziele (KRA) werden in den Verhandlungen soweit als möglich be-

---

201 DTF, Project Alliance Practitioners Guide, Alliance implementation issues, S. 87.
202 Jones, Douglas: Project Alliances, The International Construction Law Review 2001, S. 429.
203 DTF, Project Alliance Practitioners Guide, Establishing a project alliance, S. 79.

sprochen und die Ergebnisse schriftlich festgehalten. Auch wenn die einzelnen Benchmarks oder Indikatoren (KPI) sich noch nicht genau bestimmen lassen, so können die ausgewählten Bereiche wie Umwelt, Erhaltungskosten etc. vertraglich fixiert werden.[204]

Selbstverständlich sollte in dieser Phase juristische Unterstützung in Anspruch genommen werden. Vertragsentwürfe sind beim Allianzvertrag eine äußerst schwierige und komplexe Aufgabe. Insbesondere müssen viele gesetzliche Vorgaben eingehalten werden. An die beratenden Juristen sind aber auch besondere Anforderungen zu stellen. Sie müssen, anders als sonst üblich, die Allianz durch die Ausschreibungsphasen betreuen und immer darauf achten, dass die Verhandlungen sich im rechtlich möglichen Rahmen bewegen. Sie sollten von Anfang an klarstellen, dass sie sich nicht nur als Rechtsanwalt einer Partei sehen, sondern ebenso wie die Parteien auf einer „best for project"-Basis auch das Gelingen der Allianz als solche beachten. Hauptaufgabe des beratenden Juristen ist es, am Ende einen unterschriftsreifen Vertrag zu entwerfen, der sowohl die rechtlichen Anforderungen als auch die der Allianzparteien erfüllt.[205]

Sollte Gegenstand des Allianzvertrages nur der Bau eines Projekts und nicht auch Design, Planung und Entwicklung sein, so können parallel zu den Vertragsverhandlungen auch schon Bauarbeiten ausgeführt werden. Diese werden dann entweder auf einer „cost plus" Basis durchgeführt oder der Unternehmer erhält zunächst nur seine direkten Kosten ersetzt und den Gewinn erst im Rahmen des Bonus-Malus-Systems. Ein Allianzvertrag, auch ein Interimsallianzvertrag, besteht zu diesem sehr frühen Zeitpunkt noch nicht. Dieser wird erst nach Abschluss des Auswahlverfahrens unterzeichnet.

Im Anschluss an die Verhandlungen wird der Allianzvertrag oder ein Interimsallianzvertrag[206] unterzeichnet. Diese bilden nach dem Auswahlverfahren die rechtliche Grundlage. Nach Abschluss einer der beiden Verträge beginnt die Planungs- und Entwicklungsphase. In dieser Phase werden die notwendigen Versicherungen abgeschlossen, das ALT und das AMT beginnen ihre Arbeit und die Allianz beginnt mit der detaillierten Planungsarbeit. Am Ende dieser Phase sollte über die erwarteten Baukosten, die Schlüsselzielbenchmarks (KPI) und über die durchzuführenden Arbeiten Einigkeit erzielt worden sein. Das ALT passt dann den Allianzvertrag insoweit an, bzw. schließt, falls es vorher nur einen Interimsallianzvertrag gab, einen endgültigen Vertrag ab. Nun kann mit der Durchführung des Projekts begonnen werden. Natürlich können die Parteien in der Planungs- und Entwicklungsphase auch schon mit gewissen Arbeiten beginnen, dazu dient ja gerade der frühzeitige Abschluss eines (Interims-) Allianzvertrages. Beide Verträge sind bindend, auch wenn noch nicht alle Punkte ge-

---

204 Myers, James: Alliancing Contracting: A Potpourri of proven Techniques for successful Contracting, S. 56.
205 Ross, Jim: Introduction to Project Alliancing, 2003, S. 12.
206 Siehe dazu Kap. BIV.

klärt sind. Eine Bezahlung erfolgt hier im Rahmen der Vergütung I, die NEP'en erhalten ihre direkten Kosten ersetzt. [207]

Umwandlung des TCE Development Plan in die TOC

Sind die TCE und die Gewinnmargen sowie die allgemeinen Geschäftskosten ausgehandelt, werden die TOC berechnet und in das Vergütungssystem eingefügt. Die TOC stellen letztendlich die Referenzgröße für das Bonus/Malus System dar. Gleichzeitig sind sie ein Anhaltspunkt für den Bauherrn, wie viel ihn das Projekt kosten wird. Klarstellend sei hier nochmals erwähnt, dass der endgültige Projektpreis damit keineswegs feststeht. Dieser setzt sich allein aus der Vergütung I-III und den direkten Kosten des Bauherrn zusammen. Um die TOC endgültig festzulegen, gibt es verschiedene Berechnungsmethoden (Monte Carlo Simulation).[208]

3. Verhandlungen mit einem Vertragspartner

Es ist ebenfalls möglich Verhandlungen mit nur einem Kandidaten zu führen. Dieses System legt sich nach Abschnitt 1, also nach der Ausschreibung, rein aus „Nicht-Baupreis"-Gründen auf einen Kandidaten fest. Der Bauherr entwickelt dann zusammen mit dem Kandidaten in Teamarbeit die TOC und andere Schlüsselziele. Schließlich wird ein Allianzvertrag mit den gemeinsam entwickelten Zielen geschlossen. Dieses System verfügt über keinerlei Preiswettbewerb unter den Bewerbern. Der Kandidat wird nur aufgrund von so genannten „weichen" Faktoren ausgesucht. Es ist sicherlich die Version, die die Grundgedanken des Allianzvertrages am besten umsetzt. Die TOC werden in einem entspannten und nicht von Wettbewerb gekennzeichnetem Umfeld festgelegt. Bei diesem System haben Innovationen und neuartige Problemlösungen die höchste Erfolgschance.[209]

Allerdings stehen Bauherren diesem System sehr skeptisch gegenüber, da die erwarteten Baukosten nicht, auch nicht ansatzweise, durch Wettbewerb zustande kommen. Die oben dargestellte Variante mit mehreren Kandidaten, die TOC im Rahmen eines TCE Development Plan zumindest bis zu einem gewissen Zeitpunkt zu entwickeln, trägt diesem Bedürfnis Rechnung.

---

207 DTF, Project Alliance Practitioners Guide, Alliance implementation issues, S. 85.
208 Diese Berechnungen und Simulationen sind in Praxis und Wissenschaft ein großes Problem. DTF, Project Alliance Practitioners' Guide, S. 44 verweist auf die Monte Carlo Simulation, als eine mögliche Berechnungsmethode.
209 DTF, Project Alliance Practitioners' Guide, Introduction to project Alliancing, S. 15.

4. Wettbewerb über die TOC

Einige Bauherren haben den Wettbewerb unter den möglichen Parteien auch komplett über die TOC geführt. Dies ist möglich, indem man bereits in Abschnitt 3, also vor Festlegung auf einen bevorzugten Kandidaten, die TOC mit beiden Kandidaten bis zur endgültigen Festlegung verhandelt. Dieses „multiple-TOC"-Verfahren steht im Gegensatz zum „single-TOC"-Verfahren, bei dem die Auswahl nicht anhand des niedrigsten Preises, sondern anhand von „non-cost-criteria" getroffen wird.[210] So entsteht beim „multiple-TOC"-Verfahren zwischen den beiden Parteien Wettbewerb und der Bauherr kann sich anschließend den „günstigeren" aussuchen. Dieser Ansatz ist von der Industrie stark auf Ablehnung gestoßen, da er die Vorteile des Allianzvertrages zunichte machen würde.[211] Es würde dasselbe Dilemma wie beim Pauschalpreisvertrag entstehen. Die Bauunternehmer würden sich so lange unterbieten, bis die TOC realistisch nicht mehr zu erreichen sind. Der Bauunternehmer ist sich schließlich bewusst, dass er unter einem Allianzvertrag die Vergütung I, also die direkten Kosten, stets erhält. Er spielt allenfalls mit seiner Vergütung II, dem Gewinn. Wie bereits anfangs aufgezeigt, werden in Deutschland viele Projekte ohne Gewinn kalkuliert und die Bauunternehmer versuchen anschließend irgendwie den Gewinn zu erwirtschaften, sei es durch Lieferung von schlechter Qualität, durch Schwarzarbeit oder sonstige Sparmaßnahmen. Sicher ist dabei nur eines: Es wird stets zu Lasten des Projektes gehen, denn der Bauunternehmer wird irgendwie versuchen, das Projekt mit einem Gewinn zu beenden. Herausragende Leistungen und Innovationen sind in so einem Umfeld sicher nicht zu erwarten.

Die Festlegung der TOC ist eines der größten Probleme im Allianzvertrag. Die eben dargestellten unterschiedlichen Interessen tragen dazu ebenso bei, wie die grundsätzliche Problematik Kosten im Vorhinein festzulegen. Die Offenlegung aller Bücher und völlige Transparenz sowohl des Auswahlverfahrens als auch des späteren Allianzvertrages versuchen dieses Problem einzugrenzen. Ebenso trägt der unabhängige Gutachter, insbesondere bei Bauten der öffentlichen Hand, dazu bei, die Kosten fair und angemessen festzusetzen.[212]

Dagegen ist es natürlich sinnvoll, die TOC schon im Rahmen des TCE Development Plan nach und nach zu entwickeln. Dabei sollte aber stets allen Parteien klar sein, dass die endgültige Fixierung der TOC erst nach Festlegung auf einen bevorzugten Kandidaten erfolgt. Die Einigung bei den TOC erfolgt nicht mehr im direkten Wettbewerb mit dem oder den anderen Kandidaten. So soll vermieden werden, dass eine Preisspirale bei den Projektkosten, die den Bauun-

---

210 DTF, Project Alliance Practitioners' Guide, Introduction to project Alliancing, S. 15 f.
211 DTF, Project Alliance Practitioners' Guide, Introduction to project Alliancing, S. 15 und Appendix 3/4.
212 DTF, Project Alliance Practitioners' Guide, Appendix 11: Specialist advisers and their roles, S. 130.

ternehmer zu oben genannten Schritten treibt, entsteht. Dies ermöglicht zudem dem Bauherrn, vorteilhafte Problemlösungen aus dem Angebot des unterlegenen in den endgültigen Vertrag zu transferieren. Dafür, dass der Druck auf den bevorzugten Bewerber dennoch aufrechterhalten bleibt, sorgt der zweite – unterlegene – Kandidat, der als „Fall-Back"-Position aufrechterhalten wird. Douglas Jones spricht in diesem Zusammenhang von einer „keeping the runner-up on the backburner" Situation.[213]

Soll beides, also die Entwicklung und Fixierung der TOC, erst nach Festlegung auf einen bevorzugten Kandidaten erfolgen, so ist dem Bauherrn zumindest anzuraten, ein erhöhtes Augenmerk auf den Financial Auditor und den unabhängigen Gutachter zu legen. Sie können zwar einen Wettbewerb nicht ersetzen, aber immerhin einschätzen, ob die veranschlagten Kosten marktkonform sind oder nicht.[214]

Natürlich gibt es hier auch Mischformen und Allianzverträge, die erst in der Etablierungsphase an die Verhandlung der Zielkostenschätzung herangehen. So werden insbesondere bei Allianzverträgen, die nicht von der öffentlichen Hand vergeben werden, zwar eine TCE während des Auswahlverfahrens entwickelt, diese stellt dann aber neben vielen anderen „non cost criteria" nur einen Gesichtspunkt dar.[215]

X. Vor- und Nachteile

Man kann sicherlich darüber streiten, ob der Allianzvertrag nun für Bauherren, Bauunternehmen, Architekten und andere Parteien vorteilhaft ist, oder die Risiken, die mit einem solchen Vertrag zusammenhängen, überwiegen. Der Allianzvertrag braucht sehr hochqualifizierte Persönlichkeiten, die die Grundlagen und Prinzipien, wie der Vertrag funktioniert, verinnerlicht haben und bereit sind, für ein innovatives und herausragendes Projekt Risiken einzugehen. Unter diesen Umständen können durch Wegfallen sämtlicher Risikoaufschläge und Kosten für die Vorfeldmaßnahmen von Prozessen (Protokollierungen durch jede Partei, Schaffen von Beweismaterial, etc.) Belastungen in nicht unerheblichem Maße eingespart werden. Der Allianzvertrag hat durch sein Frühwarnsystem auch ein effizientes Konfliktmanagement, das Stillstände und Zeitverzögerungen unwahrscheinlicher macht. Unterstützt wird dies durch das Einstimmigkeitsgebot und die „no blame – no dispute"-Klausel, die eine Atmosphäre des Miteinanders

---

213 Jones, Douglas: Project Alliances, The International Construction Law Review 2001, S. 429.
214 DTF, Project Alliance Practitioners' Guide, Appendix 11: Specialist advisers and their roles, S. 130 ff.
215 DTF, Project Alliance Practitioners' Guide, Introduction to project Alliancing, S.15 ff.

und so einen höheren Innovationsgrad schaffen, als dies gewöhnliche Verträge vermögen.[216]

Die „no blame – no dispute"-Klausel schafft aber auch einige Probleme bei Haftungsfragen. Zwar werden vorsätzliche Schädigungen ausgenommen, für diese haftet die jeweilige Partei, aber für Fahrlässigkeit, Ineffizienz und fehlerhafte Arbeiten gilt dies nicht. Für den Bauherrn und Eigentümer stellt dies wohl das größte Risiko dar. Da nahezu alle Arbeiten durch NEP'en ausgeführt werden, entstehen auch bei deren Arbeiten die Schäden und damit die Kosten für deren Behebung. Diese trägt, bis auf oben genannte Ausnahmen, der Bauherr als direkte Kosten. Die NEP'en hingegen riskieren maximal ihren Gewinn. Der Bauherr sollte sich daher beim Auswahlprozess stark engagieren und nur Kandidaten auswählen, denen er absolut vertraut. Allerdings entstehen durch dieses Vergütungssystem und die „no blame – no dispute" Klausel auch Vorteile für den Bauherrn. Kostenersparnisse durch Wegfallen von Risikozuschlägen, kürzere Bauzeiten, innovativere und herausragende Projekte, um nur einige zu nennen.

Für die öffentliche Hand, ist zudem vor allem das Vergütungssystem interessant. Die öffentliche Hand ist zumeist weniger an niedrigen Baukosten interessiert als private Investoren. Öffentliche Bauten müssen zum Teil andere Anforderungen wie Umweltverträglichkeit, Akzeptanz in der Öffentlichkeit, Behindertengerechtigkeit, möglichst wenig Behinderungen während der Bauphase und viele andere weiche Faktoren erfüllen. Gerade dies kann durch das Vergütungssystem und die KRA erreicht werden.

Zudem ist der Allianzvertrag auch nach Abschluss des Vertrages viel flexibler, als dies Pauschalpreisverträge sind. Dort sind Änderungen für den Bauunternehmer stets ein willkommener Anlass, seinen Gewinn zu erhöhen. Da man sich von vornherein auf ein bestimmtes Bausoll festgelegt hat, bedarf jeder Änderungswunsch einer Vertragsänderung. Dies ist beim Allianzvertrag wesentlich flexibler gestaltet, da der Gewinn von den tatsächlichen Kosten losgelöst ist. Änderungswünsche des Bauherrn sind den NEP'en in den meisten Fällen egal, da er die direkten Kosten so oder so tragen muss. Erst wenn die Änderungen zu einer wesentlichen Erhöhung der direkten Baukosten führt, was regelmäßig schon nicht der Fall sein wird, kommt eine Anpassung der erwarteten Baukosten ins Spiel. Dann wird aber auch nur der Benchmark, den die NEP'en zu erreichen haben, geändert. Eine Anhebung der Gewinnmarge (Vergütung II) kommt nur in Betracht, wenn sich das Projekt so grundlegend ändert, dass der ausgehandelte Gewinn nicht mehr tragbar ist. Variationen haben daher im Allianzvertrag viel

---

216 Jones, Douglas: Keeping the Options Open: Alliancing and Other Forms of Relationship Contracting with Government, Building and Construction Law 2001 S. 156.

weniger Sprengkraft als unter Pauschalpreisverträgen. Zum besseren Verständnis erfolgt hier eine Übersicht der wichtigsten Vor- und Nachteile:[217]

Vorteile:	Nachteile:
• hohe Qualität • Kostenersparnis • keine Rechtsstreitigkeiten • kürzere Projektdauer durch frühzeitige Zusammenarbeit aller Parteien • hohe Innovationskraft • gute Beziehungen der Parteien untereinander • Flexibilität • effizientes Konfliktmanagement • gleichmäßige Verteilung aller Risiken • gemeinsame Nutzung und Entwicklung von Intellectual Property • gegenseitige Kontrolle • Ressourcenersparnis durch Zusammenarbeit • „best for project"-Atmosphäre	• hohe Kosten im Auswahlverfahren, durch intensive Workshops und Interviews • individuelle Fehler gehen zu Lasten aller • Offenlegung aller Bücher und Gewinnmargen • keine Begrenzung der Baukosten • Missbrauchsgefahr, insbesondere bei den direkten Kosten • keine Entschädigungsansprüche gegen die Vertragspartner: „no blame – no dispute"-Klausel. • Kontrollverlust für den Bauherrn • fehlender Preiswettbewerb beim Auswahlverfahren • Probleme bei mangelnder Kooperationsbereitschaft • höheres Risiko für alle Teilnehmer, durch ein innovatives Vergütungssystem

Wie man sieht, entstehen die meisten Vorteile durch die gemeinschaftliche Atmosphäre. Dies kann zwar auch bei Pauschalpreisverträgen erreicht werden, allerdings ist dies eher selten der Fall. Vielmehr herrscht hier aufgrund der vertraglichen Ausgestaltung und durch die Ausschreibung Misstrauen und Besorgnis. Der Allianzvertrag schafft durch verschiedenste Klauseln und Werkzeuge eine harmonische Atmosphäre und versucht, anders als dies viele Konfliktlösungssysteme tun, Streitigkeiten gar nicht erst entstehen zu lassen. Aber der Allianzvertrag kann, insbesondere im Falle des Missbrauchs und fehlender Kooperationsbereitschaft, auch zum Misserfolg werden.

Selbstverständlich gibt es auch Risiken, die letztlich nur von der einen auf die andere Seite geschoben werden. Preissteigerungen gehen zunächst zu Lasten des Bauherrn und schlagen sich erst durch die Vergütung III auch bei den

---

217 Horvath, Günther: Juristische Schlüsselfragen bei Allianzverträgen, Vor- und Nachteile von Allianzen im Überblick, S. 103; DTF, Project Alliance Practitioners' Guide, Introduction to project Alliancing, S. 17 f.

NEP'en nieder. Ebenso ergeben sich durch fast alle der aufgezählten Vorteile auch Risiken. So hat die „no blame – no dispute"-Klausel Nachteile, insbesondere bei mangelhafter Ausführung der Arbeiten, aber auch Vorteile, da so Risikozuschläge eingespart werden und eine bessere Arbeitsatmosphäre entsteht.

Insgesamt liegt es daher an dem konkret geplanten Projekt, ob die Vorteile nun überwiegen oder nicht.

XI. Anwendungsbereiche von Allianzverträgen

Die schwierigste Entscheidung des Bauherrn steht sicherlich ganz am Anfang jedes Projekts. Der Bauherr muss sich für eine Vertragsart entscheiden. Neben konventionellen Verträgen wie dem Pauschalpreisvertrag, gibt es eine Vielzahl weiterer Verträge mit mehr oder weniger innovativem Charakter. Diese Entscheidung lässt sich später nur mit unverhältnismäßig großem Aufwand und unter Inkaufnahme einer zeitlichen Verzögerung revidieren. Daher muss der Bauherr bei dieser Entscheidung alle Vor- und Nachteile abwägen und letztlich zu der für ihn und das Projekt besten Entscheidung kommen. Wie bereits gesehen, bietet der Allianzvertrag eine ganze Reihe von innovativen Klauseln und somit auch einige Vor- und Nachteile gegenüber gewöhnlichen Vertragsarten, wie dem Pauschalpreisvertrag. Erst nachdem der Bauherr alle Risiken und Chancen abgewogen hat, sollte er eine Entscheidung treffen.

Allianzverträge werden typischerweise bei Verträgen gewählt, die die folgenden Merkmale aufweisen:[218]

- zahlreiche und/oder unvorhersehbare Risiken;
- schwierige Handhabung von Interessensgruppen oder politischem Einfluss;
- komplexe Probleme, die nur gemeinschaftlich gelöst werden können;
- sehr straffe Zeitvorgaben;
- Projekte, bei denen der Bausoll (Scope) nicht klar definierbar ist und viele Änderungen zu erwarten sind;

Hingegen sollten Allianzverträge bei Projekten nicht gewählt werden, wenn:

- die Risiken klar erkennbar, berechenbar und kalkulierbar sind;
- eine Größe erreicht wird, bei der die Vorteile des Allianzvertrages nicht durch die hohen Implementierungs- und Durchführungskosten sowie die Ausschreibungs- und Vergütungsberechnungskosten aufgezehrt werden.

Der Allianzvertrag eignet sich daher insbesondere für Infrastrukturprojekte, die schon aufgrund ihrer Größe nicht genau berechnet werden können oder durch

---

218 DTF, Project Alliance Practitioners' Guide, Selection of project Alliancing, S. 19 f.

schwieriges Terrain führen und daher risikobehaftet sind. Ebenso dort, wo es innovativer und von Zusammenarbeit geprägter Bauausführung bedarf, um dem Projekt zum Erfolg zu verhelfen. Hier hilft die gemeinsame Projektentwicklung durch alle Parteien. Jeder kann so sein Know-How schon sehr früh einbringen.

Die hohen Kosten bei der Vertragsimplementierung, also dem Entwerfen des Vertrags und des Vergütungsregimes, sowie die hohen Durchführungskosten machen den Allianzvertrag bei kleineren Projekten unrentabel. Immerhin müssen mehrere Gremien unterhalten werden, unabhängige Beobachter eingesetzt werden, Zahlungsvorgänge stärker als sonst überprüft werden etc. Überdies muss jeder Allianzvertrag anders ausgestaltet sein, da jedes Projekt andere Maßstäbe hat und andere (Schlüssel-) Ziele erreichen will.

Dort, wo die Risiken eindeutig identifizierbar sind, ist der Allianzvertrag gegenüber dem Pauschalpreisvertrag nachteilig. Die Probleme bei dieser Vertragsart entstehen gerade dadurch, dass Risiken auftauchen, die bei Vertragsschluss nicht erkennbar waren und nun die Frage geklärt werden muss, wer die Kosten zu tragen hat. Genau dann verliert der Pauschalpreisvertrag einen seiner großen Vorteile, nämlich die Verlässlichkeit des Preises. Warum sollte sich also ein Bauherr auf einen Allianzvertrag einlassen, wenn alle Risiken feststehen und ihn der Allianzvertrag in der Etablierung und Durchführung mehr kostet als ein Pauschalpreisvertrag? Ebenso werden auch die Architekten und Bauunternehmen den Allianzvertrag eher nicht wählen, da relativ hohe Kosten für Administration (ALT und AMT) sowie Financial Auditor, unabhängige Beobachter usw. anfallen, die sonst nicht entstehen. Sind die Risiken erkennbar und kalkulierbar, entsteht ebenfalls kein Vorteil für diese Gruppe. Es ist daher kaum verwunderlich, dass der Allianzvertrag in Australien bisher fast ausschließlich bei großen Infrastrukturprojekten angewendet wurde:[219]

- 1995-1997; Wandoo B oil platform; Western Australia, $377 Mio.
- 1994-1997; East Spar Project (oil & gas); Western Australia
- 1996-1999; Hot Briquettes Iron (iron ore); Western Australia
- 1998-1999; Penola West Project (electricity transmission); South Australia; $4 Mio.
- 1997-2000; Northside Storage Tunnel Project (Water Supply); New South Wales; $450 Mio.
- 1998-2000; Clean Fuels Project (oil & gas); Queensland; $450 Mio.
- 1998-2001; National Museum Acton Point
- 1999; Norman River Bridge; Queensland; $5 Mio.

---

219 Diese Liste enthält nur die namhaften und großen Allianzprojekte. Eine ausführliche Auflistung enthält DTF, Project Alliance Practitioners' Guide, Appendix 1: Evolution of project Alliancing, S. 95 und Ross, Jim: Introduction to Project Alliancing, 2003, Anhang 3, S. 37 f.

- 1999-2000; Pelican Point Project (electricity transmission); South Australia; $22 Mio.
- 2000; Pacific Motorway Package 4 (road infrastructure); Queensland; $60 Mio.
- 2000-2001; Sydenham Electrification Project; Victoria; $34 Mio.
- 2000-2002; Awoonga Dam Raising Project; Queensland; $105 Mio.
- Since 2001; Port of Brisbane Motorway (road infrastructure); Queensland; $105 Mio.
- u.v.m.

C. Die Umsetzung in deutsches Recht

Die Umsetzung des Allianzvertrags in das deutsche Recht ist sehr facettenreich. Neben dem Bürgerlichen Gesetzbuch sind die Besonderheiten des Gesellschafts- und Handelsrechts ebenso zu berücksichtigen, wie die Besonderheiten des privaten Baurechts, insbesondere im Vergaberecht. Zunächst erscheint es sinnvoll, die Allianz in das Gefüge des deutschen Gesellschaftsrechts einzuordnen, bevor der Allianzvertrag im Detail untersucht werden soll.

I. Rechtliche Einordnung der Allianz

Wie schon in Kapitel BV beschrieben, bilden die Parteien des Allianzvertrages in Australien eine „virtuelle" oder „fiktive" Gesellschaft.[220] Nun existiert im deutschen, ebenso wie im australischen Rechtsgebiet, keine virtuelle oder fiktive Gesellschaftsform. Es gilt daher zu untersuchen, welche Rechtsform von den Parteien gewünscht ist und ob sich der Allianzvertrag mit den gesetzlichen Regelungen vereinbaren lässt. Aufgrund des Numerus Clausus der Gesellschaftsformen ist es im deutschen Recht nicht möglich, eine eigene, dem Allianzvertrag angepasste, Gesellschaftsform zu entwickeln.[221] Die rechtlich möglichen Gesellschaftsformen sind durch das Gesetz vorgeschrieben. Daher muss untersucht werden, welche der existierenden Gesellschaftsformen einschlägig ist und ob diese gegebenenfalls so modifiziert werden kann, wie es der Allianzvertrag verlangt. Zunächst ist festzustellen, was die Allianzparteien unter einer „virtuellen Gesellschaft" verstehen und was sie damit erreichen wollen. Anschließend soll untersucht werden, welche Gesellschaftsformen in Betracht kämen und ob diese, wo nötig, entsprechend angepasst werden können.

1. Zweck der „virtuellen Gesellschaft"

Die Allianzparteien schließen den Allianzvertrag, um gemeinsam ein Projekt zu erschaffen. Dies ist der Hauptzweck, der hinter der „virtuellen" oder „fiktiven" Gesellschaft steht. Der Begriff der „virtuellen Gesellschaft" rührt daher, dass die Allianzparteien zum einen im Grunde keine Gesellschaft sein wollen, dazu später, und zum anderen daher, dass der Gewinn zunächst im Bonus/Malus-System nur virtuell existiert.[222]

---

220 Gehle, Bjorn/Wronna, Alexander: Der Allianzvertrag – Neue Wege kooperativer Vertragsgestaltung, Baurecht 2001, S. 6.
221 Schmidt, Karsten: Gesellschaftsrecht, 4. Auflage, 2002, S. 96.
222 Gehle, Bjorn/Wronna, Alexander: Der Allianzvertrag – Neue Wege kooperativer Vertragsgestaltung, Baurecht 2001, S.6; Kemper, Ralf/Wronna, Alexander: Alliance Contracting – Allianzvertrag, Der Bausachverständige 2007, S. 55 f.

Der Allianzvertrag hat zunächst unverkennbar einen sehr starken werkvertraglichen Charakter. Die „Gemeinsamkeit", die der Allianzvertrag schafft, implementiert aber ebenfalls starke kooperative bzw. partnerschaftliche Elemente. Wie bereits oben gesehen, werden zahlreiche Gremien geschaffen, die volle Entscheidungskompetenz haben. Die Vertretungsmacht, der in den Gremien sitzenden Personen, geht zum Teil soweit, dass sie gemeinsam den Allianzvertrag als Grundlage des Projekts ändern oder kündigen können (v.a. das ALT). Auch der Gewinn wird durch das innovative Vergütungssystem, insbesondere durch die Vergütung III, gemeinschaftlich erwirtschaftet. Diese und weitere Elemente sprechen stark für einen kooperativen, zweckgerichteten und damit einen gesellschaftsrechtlichen Charakter, denn Gesellschaftsrecht befasst sich nach Karsten Schmidt, mit dem zweckgerichteten Zusammenwirken aufgrund eines privaten Vertrags.[223]

Zweck des Allianzvertrages ist es in erster Linie nicht, eine Gesellschaft mit all ihren Rechten und Pflichten zu schaffen, sondern die Errichtung eines Gebäudes oder eines anderen Projekts. Die Rechte und Pflichten der Parteien sollen weitestgehend im Allianzvertrag abschließend geregelt werden um Unsicherheiten zu vermeiden. Es ist grundsätzlich nicht gewünscht, die in einer Gesellschaft herrschenden Grundsätze wie z.B. treuhänderische Verbundenheit mit einzuführen. Die Parteien sollten am besten keine Gesellschafterstellung mit all ihren Verpflichtungen wie Treuepflichten und steuerrechtlichen Besonderheiten einnehmen.[224]

Welche Rechtsform die Allianz einnimmt, ist daher strittig. Es ist weiterhin fraglich, ob der Wille der Parteien, keine Gesellschaft gründen zu wollen, mit dem deutschen Recht vereinbar ist und was die Konsequenzen einer solchen Antinomie sind.

2. Einordnung der Allianz im Common Law

In australischen Allianzverträgen wollen die Parteien zumeist nur eine Kooperation bezüglich der Errichtung eines Projekts, aber keine darüber hinaus gehenden Partner/Gesellschafter im rechtlichen Sinne sein. Um sicher zu gehen, dass sie keine weitergehende Verantwortung gegenüber den anderen Parteien haben als die, die im Allianzvertrag festgelegt wurde, haben Allianzverträge oft Klauseln wie diese:

---

223 Schmidt, Karsten: Gesellschaftsrecht, 4. Auflage, 2002, S. 3.
224 Die Umsetzung dieser Vorgabe in deutsches Recht wird später ausführlich beschrieben in Kap. CI3.

> Ausschluss von Gesellschaften:[225]
>
> „ Die Parteien vereinbaren, dass nichts, was in dieser Vereinbarung enthalten ist, eine vertragliche Beziehung außerhalb der Bestimmungen dieser Vereinbarung zwischen den Parteien entstehen lassen soll. Nichts in dieser Vereinbarung soll so ausgelegt werden, dass dadurch eine Vertretungsbefugnis, Partnerschaft oder Joint Venture zwischen den Parteien begründet würde. Keiner der Parteien ist es erlaubt, direkt oder indirekt den Namen einer anderen Partei zu benutzen, eine solche Benutzung zuzulassen oder zu erlauben, um Finanzierungen oder Unterstützungen zu erhalten von Gesellschaftsunternehmen, Syndikaten, Partnerschaften oder anderen Vereinigungen, die dazu bestimmt oder geplant sind oder die vorgeben, Arbeitsvorgänge unter diesem Vertrag zu kontrollieren, zu leiten oder zu finanzieren. Soweit aus diesem Vertrag nicht ausdrücklich etwas anderes hervorgeht, soll die Handlung einer Partei die anderen Parteien nicht ohne deren ausdrückliches, vorheriges schriftliches Einverständnis binden. Der Auftraggeber [Eigentümer] soll dem Auftragnehmer und der Auftragnehmer soll dem Auftraggeber [Eigentümer] in Bezug auf das Projekt oder die Arbeit keinerlei Treue- und Fürsorgepflichten schulden.

Anzumerken ist, dass im common law der Begriff „*partnership*" nicht gleichzusetzen ist mit der deutschen Partnerschaft nach dem PartGG sondern darüber hinaus auch den Begriff der Handelsgesellschaft oder Personengesellschaft umfasst. Der Ausschluss ist daher wesentlich weiter, als es zunächst aussieht. Im Grunde wird so jegliche Form von Gesellschaftsorganisation ausgeschlossen.

Ob eine solche Klausel im australischen Recht wirksam ist, ist mehr als fraglich. So wurde bereits im Fall Wartski v. Bedford[226] entschieden, dass die Treue- und Fürsorgepflichten ein integraler Bestandteil einer Partnerschaft seien und dass diese nicht durch eine Verzichts- oder Ausschlussklausel ausgeschlossen werden können. Gerade im angloamerikanischen Rechtsraum spielen Fürsorge- und Treuepflichten eine wichtige Rolle. Die Wirksamkeit solcher Klauseln ist daher in diesem Rechtsraum sehr unsicher und umstritten.[227]

Die Rechtssprechung in Australien definiert Partnerschaften als eine „Beziehung zwischen Parteien, die gemeinsam ein Geschäft betreiben und Gewinnerzielungsabsicht haben".[228] Jedoch sind nicht alle Personen, die zusammen ein

---

225 Myers, James: Alliancing Contracting: A Potpourri of proven Techniques for successful Contracting, S. 60; Übersetzung in Horvath, Günther: Juristische Schlüsselfragen bei Allianzverträgen, Aufteilung des Kostenrisikos S. 72.
226 Wartski v. Bedford, 926 F.2d 11, 20 (Ist Cir. 1991) United States Court of Appeals for the Federal Circuit.
227 Horvath, Günther: Juristische Schlüsselfragen bei Allianzverträgen, Aufteilung des Kostenrisikos S. 73.
228 Partnership Act 1958 (Vic), S. 5.

Geschäft betreiben und Gewinnerzielungsabsicht haben, Partner im gesellschaftsrechtlichen Sinne. Nach Cassidy[229] ist die Existenz einer Partnerschaft abhängig von einer vertraglichen Verbindung zwischen den Parteien. Die Absicht der Parteien, eine Partnerschaft begründen zu wollen, ist ihrer Ansicht nach einer der wichtigsten Voraussetzungen. Einer anderen Ansicht nach, soll der Wille der Parteien nur dann vorrangig sein, wenn der Vertrag unter gleichstarken Partnern geschlossen wurde.[230]

Die Rechtsnatur des Allianzvertrages ist daher in Australien noch nicht endgültig geklärt. Nach vorzugswürdiger Ansicht stellt die Allianz aber wohl eine Partnership und damit eine Gesellschaft dar. Zu Recht wurde im Fall Wartski v. Bedford[231] für die Treuepflichten entschieden, dass diese sich nicht einfach durch Abwehrklauseln ausschließen lassen. Diese Frage hängt eng mit dem Ausschluss des Entstehens einer Gesellschaft zusammen. Die rechtliche Wirksamkeit solcher Ausschlussklauseln wird in Australien lebhaft diskutiert.[232]

3. Deutsche Gesellschaftsformen

Im Grunde lassen sich die im deutschen Privatrecht existierenden Gesellschaftsformen in zwei große Kategorien unterteilen. Die Personen- und die Kapitalgesellschaften. Der Numerus Clausus[233] der Rechtsformen oder der Rechtsformzwang[234] führt dazu, dass nur die im deutschen Recht existierenden Gesellschaftsformen zur Wahl stehen, also keine eigenen Gesellschaftsformen gebildet werden können. Grundsätzlich gilt zwar für das gesamte Zivilrecht die Vertragsfreiheit, was dazu führt, dass nicht nur die im BGB geregelten Vertragstypen, sondern eine Vielzahl weiterer Vertragstypen, wie Leasingverträge, Factoring etc. existieren. Ebenso können die gesetzlich geregelten Vertragstypen in gewissen Grenzen abgeändert oder kombiniert werden. Anders ist dies im Gesellschaftsrecht. Hier kann zum Schutze des Geschäftsverkehrs in wesentlich geringerem Maße von den gesetzlichen Vorschriften abgewichen werden.[235] Insbesondere bei der Wahl der Gesellschaftsform herrscht ein Rechtsform- oder Typenzwang, der nur die gesetzlich geregelten Gesellschaftsformen zulässt.[236] Dies ist zwar gesetzlich nicht geregelt, der BGH[237] verweist allerdings auf § 22

---

229 Cassidy, Julie: Concise Corporations Law, 4th edition, Federation Press, 2003, S. 25 f.
230 Bowkett v Action Finance Ltd [1992] 1 NZLR 449, 462.
231 Wartski v. Bedford, 926 F.2d 11, 20 (Ist Cir. 1991) United States Court of Appeals for the Federal Circuit.
232 Siehe dazu Kap. C, in dem immer wieder auf die australische Rechtsprechung eingegangen werden wird.
233 BGHZ 146, 341.
234 Schmidt, Karsten: Gesellschaftsrecht, 4. Auflage, 2002, S. 96.
235 Schmidt, Karsten: Gesellschaftsrecht, 4. Auflage, 2002, S. 96.
236 Jahnke, Volker: Rechtsformzwang und Rechtsformverfehlung; ZHR 146 (1982), S. 596.
237 BGHZ 22, 240, 244.

BGB und schließt daraus mittelbar einen Numerus Clausus der Gesellschaftsformen. Eine Fortbildung dieses Rechts kann nur durch den Gesetzgeber erfolgen und in ganz geringem Maße durch die Rechtsprechung. Letztere kann zwar Anpassungen[238] durch höchstrichterliche Rechtsprechung bewirken, aber eigene Gesellschaftsformen erschaffen kann sie wohl nicht. Daher stehen nur die vom Gesellschaftsrecht normierten Gesellschaftsformen zur Auswahl.

Der Numerus Clausus des Gesellschaftsrechts bzw. der Rechtsform- oder Typenzwang bringt immer die Gefahr einer so genannten Rechtsformverfehlung mit sich.[239] Dies kann dann geschehen, wenn die Parteien bewusst oder irrtümlich von einer falschen Gesellschaftsform ausgehen. So kann das Problem z.B. bei einer ausdrücklich vertraglich vereinbarten GbR vorliegen, die ein vollkaufmännisches Handelsgewerbe betreibt und daher eigentlich OHG wäre gem. § 105 Abs. 1 HGB. Hier haben die Parteien dann vertraglich die falsche Rechtsform gewählt.

Für ein solches Problem drängen sich letztlich zwei Lösungen auf. Die Rechtsprechung[240] und weite Teile der Literatur[241] halten die Wahl der falschen Rechtsform für unbeachtlich und gehen automatisch von der „richtigen" Gesellschaftsform aus. Nach dieser Meinung führt die Wahl der falschen Rechtsform im Gesellschaftsvertrag nicht zur Nichtigkeit des Vertrages. Vielmehr wird der Gesellschaft eine zulässige Form – notfalls auch gegen den Willen der Gesellschafter – zugewiesen. Dies kann zur Folge haben, dass kraft Rechtsgeschäft Gesellschaftsformen entstehen, die die Parteien gar nicht oder nicht so gewollt haben.[242] Ein entgegenstehender Parteiwille wird, soweit der Numerus Clausus und damit der Rechtsformzwang reichen, für unmaßgeblich erklärt. [243] Man nennt dies die „Absorptionsfunktion" des Numerus Clausus der Gesellschaftsformen.[244] Karsten Schmidt[245] sieht den automatisch wirkenden Rechtsformzwang als allgemein anerkannt an und verweist auf die Vorgeschichte des HGB und praktische Verkehrsbedürfnisse.

Die zweite Ansicht[246] will allein auf den Parteiwillen abstellen, muss sich allerdings dann zumindest mit einer Teilnichtigkeit des Gesellschaftsvertrages auseinandersetzen. Insbesondere Praktikabilitätsgründe sprechen allerdings für

---

238 Wie bei Rechtsfähigkeit der GbR geschehen mit Urteil BGHZ 146, 341.
239 Jahnke, Volker: Rechtsformzwang und Rechtsformverfehlung; ZHR 146 (1982), S. 596.
240 BGHZ 19, 269; 269; 20, 281, 287; 22, 240, 244; 32, 307.
241 Schmidt, Karsten: Gesellschaftsrecht, 4. Auflage, 2002, S. 102, Jahnke, Volker: Rechtsformzwang und Rechtsformverfehlung; ZHR 146 (1982), S. 598.
242 Schmidt, Karsten: Gesellschaftsrecht, 4. Auflage, 2002, S. 96.
243 BGHZ 10, 91, 97; 22, 240, 244; 32, 307, 310.
244 Schmidt, Karsten: Stellung der OHG.
245 Schmidt, Karsten: Gesellschaftsrecht, 4. Auflage, 2002, S. 104 f.
246 Jahnke, Volker: Rechtsformzwang und Rechtsformverfehlung; ZHR 146 (1982), S. 605.

die erste Meinung, die heute auch absolut herrschend ist.[247] Manfred Lieb[248], der als Wortführer der Mindermeinung gilt, rechnet die Wahl der Gesellschaftsform zu den essentialia negotii und kommt entweder über den Weg der unschädlichen falsa demonstratio zum selben Ergebnis wie die erste Ansicht oder zu einem nichtigen Gründungsgeschäft über §§ 139, 140 BGB. Diese Ansicht ist dem Grunde nach und systematisch ebenso vertretbar, weist allerdings in der Praktikabilität erhebliche Nachteile auf, soweit die Rechtssicherheit betroffen ist. Es würde den Interessen der Gesellschafter widersprechen, die im Allgemeinen den Fortbestand der Gesellschaft der sofortigen Auflösung vorziehen und eine geänderte Rechtsform in Kauf nehmen würden. Nicht zu sprechen von etwaigen Vertragspartnern, die sich erheblicher Rechtsunsicherheit ausgesetzt sähen. Diese Ansicht ist daher aus Gründen des Verkehrsschutzes abzulehnen.

Folglich ist es, insbesondere aufgrund etwaiger Rechtsunsicherheiten, wichtig, die Rechtsform des Allianzvertrages zu klären. Aus dem soeben Gesagten muss auch geschlossen werden, dass es auf den Willen der Parteien nur im Rahmen der Auslegung ankommt. Die Parteien haben nicht etwa die Möglichkeit im Allianzvertrag eine Klausel einzufügen, mit der sie die Entstehung einer Gesellschaft ausschließen oder festlegen, welche Gesellschaftsform sie wünschen. Sollte der Allianzvertrag die Tatbestandsvoraussetzung einer Gesellschaftsform erfüllen, dann haben die Parteien es mit dieser Gesellschaftsform zu tun. Ein entgegenstehender Wille wäre aufgrund des eben dargestellten Prinzips des Rechtsformzwangs unmaßgeblich. Welche Rechtsform letztlich entsteht, entzieht sich daher der Vertragsfreiheit des Schuldrechts. Lieb[249] sieht dies als weiteres Argument gegen die Ansicht des BGH und der Literatur, da hierdurch die Privatautonomie eingeschränkt wird. Den Parteien wird eine Rechtsform aufgedrückt, die sie nicht gewollt haben. Jahnke[250] verweist darauf, dass jedenfalls die objektiven Gegebenheiten, die zur Anwendung der richtigen Rechtsform führen, vom Parteiwillen miterfasst sind. Nach Flume[251] ist die Privatautonomie nur als Freiheit der Wahl zwischen den vorgeprägten Rechtstypen zu begreifen. Deshalb entscheide nicht die allgemeine Rechtsgeschäftslehre, sondern das den Gegenstand des Rechtsgeschäfts regelnde Recht darüber, welche für ein bestimmtes Rechtsverhältnis angeordneten Rechtsfolgen vom Parteiwillen umfasst sein müssen. Wenn sich daher das Gesellschaftsrecht für den auto-

---

247 Schmidt, Karsten: Gesellschaftsrecht, 4. Auflage, 2002, S. 102.
248 Lieb, Manfred: Die Ehegattenmitarbeit im Spannungsfeld zwischen Rechtsgeschäft, Bereicherungsausgleich und gesetzlichem Güterstand, 1970, S. 18 ff.
249 Lieb, Manfred: Die Ehegattenmitarbeit im Spannungsfeld zwischen Rechtsgeschäft, Bereicherungsausgleich und gesetzlichem Güterstand, 1970, S. 25.
250 Jahnke, Volker: Rechtsformzwang und Rechtsformverfehlung; ZHR 146 (1982), S. 607.
251 Flume: Rechtsgeschäft und Privatautonomie, 1960, S. 135 ff.

matisch wirkenden Rechtsformzwang entschieden hat, so kann mit dem Rechtsgrundsatz der Privatautonomie nicht dagegen angegangen werden.[252]

Wie bereits in Kap. CI2 dargestellt, enthalten Allianzverträge in Australien oder den USA zumeist Klauseln, die die Entstehung einer Gesellschaft ausschließen sollen. Im Allianzvertrag wird dort einfach festgeschrieben, dass durch diesen Vertrag keine Gesellschaft oder Partnerschaft entstehen soll.[253] Dies ist schon im Common Law sehr umstritten, wie bereits gesehen.

Jedenfalls im deutschen Recht sind solche Vertragsklauseln aufgrund des automatischen Rechtsformzwanges bestenfalls eine Auslegungshilfe. Liegt dagegen eine Gesellschaftsform objektiv vor, so bewirkt der Numerus Clausus und Rechtsformzwang, dass eine solche auch entsteht. Die Klausel wäre unwirksam. Der Allianzvertrag muss daher in die gesetzlich geregelten Gesellschaftsformen eingeordnet werden, da, wie gesehen, aus Gründen der Rechtssicherheit und des Verkehrsschutzes keine eigenen Kreationen möglich sind.

Bisher gehen in der deutschsprachigen Literatur erschienene Aufsätze zumeist von einer GbR aus. Gehle/Wronna[254] sehen in dem Allianzvertrag eine BGB-Innengesellschaft, während Horvath[255] letztlich keine Entscheidung trifft, aber wohl auch zur BGB-Gesellschaft tendiert. Allerdings schließt Horvath die Möglichkeit nicht aus, dass der Allianzvertrag aufgrund einer Ausschlussklausel keine Gesellschaft gründet. Letztere Ansicht scheint wegen des in Deutschland existierenden automatischen Rechtsformzwanges nicht vertretbar, was Horvath schließlich stellvertretend am Beispiel des österreichischen Rechts auch einräumt.[256]

Wie eingangs gesagt, gibt es zwei große Kategorien im deutschen Gesellschaftsrecht. Die Kapitalgesellschaften und die Personengesellschaften. Beide unterscheiden sich in Organisation, Besteuerung und in ihren rechtlichen Grundlagen.

a) Kapitalgesellschaften

Als Kapitalgesellschaften kommen insbesondere die GmbH und die AG in Betracht. Die KGaA soll hier nicht behandelt werden, da sie im Wesentlichen der Aktiengesellschaft entspricht und daher dieselben Nachteile aufweist. Theoretisch wäre aber auch eine KGaA möglich. Beide Kapitalgesellschaftsformen

---

252 Flume: Rechtsgeschäft und Privatautonomie,1960, S. 135 ff.
253 Vgl. Klausel in Kap. B.
254 Gehle, Bjorn/Wronna, Alexander: Der Allianzvertrag – Neue Wege kooperativer Vertragsgestaltung, Baurecht 2001, S. 6.
255 Horvath, Günther: Juristische Schlüsselfragen bei Allianzverträgen, Aufteilung des Kostenrisikos S. 71 (allerdings für den österreichischen Rechtsraum).
256 Horvath, Günther: Juristische Schlüsselfragen bei Allianzverträgen, Aufteilung des Kostenrisikos S. 80.

(AG und GmbH) haben gemein, dass mit ihnen neben der Eintragung ins Handelsregister eine Flut von Bilanzierungsvorschriften einhergehen. Diese lassen sich vertraglich nicht abbedingen. Für den Allianzvertrag ist die Form der Kapitalgesellschaft gänzlich ungeeignet. Wie bereits oben beschrieben, soll der Allianzvertrag ein sehr flexibler (Gesellschafts-) Vertrag sein, der sich stets den aktuellen Gegebenheiten durch Beschluss des ALT anpassen lässt. Die Satzung einer Kapitalgesellschaft ist das genaue Gegenteil, da diese gem. § 2 GmbHG bzw. § 23 AktG der notariellen Form bedarf. Zudem existieren weitere zwingende Vorschriften, die die GmbH und die AG für den Allianzvertrag unpassend erscheinen lassen, wie Veröffentlichungspflichten und Bilanzierungsvorschriften.

Der allgemeine Vorteil von Kapitalgesellschaften gegenüber den Personengesellschaften besteht insbesondere in der auf das Kapitalvermögen beschränkten Haftung gegenüber Dritten. Beim Allianzvertrag sind aber alle maßgeblichen Parteien und damit auch Anspruchsinhaber Gesellschafter (Bauherr, Bauunternehmer, Architekt, etc.), so dass der Vorteil der Haftungsbegrenzung gegenüber Dritten nicht viel nutzt. Im Übrigen sind die Haftungsfragen beim Allianzvertrag völlig anders gelagert als im gewöhnlichen privaten Baurecht. Die Parteien eines Allianzvertrages haften untereinander nur für vorsätzliche Schädigungen und andere, eng begrenzte, im Vertrag festgehaltene, Fälle, wie bei Beendigung des Vertrages. Die Vorteile einer Kapitalgesellschaft sind daher nur sehr begrenzt nutzbar. Im Übrigen scheuen die Parteien in der Praxis den Aufwand, der mit einer Kapitalgesellschaft verbunden ist so sehr, dass sie bei der Wahl einer Gesellschaftsform für die Durchführung eines Projekts zumeist eine Personengesellschaft wählen. ARGEn sind daher in aller Regel Personengesellschaften, obwohl die Unternehmen auch die Rechtsform einer Kapitalgesellschaft wählen könnten.[257]

b) Personengesellschaften

Als wesentlich flexibler und daher besser geeignet für Bauprojekte haben sich die Personengesellschaften herausgestellt.

Wichtig ist es hier zu erwähnen, dass trotz des Rechtsformzwanges und des Numerus Clausus das Gesellschaftsrecht die Gesellschaftstypen inhaltlich nicht in allen Einzelheiten ausformuliert. Dies gilt in besonderem Maße für die Personengesellschaften, die weit weniger detailliert geregelt werden, als dies im AktG für die AG und im GmbHG für die GmbH der Fall ist. Vielmehr setzt das Gesellschaftsrecht für Personengesellschaften gewisse zwingende Mindeststandards. Im Übrigen gilt hier die Vertragsfreiheit. Dem gesellschaftlichen Rechtsformzwang kann so viel von seiner Strenge genommen werden.[258] Wie weit im

---
257 Messerschmidt/Voit – Wolff Teil D, Rdnr. 60 ff.
258 Jahnke, Volker: Rechtsformzwang und Rechtsformverfehlung; ZHR 146 (1982), S. 603.

Einzelnen von den gesetzlichen Vorgaben abgewichen werden kann ist aber nicht nur eine Frage des Einzelfalles, sondern vielmehr auch eine Frage der gesellschaftsrechtlichen Typgesetzlichkeit, also der Frage, ob die zulässig gewählte Rechtsform bis an die Grenze des zwingenden Rechts beliebig geändert werden kann.[259] So hat die Literatur[260] die GmbH & Co. KG lange als unzulässig erachtet, da sie von der Grundidee einer Kommanditgesellschaft mit einem persönlich haftenden Komplementär doch stark abweicht. Das Reichsgericht[261] und ihm folgend später der BGH[262] haben schließlich in mehreren Grundsatzurteilen diese Gestaltung zugelassen und die teilweise von der Literatur geforderten Sonderlösungen größtenteils abgelehnt.[263]

Neben der Problematik des Numerus Clausus ist daher auch die gesellschaftsrechtliche Typengesetzlichkeit zu beachten. Zunächst scheint es aber sinnvoll, die unterschiedlichen Personengesellschaften näher zu untersuchen.

(1) *ARGE*

Mit der ARGE existiert bereits eine den baurechtlichen Anforderungen angepasste Form der Personengesellschaft. Allerdings ist die ARGE keine eigenständige Form einer Personengesellschaft, sondern tritt in Form einer GbR oder OHG, seltener in Form einer Kapitalgesellschaft, auf. Bisher ist allerdings die Gesellschaftsform der GbR wohl am meisten verbreitet, da sie flexibler gehandhabt werden kann und weniger strengen Formalien unterliegt. Die Praxis und die Verfasser des ARGE-Mustervertrages versuchen, die ARGE stets als GbR auszugestalten.[264]

Englert definiert eine Bau-ARGE wie folgt:[265] „Eine Bau-ARGE ist der Zusammenschluss von Bauunternehmen auf vertraglicher Grundlage mit dem Zweck, Bauaufträge für gleiche oder verschiedene Fachgebiete oder Gewerbezweige gemeinsam auszuführen."

Dabei unterscheiden sich die ARGEn wiederum untereinander je nachdem wie die Zusammenarbeit ausgestaltet ist. Die Bau-ARGE unterscheidet sich dabei von der Dach-ARGE durch die Beiträge, die die Mitgliedsunternehmen zu leisten haben. In einer Bau-ARGE schließen sich Unternehmen mit gleicharti-

---

259 Schmidt, Karsten: Gesellschaftsrecht; 4. Auflage; 2002; S. 109 ff.
260 Haupt, Günter; Reinhardt, Rudolf: Gesellschaftsrecht, 4. Auflage. 1952, § 20 Abs. 4 5a.
261 RGZ 105, 101 ff.
262 Im sogenannten Rektorfall hat der BGH die unbeschränkte Haftung eines Kommanditisten, der wirtschaftlich der alleinige Inhaber des Handelsgeschäftes war abgelehnt: BGHZ 45, 204.
263 Es existieren mittlerweile aber einige Sonderregeln für die GmbH & Co. KG, vgl. Schmidt, Karsten: Gesellschaftsrecht; 4. Auflage; 2002; S. 109, m.w.N.
264 Messerschmidt/Voit – Wolff Teil D, Rdnr. 61.
265 Englert, Klaus: Handbuch des Fachanwalts Bau- und Architektenrecht, 2. Auflage, S. 71.

gem Tätigkeitsbereich zusammen und liefern Personal, Stoffe und Geräte, mit denen die ARGE dann die Bauleistung erbringt. Die Dach-ARGE unterscheidet sich dadurch, dass die Dach-ARGE keine eigenen Bauleistungen erbringt, sondern die Mitgliedsunternehmen mit der Dach-ARGE Nachunternehmerverträge abschließen und diese Unternehmen dann selbst die Bauleistung an die ARGE erbringen. Die Dach-ARGE ist daher eher ein Generalübernehmer oder Koordinator. Beide ARGE Arten werden in der Praxis fast ausschließlich durch die Musterverträge der Deutschen Bauindustrie e.V. geschlossen.[266]

Die ARGE ist dem Allianzvertrag in manchen Bereichen ähnlich. Auch bei einer ARGE schließen sich Unternehmen zur Durchführung eines Projekts zusammen. Insbesondere kommen sie bei größeren Projekten zum Einsatz, die von einem Unternehmen allein nicht mehr zu bewältigen sind. Die ARGE tritt dann unter eigenem Namen auf und führt das Projekt durch.

Im Unterschied zur ARGE schließen sich beim Allianzvertrag aber nicht nur die Bauunternehmer zusammen, sondern alle am Vertrag beteiligten Parteien inklusive des Bauherrn. Dies stellt einen erheblichen Unterschied zur ARGE dar. Bei der ARGE dient als Verbindung zwischen ARGE und Bauherr ein ganz normaler schuldrechtlicher Bauvertrag. Der Allianzvertrag will solche Verträge aber gerade vermeiden. Eine ARGE formt letztlich nur eine Gesellschaft, die dann wiederum wie ein Bauunternehmer gegenüber dem Bauherrn auftritt. Genau dieses synallagmatische Vertragsverhältnis führt aber zu den gegenläufigen Interessen und damit auch zu den Konflikten im Bereich des Baurechts.[267] Der Allianzvertrag hat eine völlig andere Philosophie. Hier wird versucht durch innovative Strukturen gemeinsame Interessen, Ziele und letztlich eine Kooperation zu schaffen, um so Konflikte von vornherein zu vermeiden.

Die Musterverträge der Deutschen Bauindustrie e.V. für die ARGE lassen sich daher nicht einmal annähernd verwenden, um einen Allianzvertrag zu formen. Insbesondere die Vergütung und die Gremien mit ihren besonderen Abstimmungs- und Verhaltensregelungen schließen eine ARGE als Grundlage für den Allianzvertrag aus. Allerdings können, wegen des ähnlichen Charakters im Bereich der Gemeinschaftlichkeit, einige Probleme, die bei der ARGE aufgetreten sind ebenso beim Allianzvertrag auftreten, weshalb immer wieder auf die ARGE einzugehen sein wird.

(2) *Joint Venture*

Der Begriff des Joint Ventures wird in der Literatur uneinheitlich verwendet und dient der Umschreibung mehrerer Formen von Zusammenarbeit. Unter dem engen Joint Venture Begriff versteht man ausschließlich solche Kooperationen, die zu einer neuen, rechtlich selbständigen Einheit führen. Die kooperierenden Un-

---

266 Messerschmidt/Voit – Wolff Teil D, Rdnr. 39 ff.
267 Siehe ausführlich zu den Konflikten Kap. BI sowie BIII1.

ternehmen sind dann an diesem Joint Venture beteiligt. Der weite Joint Venture Begriff verzichtet auf dieses Merkmal und umfasst daher kooperative Engagements im weitesten Sinne.[268]

Allianzverträge können daher nur unter den weiten Joint Venture Begriff subsumiert werden. Der enge Joint Venture Begriff setzt das Entstehen einer rechtlich selbständigen Einheit voraus, was gerade nicht von den Allianzparteien gewollt ist. Joint Ventures führen im Allgemeinen zu einer dritten, von ihren „Eltern" losgelösten Einheit.[269] Aus diesem Grund wird überwiegend der enge Joint Venture Begriff vertreten.

Geht man vom weiten Joint Venture Begriff aus, so würde der Allianzvertrag, ebenso wie die ARGE, unter diesen Begriff fallen. Diese Subsumption löst allerdings nicht die Problematik der Rechtsform. Joint Ventures stellen ebenso wie die ARGE keine eigene Rechtsform dar. Sie verwenden vielmehr, letztlich wieder aufgrund des Rechtsformzwanges, die gesetzlich normierten Rechtsformen. Insbesondere sind dabei die GmbH und die AG zu erwähnen. Der Joint Venture Begriff löst daher nicht das Problem der Rechtsform der Allianz. Da überwiegend der enge Joint Venture Begriff vertreten wird, können auch keine Parallelen gezogen werden.

(3) *Public-Private-Partnerships*

Public Private Partnership (PPP) bezeichnet wiederum keine eigene Gesellschaftsform. Grundlage des Vertrags ist bisher immer ein traditioneller Bauvertrag, zumeist in Form eines GMP[270] oder Pauschalpreisvertrages. PPP ist letztlich nur eine bestimmte Form der Zusammenarbeit zwischen Staat und Privaten, insbesondere im Bereich der Finanzierung[271]. *Richter*[272] bezeichnet PPP als eine von Finanzierungsüberlegungen getragene Form der Erledigung öffentlicher Aufgaben, die von der Projektidee bis über die Projektentwicklung in den Betrieb des Bauprojekts spezifische, wenn auch partnerschaftlich orientierte Methoden entwickelt hat. Die Bauphase selbst wird aber von traditionellen Vertragsformen dominiert.

PPP ist daher vielleicht eine für einen Allianzvertrag mögliche Form der Finanzierung, stellt aber im Grunde keine vergleichbare Vertragsart dar, da in der

---

268 Schaumburg, Harald: Internationale Joint Ventures, 1999, S. 5 ff.
269 Schaumburg, Harald: Internationale Joint Ventures, 1999, S. 5 ff.; Horvath, Günther: Juristische Schlüsselfragen bei Allianzverträgen, Allianzverträge und Gesellschaftsrecht, S. 77.
270 Guaranteed-Maximum-Price (garantierter Maximalpreis): Bestimmter, in den USA entwickelter, Generalunternehmervertrag zur Abwicklung von Großprojekten. Siehe dazu Keldungs in Ingenstau/Korbion VOB, 16. Auflage, 2007, § 5 VOB/A, Rdnr. 38 ff.
271 Ziekow, Jan; Windoffer, Alexander: Public Private Partnership, Struktur und Erfolgsbedingungen von Kooperationsarenen, 2008, S. 38 ff.
272 Messerschmidt/Voit – Richter Teil D, Rdnr. 308.

Bauphase Standardverträge Anwendung finden. Allerdings gibt es im Rahmen des Vergaberechts durchaus ähnlich gelagerte Probleme, insbesondere mit der Vergabe über den wettbewerblichen Dialog gem. § 3a Nr. 1c, Nr.4 VOB/A.[273]

(4) *Gesellschaft bürgerlichen Rechts*

Die Grundform des Gesellschaftsrechts ist neben dem Verein gem. §§ 21 ff. BGB die Gesellschaft bürgerlichen Rechts (GbR). Diese ist in den § 705 ff. BGB geregelt.

Voraussetzung für die Entstehung einer GbR ist der Abschluss eines Gesellschaftervertrages gem. § 705 BGB: „Durch den Gesellschaftsvertrag verpflichten sich die Gesellschafter gegenseitig, die Erreichung eines gemeinsamen Zweckes in der durch den Vertrag bestimmten Weise zu fördern, insbesondere die vereinbarten Beiträge zu leisten."

Diese Voraussetzungen sind im australischen Recht für die Partnership nicht wesentlich anders: "A partnership is the relation that subsists or exists between persons carrying on a business in common with a view to profit."[274] Allerdings schließt im angelsächsischen Rechtsgebiet der Allianzvertrag selbst das Entstehen einer Gesellschaft zumeist explizit aus.[275]

(a) Gesellschaftsvertrag

Der Gesellschaftsvertrag kann dabei sowohl ausdrücklich als auch konkludent geschlossen werden, muss inhaltlich aber auf die wechselseitige Verpflichtung gerichtet sein, einen gemeinsamen Zweck fördern zu wollen. Der Vertragsschluss selbst richtet sich, wie bei anderen schuldrechtlichen Verträgen auch, nach den Vorschriften über Willenserklärung §§ 145 ff. BGB. Ein Gesellschaftsvertrag kommt daher durch Angebot und Annahme zustande. Anders als Satzungen von Kapitalgesellschaften erfolgt die Auslegung von Personengesellschaftsverträgen anhand von §§ 133, 157 BGB.[276] Die GbR ist nach der systematischen Stellung im Besonderen Teil des Schuldrechts ein modifiziert – vertragliches Schuldverhältnis in Form eines Dauerschuldverhältnisses.[277] Der Personengesellschaftsvertrag wird daher ganz gewöhnlich nach Wortlaut, Sys-

---

273 Der wettbewerbliche Dialog wird in Kapitel C IV67ausführlich besprochen.
274 Partnership Act 1963 (ACT) s6; Partnership Act 1997 (NT) s5; Partnership Act 1892 (NSW) s1; Partnership Act 1891 (Qld) s5; Partnership Act 1891 (SA) s1; Partnership Act 1891 (Tas) s6; Partnership Act Partnership Act 1958 (Vic) s5; Partnership Act 1895 (WA) s7.
275 Vgl Kap. CI2auch zu der Frage, ob dies im australischen Recht möglich ist. Ebenfalls dazu Myers, James: Alliancing Contracting: A Potpourri of proven Techniques for successful Contracting, S. 60.
276 BGH NZG 2005, 593, 594.
277 MünchKommBGB/Ulmer Vor § 705, Rdnr. 14.

tematik sowie Sinn und Zweck ausgelegt, um den wirklichen Willen der Parteien zu erforschen. Um eine Auslegung nach Systematik, Sinn und Zweck zu vermeiden, ist es ratsam, den Allianzvertrag so präzise wie möglich zu verfassen. Für alle weiteren, nicht vorhersehbaren, Fälle sollte in einer Präambel der Sinn und Zweck eines Allianzvertrages beschrieben werden und auf die Grundideen und Prinzipien des Allianzvertrages eingegangen werden. Ebenfalls ist es möglich im Vertrag explizite Auslegungsregeln zu definieren. Im Allianzvertrag wäre es sinnvoll, als wichtigste Auslegungsregel den „best for project" Gedanken zu benennen und die, gesetzlich vorgesehene, Auslegung nach dem Empfängerhorizont auszuschließen. Dies erleichtert später die Auslegung, da diese dann stets unter Berücksichtigung der vorherrschenden Allianzprinzipien erfolgt.

(b) Gesellschafter

Gesellschafter einer GbR können sowohl natürliche als auch juristische Personen sein. Seit langem ist unstrittig, dass juristische Personen Gesellschafter einer Personengesellschaft sein können, wie z.b. die seit 1922 anerkannte GmbH & Co KG zeigt.[278] Anfangs bestehende Bedenken hat die Rechtsprechung verworfen. Daher können auch juristische Personen sich an Personengesellschaften beteiligen. Beim Allianzvertrag werden jedenfalls der Auftraggeber und der Bauunternehmer Gesellschafter. Es können aber auch je nach Einzelfall weitere am Bau Beteiligte (Architekten, Statiker, Projektsteuerer, Construction-Manager, Rechtsberater, Subunternehmer etc.) direkt Gesellschafter werden.[279]

(c) Gemeinsamer Zweck

Der Allianzvertrag stellt einen Zusammenschluss zumeist vieler, aber zumindest zweier Parteien dar, dessen Zweck die gemeinsame Errichtung eines Projektes ist. Der Zweck geht aber über die gewöhnliche Abwicklung eines Projektes hinaus. Ein weiterer Schwerpunkt des Allianzvertrages liegt in der Gemeinsamkeit. Die wirtschaftlichen Verknüpfungen und die daraus resultierenden Abhängigkeiten führen zu einem gut funktionierenden Gesamtkonzept, das insbesondere wegen der Erzeugung von Synergieeffekten und des Vergütungssystems für die Allianzparteien im Vordergrund steht.[280] Die Allianzparteien verpflichten sich im Allianzvertrag diesen Vertragszweck bzw. diese Vertragszwecke durch ihre jeweiligen Beiträge zu fördern. Jeder auf seine vertraglich vereinbarte Weise.

---

278 RGZ 105, 101, 102 ff.
279 Kemper, Ralf/Wronna, Alexander: Alliance Contracting – Allianzvertrag; Der Bausachverständige 2007, S. 56.
280 Eusani, Guido: Zweckstörungen bei gewerblichen Mietverhältnissen in Einkaufszentren, ZMR 2003, 473, 479.

Problem: Typengemischter Vertrag

Die Abgrenzung von sonstigen schuldrechtlichen Verträgen erfolgt über die Merkmale des gemeinsamen Zwecks und die darauf gerichteten Förderungspflichten. Für einen reinen Austauschvertrag ist beim Allianzvertrag kein Platz. Der Allianzvertrag hat sowohl einen gemeinsamen Zweck und enthält Förderungspflichten der einzelnen Mitglieder/Parteien als auch austauschvertragliche, d.h. gegenseitige Pflichten. Eine einfache Zuweisung ist daher nicht möglich.

Allerdings existiert gerade im Gesellschaftsrecht eine Reihe von gemischten Verträgen, in denen die Merkmale einer Gesellschaft mit denen eines Austauschvertrages kombiniert sind. Dies zeigt auch schon die ARGE, die stets eine Gesellschaftsform wählen muss,[281] aber dennoch starken werkvertraglichen Charakter hat. Von einem reinen Austauschvertrag könnte man allenfalls dann ausgehen, wenn sternförmig Einzelverträge mit dem Bauherrn geschlossen werden würden, was aber gerade nicht Sinn und Zweck des Allianzvertrages ist. Ebenso sprechen die Existenz der Gremien wie ALT und AMT stark für eine Gesellschaft. Es ist daher nicht möglich den Allianzvertrag als reinen Austauschvertrag zu sehen.

Problematisch ist allerdings, wie nun der gemischte Vertrag juristisch zu beurteilen ist. Hierfür gibt es in der bisherigen Lehre mehrere Ansätze. Die Absorptionsmethode[282] will bei gemischten Verträgen den Hauptvertrag ermitteln und die Rechtsfolgen für den ganzen Vertrag an den für den Hauptvertrag ausrichten. Die Kombinationstheorie[283] will die jeweiligen Vertragselemente nach den für sie vorgesehenen Normen beurteilen und kommt daher zur Anwendung mehrerer Normgruppen auf einen Vertrag. Die beiden Methoden schließen sich dabei gegenseitig keineswegs aus. Vielmehr ist anerkannt, dass keine der beiden Methoden allein zur Lösung dieser komplexen Frage ausreicht. Es soll anhand beider Instrumentarien eine interessengerechte und von Fall zu Fall an Sinn und Zweck des einzelnen Vertrages orientierte Lösung gefunden werden.[284]

Ein wichtiges Unterscheidungsmerkmal zwischen bloßen Leistungs- oder Austauschverträgen und Gesellschaftsverträgen ist der Dauerschuldcharakter. Bei Schuldverhältnissen, deren Erfüllung durch einmaligen Leistungsaustausch bewirkt ist, scheidet eine Ähnlichkeit zur Gesellschaft von vornherein aus.[285] Bei Dauerschuldverträgen schulden die Parteien hingegen während einer vertraglich festgelegten oder durch Kündigung gestaltbaren Vertragszeit eine dauernde Pflichtenanpassung, deren Grundlage, als vertragliches „Stammrecht",

---

281 Messerschmidt/Voit – Wolff Teil D, Rdnr. 60 ff.
282 Begründet von Lotmar: Der Arbeitsvertrag I, 1902, S.176, 686 ff.
283 Begründet von Rümelin, Gustav: Dienstvertrag und Werkvertrag, 1905, S. 320 ff. und Hoeniger, Heinrich: Die gemischten Verträge in ihren Grundformen, 1910.
284 MünchKommBGB/Emmerich § 311, Rdnr. 45 f.
285 MünchKommBGB/Ulmer Vor § 705, Rdnr. 114.

unabhängig von der Erfüllung der jeweiligen Einzelleistung, während der ganzen Vertragsdauer fortbesteht.[286]

Da auch die ARGE als Gesellschaft auf Zeit unstrittig (zumindest) eine GbR ist, so ist auch dem Allianzvertrag die Qualität eines Dauerschuldverhältnisses zuzusprechen. Man spricht bei solchen GbRs von Gelegenheitsgesellschaften.[287] Auch der Allianzvertrag ist nicht ein einmaliger Austauschvertrag, sondern vielmehr ein auf Dauer angelegter Vertrag, in dessen Laufzeit es zu einer Vielzahl an Anpassungen kommen kann. Der Allianzvertrag und seine charakteristischen Klauseln bilden das „Stammrecht", das durch die ganze Vertragsdauer mehr oder minder unverändert fortbesteht.

Weitere wichtige Unterschiede zwischen einem reinen Austauschvertrag und einem Gesellschaftsverhältnis sind ein enges beiderseitiges Vertrauensverhältnis, eine weitgehende Übereinstimmung der verfolgten Interessen, Kontrollrechte und eine erfolgsabhängige Entgeltregelung.[288]

Anders als bei einem reinen Leistungs- oder Austauschvertrag stehen die Leistungen der Gesellschafter nicht in einem „do ut des" Verhältnis, sondern werden vielmehr geleistet, um einen gemeinsamen Zweck zu erreichen. Die Parteien stehen in einer Interessengemeinschaft und anders als in einem Austauschvertrag nicht in einem synallagmatischen und von gegenseitigen Interessen geprägten Austauschverhältnis.[289]

Genau dies trifft für den Allianzvertrag zu. Die beteiligten Parteien haben den gemeinsamen Zweck, ein bestimmtes Projekt zum Abschluss zu bringen. Dabei hat jeder Teil eine Förderungspflicht, die über sein eigenes Resort hinausgeht. Es wird von den Parteien von Beginn an verlangt, sich intensiv in die Planungen einzubringen und so einen frühzeitigen Austausch von Know-How zu ermöglichen. Die gemeinsamen Gremien ALT, AMT, etc. lassen ebenso den gesellschaftsrechtlichen Charakter des Allianzvertrages erkennen. Oberste Maxime der Mitglieder dieser Gremien ist es stets, Entscheidungen zugunsten des Projekts zu treffen und nicht, zumindest nicht in erster Linie, individuelle Interessen durchzusetzen. Hinzu kommt, dass die in Kap. BI dargestellten Prinzipien nahezu alle den gemeinschaftlichen Charakter betonen und gerade auf ein „do ut des" Verhältnis verzichten wollen. Es soll gerade kein Widerstreit gegenseitiger Interessen hervorgerufen werden. Auch das Vergütungssystem spricht für eine Gesellschaft und gegen einen Austauschvertrag, da es nicht den eigenen sondern den gemeinschaftlichen Erfolg belohnt.

In einem synallagmatischen Vertrag dagegen findet weiterhin ein Austausch mehrerer Leistungen statt. Dies ist beim Allianzvertrag nicht der Fall, da für die

---

286 Beitzke, Günther: Nichtigkeit, Auflösung und Umgestaltung von Dauerschuldverhältnissen, 1948, S. 8.
287 MünchKommBGB/Ulmer Vor § 705, Rdnr. 85 ff.
288 RGZ 81, 233, 235; 142, 212, 214; BGH LM § 723 Nr.6; BGHZ 51, 55, 56.
289 MünchKommBGB/Kramer Einl., Rdnr. 108.

Leistung zwar die Vergütung I (direkte Kosten) bezahlt wird, die Vergütung II aber von einer Reihe weiterer Faktoren, insbesondere auch der Performance der anderen Vertragsparteien, abhängt. Der Gewinn ist nicht etwa die Gegenleistung der Gesellschaft für die Beiträge der Gesellschafter, sondern Ausdruck, der im Gemeinschaftsverhältnis begründeten Erfolgsbeteiligung. Auch hier fehlt es an dem für einen Austauschvertrag charakteristischen Merkmal des Synallagma.[290] Ebenso spricht für den gesellschaftlichen Charakter, dass die Parteien, wenn auch nur begrenzt auf die Vergütung II, am Risiko beteiligt sind.[291] Verfehlt die Kooperation ihre Ziele, so leidet nicht allein der Verursacher, sondern alle gemeinsam. Es besteht eine Risikoverteilung unter allen Parteien.

Hinzu kommen Einstimmigkeitsgebot, Rechtswegausschluss und Klageverzicht, die ebenso den gemeinschaftlichen bzw. kooperativen[292] Charakter betonen und stark von gewöhnlichen Austauschverträgen abweichen. Allein das unmittelbare Interesse aller Parteien durch Synergieeffekte, Streitvermeidung und gute Zusammenarbeit, dem Projekt zum Erfolg zu verhelfen, veranlasst die Parteien zur Kooperation, die ein wesentliches Merkmal einer gesellschaftlichen Verbundenheit darstellt. Der hinter dem Allianzvertrag stehende Gedanke der „Gemeinschaftlichkeit" ist nicht nur plakativ, sondern auch in den einzelnen Vertragsklauseln verankert.[293]

Fazit:

Vor diesem Hintergrund handelt es sich bei dem Allianzvertrag um einen gemischten Vertrag mit starken werkvertraglichen und weiteren gesellschaftlichen Elementen. Bei der rechtlichen Umsetzung führt dies im Ergebnis zur Anwendung der Kombinationstheorie. Jeder Vertragsteil wird nach seinen Normen behandelt. Gerade die Fragen im Bereich der Organisation, der Vergütung, der Streitkultur und Streitbehandlung, der Stimmrechte und vieler weiterer Bereiche verlangen eine rechtlich eigenständige, andere Wertung als sie die Normen für den Werkvertrag vorsehen. Diese Bereiche sind nicht mehr als bloße Nebenpflichten zu charakterisieren, sondern spielen im Allianzvertrag eine, wenn nicht sogar die entscheidende Rolle. Denn diese Rechte zeigen, dass es nicht nur eigene, voneinander unabhängige, Interessen gibt, sondern dass den Parteien das Interesse an der Durchführung des Projekts gemeinsam ist. Die Anwendung der Absorptionstheorie würde weiterhin zu untragbaren Ergebnissen führen, da bei Anwendung von werkvertraglichen Normen auf gesellschaftsrechtliche Fragen

---

290 So die hM vgl. MünchKommBGB/Ulmer § 705, Rdnr. 163 f.
291 RGZ 88, 109.
292 Hier wird bewusst vom kooperativen und nicht korporativen Charakter gesprochen. Der Allianzvertrag legt Wert auf die gemeinschaftliche Ausführung der Arbeiten, nicht aber auf eine Ausgestaltung als Gesellschaft.
293 Vgl. Kap. BVI über die charakteristischen Klauseln, die alle auf eine enge Kooperation hinzielen.

große Lücken entstehen würden, die zu einer unerwünschten Rechtsunsicherheit führen würden. Die werkvertraglichen Normen geben naturgemäß auf gesellschaftsrechtliche Fragen keine Antworten. Wesentlich übersichtlicher und sachnäher ist daher die Kombinationstheorie, die auf jeden Vertragsteil die dafür vorgesehenen Normen anwendet.

Im Ergebnis läuft es daher auf eine einfache Formel hinaus. Wenn es um den Vertrag als Ganzes geht, findet das Gesellschaftsrecht oder Recht der Dauerschuldverhältnisse Anwendung. Bei Fragen, die den Leistungsaustausch im Einzelnen betreffen, gelten dagegen werkvertragliche Bestimmungen.[294] Die gesellschaftsrechtlichen kommen gegenüber den für Dauerschuldverhältnisse geltenden Normen und Grundsätzen immer dann zur Geltung, wenn durch diese Lücken gefüllt werden müssen, bei denen diese nicht bereits Lösungen bieten.[295]

Konsequenz: Gesellschaft bürgerlichen Rechts

Die Allianz ist daher zunächst zumindest eine GbR, da sie ein Zusammenschluss mehrerer Personen ist, die den gemeinsamen Zweck in der durch den Vertrag bestimmten Weise fördern wollen. Alle Tatbestandsmerkmale des § 705 BGB sind damit erfüllt. Gesellschafter der GbR sind alle Parteien des Allianzvertrages.

Die GbR wiederum existiert in zwei verschiedenen Erscheinungsformen, der Außen- und der Innengesellschaft. Da sich die beiden Formen der Gesellschaft bürgerlichen Rechts insbesondere in der Rechts- und Parteifähigkeit unterscheiden, soll der Allianzvertrag auch hier eine Einordnung finden. Ob die Allianz auch OHG sein kann oder ob sie das von vornherein ist, soll später geklärt werden. Gehle/Wronna gehen beide von einer GbR aus, allerdings ohne sich mit dem Vorliegen einer OHG auseinanderzusetzen.[296]

(d) Außengesellschaft

Die Außengesellschaft ist der Regeltypus der GbR. Die §§ 705-740 BGB gehen daher immer von einer Außengesellschaft aus. Nach heute ganz herrschender Meinung handelt es sich bei der Außengesellschaft um eine rechtsfähige Personengesellschaft,[297] die sich nicht auf interne Beziehungen zwischen den Vertragspartnern, betreffend die Förderung des gemeinsamen Zwecks, die Tätigkeit

---

294 Ähnlich hat es das OLG Köln mit Entscheidung vom 20.6.1962 Justizministerialblatt für Nordrhein-Westfalen 1962, S. 269 f. gesehen.
295 Vgl. statt vieler: MünchKommBGB/Ulmer Rdnr. 116.
296 Gehle, Bjorn/Wronna, Alexander.: Der Allianzvertrag – Neue Wege kooperativer Vertragsgestaltung, Baurecht 2001, S. 6.
297 BGHZ 146, 341.

auf gemeinsame Rechnung und die Ergebnisbeteiligung, beschränkt, sondern als solche über organschaftliche Vertreter am Rechtsverkehr teilnimmt.[298]

Die Außengesellschaft wird durch einige typische Merkmale gekennzeichnet. Sie erfordert ein gewisses Maß an Organisation, insbesondere Gesellschaftsorgane, die die Gesellschaft nach außen vertreten. Ebenso werden grundsätzlich auch ein Gesamthandsvermögen gefordert sowie die Begründung von Gesellschaftsverbindlichkeiten gem. § 718 BGB. Allerdings können die beiden letzten Voraussetzungen abbedungen werden,[299] so dass konstitutiv nur die Merkmale des Auftretens nach außen und das hierfür notwendige Maß an Organisation sind. Nach weit verbreiteter Ansicht ist es sogar zwingende Voraussetzung für das Entstehen einer Innengesellschaft die Rechtsmacht, mit Wirkung für die Gesellschaft nach außen rechtsgeschäftlich zu handeln, entgegen § 714 BGB auszuschließen.[300]

Der Allianzvertrag sieht eine ausdifferenzierte Organisation vor. Diese zeichnet sich durch eine besonders strenge Hierarchie aus, deren oberstes Gremium, das ALT, im Falle der Einstimmigkeit sogar den Allianzvertrag als Gesellschaftsvertrag ändern kann. Das ALT, in dem alle Parteien/Gesellschafter vertreten sind, kann daher als eine Art Gesellschafterversammlung gesehen werden. Das AMT hingegen, das das tägliche Geschäft leitet und dessen Vorsitz der Allianz Manager innehat, fungiert ähnlich wie die Geschäftsführung. Diese ist beim Allianzvertrag so geregelt, dass der Allianz Manager eine gewisse eigene Entscheidungskompetenz hat, in allen übrigen Fällen aber eine gemeinsame Entscheidung der gesamten Geschäftsführung herbeiführen muss. In einigen besonderen Fällen, insbesondere bei Änderungen des Allianzvertrages, bedarf es der Zustimmung des ALTs. Die Organisation des Allianzvertrages wäre daher durchaus mit der einer gewöhnlichen GbR zu vergleichen, sieht man im ALT die Vertretung der Gesellschafter und im AMT die Geschäftsführung angeführt vom Allianz Manager.[301]

Die Allianz bildet kein Gesamthandsvermögen und damit kein Gesellschaftsvermögen. Die Allianzparteien/Gesellschafter leisten keine Einlagen (Grundstücke, Geld etc.) noch erwirbt die Allianz als solche rechtsgeschäftlich Gegenstände zum Gesamthandsvermögen. Ebenso werden keine Verbindlichkeiten oder Forderungen im Namen der Allianz eingegangen. Auch die Vergütungsregelung schafft kein Gesellschaftsvermögen. Die Vergütung I (direkte Kosten) wird direkt an das Unternehmen gezahlt, bei dem die Kosten entstanden sind. Die Vergütung II und III werden ebenfalls nach bestimmten Vorgaben prozentual an die verschiedenen Unternehmen verteilt. Dies geschieht aber nicht,

---

298 MünchKommBGB/Ulmer § 705, Rdnr. 253.
299 Zur Unschädlichkeit des Fehlens des Gesellschaftsvermögens, vgl. MünchKommBGB/Ulmer § 705, Rdnr. 280.
300 Palandt/Sprau, § 705, Rdnr. 33 mwN.
301 Hierzu mehr in Kap. CIId)(1).

indem der Betrag zunächst an die Allianz GbR ausgezahlt und anschließend verteilt wird. Vielmehr zahlt der Eigentümer und Bauherr die anteilige Summe direkt an die Unternehmen. Die Allianz soll gerade nicht als Gesellschaft fungieren, sondern ist ein Zusammenschluss, um gemeinsam das Projekt durchzuführen. Der Allianzvertrag bildet daher kein Gesamthandsvermögen, dieses ist aber wie bereits gesehen auch nicht konstitutiv für eine Außengesellschaft.[302] Nach ganz herrschender Meinung[303] soll es vielmehr möglich sein, entweder das Gesellschaftsvermögen als Bruchteilseigentum zu halten oder auf Gesellschaftsvermögen ganz zu verzichten.

Die Allianz verzichtet komplett auf die Bildung von Gesamthandsvermögen. Eine Einbringung von Sachen oder Grundstücken gem. § 706 BGB zu Eigentum der Allianz GbR ist nicht vorgesehen.

Gebrauchsüberlassung des Grundstücks

Der Eigentümer des Grundstücks muss dieses in irgendeiner Form der Allianz zum Gebrauch zur Verfügung stellen. Dies ist durch Gebrauchsüberlassung als eine Art der Einbringung gem. § 706 BGB möglich. Ebenso können Mietverträge mit der Gesellschaft oder den Gesellschaftern abgeschlossen werden. Üblich ist aber die Gebrauchsüberlassung als Einbringung. Dabei wird nicht die Substanz also der Wert der Sache oder das Eigentum verschafft, sondern nur deren Gebrauch im Umfang des Gesellschaftszwecks ermöglicht.[304] Rechtsgrund für die Überlassung ist dabei, auch wenn es einer Miete ähnelt, der Gesellschaftsvertrag unmittelbar. Im Unterschied zur Einbringung als Eigentum behält der Bauherr die Sachgefahr und bleibt veräußerungsbefugt. Er bleibt Eigentümer der Sache. Im Allianzvertrag wird der Umfang der Nutzung (zur Bebauung) bestimmt. Auch hierdurch entsteht der Gesellschaft kein Gesellschaftsvermögen.

Letztlich ist daher für die Qualifizierung als Außen- oder Innengesellschaft entscheidend, ob die Gesellschaft als solche nach außen auftritt, mithin die Teilnahme der GbR am Rechtsverkehr durch die für sie handelnden Organe.

Die Parteien des Allianzvertrages treten dabei grundsätzlich nicht als Vertreter einer „Allianz GbR" auf, dies wird ihnen im Allianzvertrag explizit untersagt.[305] Vielmehr wollen Sie eigentlich gar keine Gesellschaft sein, sondern nur gemeinsam das Projekt abwickeln. Anders als eine klassische ARGE sind sie auch nicht Vertragspartner des Eigentümer und Bauherrn. Dieser ist vielmehr selbst auch Allianzpartei. Daher sollte die Allianz darauf bedacht sein, keine

---

302 MünchKommBGB/Ulmer § 728, Rdnr. 10.
303 RGZ 80, 268, 271; 92, 341, 342; 142, 13, 20; OLG München NJW 1968, 1384, 1385.
304 MünchKommBGB/Ulmer § 706, Rdnr. 13.
305 Myers, James: Alliancing Contracting: A Potpourri of proven Techniques for successful Contracting, S.60; Übersetzung in Horvath, Günther: Juristische Schlüsselfragen bei Allianzverträgen, Aufteilung des Kostenrisikos S. 72.

Verträge im Namen der Gesellschaft zu schließen. So bliebe sie Innengesellschaft und hätte keine eigene Rechtspersönlichkeit.

Subunternehmer

Normalerweise bereiten in diesem Zusammenhang Subunternehmer ein Problem, da mit diesen Verträge eingegangen werden müssen. Beim Allianzvertrag werden diese aber entweder selbst Partei des Allianzvertrages und damit Gesellschafter oder sie treten nur in einen schuldrechtlichen Subunternehmervertrag mit einer Partei der Gesellschaft ein. Sie werden aber niemals Vertragspartner einer Allianz GbR, im Sinne eines zweiseitigen Schuldverhältnisses.[306]

Mietverträge

Die Allianz GbR muss es auch vermeiden, Mietverträge für Büros oder Maschinen in eigenem Namen abzuschließen. Dies ist auch gar nicht nötig. Anders als bei gewöhnlichen Bauverträgen werden alle direkten Kosten, die den Parteien entstehen, im Rahmen der Vergütung I ersetzt. Es spielt daher keine Rolle, wer den entsprechenden Mietvertrag abschließt, da die Partei letztlich finanziell keine Einbußen zu erwarten hat. Solange die Allianz GbR keine Verträge in eigenem Namen abschließt, tritt sie am Markt nicht auf. Es müssen alle Verträge, insbesondere Beraterverträge, Mietverträge, Subunternehmerverträge etc. immer nur mit einer oder mehreren Vertragsparteien geschlossen werden, nie aber im Namen der Allianz.

Die Allianz sollte sich aus diesem Grund auch keinen eigenen Namen geben. Die Allianzparteien dürfen sich maximal auf dem Briefkopf eines Hinweises bedienen, der von der handelnden Firma „räumlich" deutlich getrennt ist und der somit den Charakter als rechtlich unselbständige Kooperation verdeutlicht, wie etwa „in Kooperation/Allianz/Zusammenarbeit mit…".[307]

Entscheidet sich die Allianz GbR aber dafür, in eigenem Namen Verträge abzuschließen, so ist sie unweigerlich eine Außengesellschaft, da sie die charakteristischen Merkmale einer Gesellschaft bürgerlichen Rechts erfüllt und am Markt als solche auftritt.

Führt die Bietergemeinschaft zu einem anderen Ergebnis?

Problematisch könnte in diesem Zusammenhang die Stellung der Parteien sein, bevor der Allianzvertrag geschlossen wird. Wie bereits in Kap. BIX2 beschrieben, gibt es bei Allianzverträgen zwei Arten der Ausschreibung: die Team- und die Einzelausschreibung. Bei der Einzelausschreibung entsteht insoweit kein Problem, da jeder Bereich einzeln ausgeschrieben wird und sich die Parteien

---

306 Vgl. hierzu Kap. CI3b) und (4)d).
307 Vgl. Hartung, Wolfgang: Sozietät oder Kooperation, AnwBl 1995, 333, 337; Eusani, Guido, Eusani, Renato: Projektübergreifende Kooperation bei Ingenieuren und Architekten, NZBau 2008, 551, 554.

einzeln für das Projekt bewerben. Erst mit Abschluss des Allianzvertrages oder eines Interimsvertrages wird aus den einzelnen Bewerbern eine Gesellschaft geformt.

Die Teamausschreibung sieht hingegen vor, dass sich die Parteien bereits vorher zu einer Bietergemeinschaft zusammenschließen und sich für ein Projekt gemeinsam bewerben. Letztlich schließen sich hier verschiedene Gesellschaften/Kaufleute zusammen, um einen gemeinsamen Zweck (Erhalt des Bauauftrages) zu verfolgen und fördern diesen auch durch gemeinsame Beiträge.[308] Sie treten auch gemeinsam unter einem eigenen Namen am Markt auf, da sie sich um ein Projekt bewerben und sicherlich auch mit Beratern und anderen Dritten im Namen der Bietergemeinschaft Verträge abschließen. Zu diesem Zeitpunkt besteht schließlich auch noch kein Allianzvertrag. Die Bietergemeinschaft ist daher eine zeitlich begrenzte Außengesellschaft, die sich mit Erreichen des Zwecks gem. § 726 BGB auflöst. Entweder die Bietergemeinschaft erhält den Zuschlag oder er wird einem anderen zugeteilt. So oder so ist der Zweck zu diesem Zeitpunkt erreicht und die Gesellschaft wird aufgelöst. Anschließend wird entweder mit dem Bauherrn ein Allianzvertrag und damit eine Allianz GbR geformt oder es bleibt bei der Auflösung. Sollte es zum Abschluss eines Allianzvertrages kommen, so ist dieser aber, selbst wenn die Parteien nahezu identisch bleiben,[309] ein völlig neuer Vertrag mit einem neuen Zweck. Jetzt ist Zweck nicht mehr die Erlangung des Zuschlages, sondern die Durchführung des Projekts. Es handelt sich nicht um eine Weiterführung der Bietergesellschaft.[310] Auch hieraus kann daher keine Stellung der Allianz als Außengesellschaft abgeleitet werden.

Die Allianz hat es aus diesen Gründen selbst in der Hand, durch die Ausgestaltung des Allianzvertrages und Auftreten der Gesellschafter eine Außengesellschaft oder eine Innengesellschaft zu sein.

(e) Innengesellschaft

Die Innengesellschaft ist anders als die Außengesellschaft gesetzlich nicht geregelt. Typische Merkmale einer Innengesellschaft, die nur vorliegen kann, wenn keine Außengesellschaft besteht, sind daher auch zwei Negativ-Merkmale, die gerade bei der Außengesellschaft vorliegen müssen. Diese beiden Merkmale sind zum einen die „Nichtteilnahme der Gesellschaft am Rechtsverkehr" und dementsprechend das Fehlen von Vertretungsregelungen im Gesellschaftsvertrag, zum anderen der Verzicht auf die Bildung von Gesamthandsvermögen. Beide Merkmale hängen in gewisser Weise auch zusammen, da die Begründung

---

308 Heiermann/Riedl/Rusam; Handkommentar zur VOB, 11. Auflage, Einf. Zu A § 8 Rdnr. 11-14.
309 Jetzt kommt der Bauherr hinzu.
310 So auch Wolff zur ARGE in: Messerschmidt/Voit – Wolff Teil D, Rdnr. 45.

von Gesamthandsvermögen Rechtsgeschäfte mit der Gesellschaft bzw. Verfügungen an diese voraussetzt.[311]

Zwar ist es denkbar, dass alle Parteien einmal zusammen nach außen handeln, aber dann dürfen Sie nicht als Gesellschafter, sondern nur als Gemeinschafter gem. §§ 741 ff. BGB handeln, wenn sie den Charakter der Innengesellschaft behalten wollen.[312] Sie handeln dann im eigenen Namen aber auf Rechnung der Gesellschaft. Möglich wäre auch, über die Konstruktion einer mittelbaren Stellvertretung aufzutreten. Die Allianzparteien ermächtigen dann im Innenverhältnis eine Partei, einen Vertrag, allerdings nur in seinem Namen, zu schließen. Gleichzeitig verpflichten sich alle Parteien untereinander, für den Vertrag einzustehen. Durch diese Konstruktion wird allein der mittelbare Stellvertreter der verdeckten Gesellschafter berechtigt und verpflichtet.[313] Die Übertragung auf die übrigen Allianzparteien erfolgt durch (antizipierte) Abtretung oder Übereignung. Es entsteht keine Außengesellschaft, da nicht in ihrem Namen aufgetreten wird.

(f) Formbedürftigkeit

Formbedürftig ist ein Vertrag zur Gründung einer GbR grundsätzlich nicht. Ausnahmen sind jedoch überall dort zu finden, wo das Gesetz eine bestimmte Form vorschreibt, wie z.b. in § 311b BGB und § 518 BGB. Insbesondere der § 311b BGB käme hier in Betracht, da das Projekt stets auf einem Baugrund errichtet werden wird. Allerdings ist beim Allianzvertrag zu beachten, dass der Bauherr seine Stellung als Eigentümer nicht verliert, sondern er das Grundstück nur zum Gebrauch überlässt. Insoweit bestehen keine Unterschiede zu einem gewöhnlichen Bauvertrag. Der Bauherr bleibt Eigentümer des Grundstückes, auf dem das Projekt entsteht. Er bringt es nicht in die Allianz zu Eigentum ein. Daher ist eine notarielle Beurkundung gem. § 311b BGB nicht erforderlich.[314]

Ebenso ist die Schriftform in den §§ 705 ff. BGB an sich nicht vorgeschrieben, wobei ein Allianzvertrag natürlich stets in Schriftform abzufassen und mit einer (doppelten/qualifizierten) Schriftformklausel versehen werden sollte. Diese soll verhindern, dass durch mündliche Abreden der Gesellschaftsvertrag geändert werden kann. Bei einer einfachen Schriftformklausel könnten die Gesellschafter auch diese mündlich aufheben, was insbesondere die Gefahr der

---

311 BGHZ 12, 308, 314; 126, 226, 234; MünchKommBGB/Ulmer § 705, Rdnr. 275 f.
312 RGZ 82, 10 ff.
313 Palandt/Sprau; Einf v § 164, Rdnr. 6; Zur Existenz der mittelbaren Stellvertretung im angelsächsischen Recht vgl. Heister, Peter: Die Undisclosed Agency des Anglo-Amerikanischen Rechtes / Aspekte zur sogenannten mittelbaren Stellvertretung des Deutschen Rechtes unter besonderer Berücksichtigung des obligatorischen Geschäfts für den, den es angeht, S. 6 ff., 1980; Bonn, Univ., Diss.
314 Es greift noch nicht einmal die Formvorschrift des § 550 BGB, vgl. MünchKommBGB/Ulmer § 706, Rdnr. 13.

konkludenten Aufhebung der Schriftformklausel birgt. Die „doppelte Schriftformklausel" macht dagegen jede mündliche Vereinbarung unwirksam, da die Klausel auch für die Aufhebung der Formabrede ausdrücklich die Schriftform vorsieht.[315] Allerdings sei hier auf die Problematik hingewiesen, dass sowohl die Literatur als auch der BGH für eindeutig gefasste Beschlüsse, die der Schriftformklausel nicht genügen, diese die Beschlüsse dennoch als wirksam erachten, wenn die Schriftformklausel nur Beweiszwecken bzw. der Klarstellungsfunktion dient. Dann nämlich, wenn ein eindeutiger Beschluss vorliegt, wäre diese Beweisfunktion obsolet und die Schriftformklausel hätte nur deklaratorischen Charakter.[316] Anders ist dies, wenn die Schriftformklausel zumindest auch dem Übereilungsschutz dient, dann hilft diese Rechtsprechung nicht über den Formmangel hinweg.[317] Zudem hat der BGH entschieden, dass für Mehrheitsbeschlüsse die Protokollierung der Schriftform genügen kann, wenn die Schriftform einfach gehalten ist, da auch hier die Protokollierung dem Beweiszweck der Schriftformklausel genüge tut.[318]

Dennoch sollte eine qualifizierte Schriftformklausel aufgenommen werden, um zumindest einen gewissen Schutz zu bieten. Sonst sind die Parteien immer der Unsicherheit ausgesetzt, dass Beschlüsse auftauchen, von denen sie nichts oder nichts mehr wussten. Wie bereits oben dargestellt, können Änderungen des Allianzvertrages nur durch das ALT erfolgen. Dessen Sitzungen werden stets protokolliert und Änderungen daher schriftlich erfasst. Das Protokoll ist von allen Parteien zu unterschreiben, um der Schriftform zu genügen.[319] Der MV ARGE sieht in § 6.8 einen noch stärkeren Schutz vor und verlangt eine schriftliche Zustimmungserklärung aller Gesellschafter. Er stellt dabei fest, dass eine unterschriebene Niederschrift nicht genügt. Auch diese sehr strenge Schriftformklausel kann im Allianzvertrag verwendet werden, hat aber nahezu dieselben Schwächen wie die doppelte Schriftformklausel auch.

(g) Typengesetzlichkeit

Die Typengesetzlichkeit ist ein Problem der Gestaltungsfreiheit. Dahinter steht die Frage, inwieweit von den gesetzlich definierten aber dispositiven Vorgaben abgewichen werden darf bzw. wo die Grenzen der Gestaltungs- und Vertragsfreiheit im Gesellschaftsrecht sind. Insbesondere das öffentliche Interesse, der Verkehrsschutz und der Schutz der Beteiligten können die Privatautonomie ein-

---

315 BGH 66, 378; BFH BB 92, 51; BAG NJW 03, 3726.
316 BGH NJW 1964, 1269, 1270; BGHZ 49, 364, 365 ff.
317 MünchKommBGB/Einsele § 125, Rdnr. 69 f.
318 BGH 66, 86 f.
319 Bei Mehrheitsbeschlüssen soll nach BGH schon die Protokollierung alleine ausreichen BGH 66, 82.

schränken.[320] Das Problem der Typengesetzlichkeit soll später diskutiert werden, wenn es an die Untersuchung der einzelnen Klauseln geht.

(h) Zusammenfassung

Es liegt daher vor allem an der Ausgestaltung des Allianzvertrages und der Disziplin der Gesellschafter, ob die Allianz eine Innengesellschaft oder eine Außengesellschaft ist. Je nach vertraglicher Gestaltung kommt der Allianz GbR dann eine eigene Rechtspersönlichkeit zu oder nicht. Ausgeschlossen ist es, die Allianz als reinen Austauschvertrag zu sehen. Es sprechen zu viele Gründe gegen eine solche Einordnung. Insbesondere der starke gemeinschaftliche Charakter, der den Allianzvertrag prägt und sich durch alle Klauseln zieht, lässt eine Einordnung als reinen schuldrechtlichen Austausch- oder Leistungsvertrag nicht zu.

Die Gefahr, die von der, vom Projekt unabhängigen, gesamtschuldnerischen Haftung ausgeht, ist eines der Motive keine Außengesellschaft zu gründen. Ebenso die Probleme der Vertretungsmacht der Gesellschafter bei der Außengesellschaft machen diese für die Allianz unattraktiv, zumal sie der Allianz keine Vorteile bringt. Letztlich muss auch in Erwägung gezogen werden, dass die Allianz aus guten Gründen so wenig Gesellschaft wie möglich sein will. Dem Grunde nach will sie nur ein Projekt schaffen. Dieses Ergebnis erzielt sie am besten auf der Grundlage der Innengesellschaft.

Die Allianz ist damit, wenn die Parteien dies wollen und der Vertrag dementsprechend gestaltet wurde, eine Gesellschaft bürgerlichen Rechts, in Form der Innengesellschaft. Probleme bei der Rechtsform können sich aber ergeben, wenn die Parteien die Form der Außengesellschaft wählen und damit der Allianz eine eigene Rechtsfähigkeit geben. Dann könnte aus der GbR eine OHG werden.

(5) *Offene Handelsgesellschaft*

Wenn die Allianz eine Außengesellschaft als Gesellschaftsform wählt, so ist fraglich, ob es sich dann nicht um eine OHG handelt. Sollte der Allianzvertrag objektiv eine OHG begründen, so wird er als solche behandelt. Ein auf die Gründung einer BGB-Gesellschaft gerichteter Parteiwille und ausdrückliche vertragliche Regelungen, wonach die Gesellschafter sich zu einer BGB-Gesellschaft zusammenschließen, vermögen aufgrund des Rechtsformzwanges der §§ 105 ff. HGB hieran nichts zu ändern. Eine solche Erklärung wäre unbeachtlich.[321]

---

320 Schmidt, Karsten: Gesellschaftsrecht, 4. Auflage, 2002, S. 109 ff.
321 Baumbach/Hopt, HGB, 32. Aufl. (2006), § 105 Rdnr. 7; Mantler: Münchner Handbuch des Gesellschaftsrechts, Band 1, 2. Auflage (2004), §§ 515 ff. Rdnr. 25.

Durch die Entscheidung des BGH zur Rechtsfähigkeit der Außengesellschaft bürgerlichen Rechts wurde die (Außen-)GbR der OHG weitestgehend angenähert. Unterschiede finden sich noch in der Registerpflicht der OHG gem. § 106 HGB, dem Recht der Handelsgeschäfte gem. §§ 6 Abs. 1, 343 ff. HGB sowie den Buchführungspflichten gem. §§ 238 ff. HGB. Insbesondere letztere sind in der Praxis, gerade bei der ARGE, als lästig empfunden worden.[322]

Die Unterscheidung zwischen einer GbR und einer OHG wird anhand des Begriffs des Handelsgewerbes erörtert. Gem. § 105 HGB ist eine OHG eine Gesellschaft, deren Zweck auf den Betrieb eines Handelsgewerbes unter gemeinschaftlicher Firma gerichtet ist, wenn bei keinem der Gesellschafter die Haftung gegenüber den Gesellschaftsgläubigern beschränkt ist. Die Definition gleicht daher in weiten Teilen der GbR in § 705 BGB. Die OHG hat nur noch das zusätzliche Merkmal des Handelsgewerbes. Gem. § 1 HGB ist ein Handelsgewerbe jeder Gewerbebetrieb, es sei denn, dass das Unternehmen nach Art oder Umfang einen in kaufmännischer Weise eingerichteten Geschäftsbetrieb nicht erfordert.

Daher sind letztlich zwei Merkmale entscheidend für die Abgrenzung GbR und OHG. Es muss ein Gewerbe vorliegen und dieses muss einen in kaufmännischer Weise eingerichteten Geschäftsbetrieb erfordern.

(a) Gewerbe

Als Gewerbe bezeichnet man im Allgemeinen eine berufsmäßige und selbständige - aber nicht künstlerische, wissenschaftliche oder freiberufliche – von der Absicht dauernder Gewinnerzielung getragene Tätigkeit.[323] Ein problematischer Punkt bei Allianzverträgen ist, dass dieser nur auf die Durchführung eines einzigen Projektes gerichtet ist. Anders als ein typischer Gewerbebetrieb, der seine Leistungen fortgesetzt an eine Vielzahl von Kunden erbringt, ist die Allianz nur auf Durchführung eines Projektes gerichtet und erbringt Leistungen nur im Innenverhältnis und nicht gegenüber Dritten. Die Rechtsprechung zum Gewerbebegriff ist in diesem Punkt unübersichtlich und wenig ausdifferenziert.[324] Allerdings hat das OLG Dresden mit Beschluss vom 22. August 2001[325] für die ARGE entschieden, dass diese eine OHG seien kann und in den meisten Fällen wohl auch ist. Dahin geht auch die heute herrschende Meinung. Die ARGE bündelt die gewerblichen Tätigkeiten ihrer Gesellschafter und wird erst recht gewerblich tätig. Die Regelungsmaximen des Handelsrechts – Selbstverantwortlichkeit, Vereinfachung, Beschleunigung, Publizität, Vertrauensschutz –

---

322 Messerschmidt/Voit – Wolff Teil D, Rdnr. 60.
323 BGHZ 33, 321, 325; 49, 258, 260; 53, 222, 223; 63, 32, 33; 66, 48, 49; 74, 273, 276; 83, 382, 286.
324 Messerschmidt/Voit – Wolff Teil D, Rdnr. 61.
325 OLG Dresden BauR 2002, 1414 ff.

gebieten seine Anwendung auf die ARGE ebenso wie auf ihre Mitglieder.[326] Die herrschende Meinung verlangt für die Gewerbeeigenschaft zwar eine dauerhafte Tätigkeit, hiermit ist aber keine unbefristete Tätigkeit gemeint. Vielmehr kann auch befristetes Handeln die Gewerbeeigenschaft erfüllen.[327] Schon das Reichsgericht hat festgestellt, dass die Dauerhaftigkeit nicht etwas Bestimmtes, sondern vielmehr etwas Verhältnismäßiges ist.[328] Diese relativierende Ansicht lässt die ARGE durchaus als Gewerbe erscheinen, insbesondere dann, wenn es um Großprojekte geht, deren Durchführung oft Jahre dauert.[329]

Die Gegenansicht sieht in der ARGE weiterhin eine BGB-Gesellschaft. Für die Erfüllung des Gewerbebegriffs müssten kumulativ eine selbständige Tätigkeit, eine anbietende und planmäßige Tätigkeit am Markt und eine entgeltliche Tätigkeit (Gewinnerzielungsabsicht) gegeben sein.[330] Bestünden schon Zweifel an der Erfüllung des Kriteriums der Nachhaltigkeit, so bestehen erst Recht Zweifel daran, ob die Bau-ARGE eine „anbietende Tätigkeit am Markt" erbringt. Es fehle, da die ARGE nur für ein Projekt errichtet wird, an der notwendigen Verselbständigung zu einem auf Dauer angelegten Betrieb.[331] Das Ende der ARGE ist mit der Gründung bereits konkret absehbar und weitere Aufträge will die Bau-ARGE gewöhnlich auch nicht übernehmen. Konsequenz dieser Ansicht ist, dass die ARGE rechtlich als BGB-Gesellschaft einzuordnen ist und als nicht-gewerbliche Personengesellschaft nach § 105 Abs. 2 HGB nicht eintragungspflichtig aber eintragungsfähig ist.[332]

Diese Argumentation kann auf die Beurteilung der Allianz übertragen werden. Tritt die Allianz als solche unter eigenem Namen nach außen auf – schon das ist Grundlage für eine (Außen-)GbR und auch für das Handelsgewerbe – so ist sie in den meisten Fällen wohl ebenso wie die ARGE eine OHG. Da Allianzprojekte größtenteils Groß- und Infrastrukturprojekte sind, ergeben sich auch kaum Probleme mit der Dauerhaftigkeit. Sinn und Zweck der Eröffnung des Handelsrechts liegt insbesondere in der größeren Selbstverantwortlichkeit des Kaufmanns, in den Instrumenten der Vereinfachung und Beschleunigung des Geschäftsverkehrs und in der gesteigerten Publizität sowie im höheren Vertrau-

---

326 Messerschmidt/Voit – Wolff Teil D, Rdnr. 67; vgl. OLG Dresden BauR 2002, 1414, 1416 f.
327 Joussen, Edgar: Das Ende der ARGE als BGB-Gesellschaft?, BauR 1999, 1063, 1069.
328 RGZ 66, 48, 51.
329 Joussen, Edgar: Das Ende der ARGE als BGB-Gesellschaft?, BauR 1999, 1063, 1070.
330 Schmidt, Karsten: Handelsrecht, 5.Auflage (1999), 67, 279 ff.
331 Schmidt, Kartsen: Die Arbeitsgemeinschaft im Baugewerbe: als OHG eintragungspflichtig oder eintragungsfähig? DB 2003, 703, 707.
332 Thierau, Thomas; Messerschmidt, Burkhard: Die Bau-ARGE – Teil 1: Grundstrukturen und Vertragsgestaltung, NZBau 2007, S. 131.

ensschutz. Die Allianz betreibt, ebenso wie die ARGE, kein gelegentliches Geschäft, sondern bündelt die gewerblichen Tätigkeiten ihrer Gesellschafter.[333]

Die Allianz ist daher, wenn sie als Außengesellschaft in Erscheinung tritt, ein Gewerbebetrieb.

(b) In kaufmännischer Weise eingerichteter Geschäftsbetrieb

Ob ein Gewerbebetrieb Handelsgewerbe ist, unterscheidet sich danach, ob es eines in kaufmännischer Weise eingerichteten Geschäftsbetriebes bedarf: § 1 HGB. Dies ist, ebenso wie das Vorliegen eines Gewerbes, rein objektiv zu beurteilen.[334] Beispiele kaufmännischer Einrichtung sind insbesondere: die kaufmännische Buchführung, Inventarisierung und Rechnungslegung.[335] Eine gewöhnliche ARGE bedarf daher, da ARGEn zumeist bei Großprojekten geschlos-geschlossen werden, einer kaufmännischen Einrichtung.[336]

Das OLG Frankfurt a.M. hat für eine Bau-ARGE, die, soweit es um die Beurteilung des Gewerbebegriffs und der kaufmännischen Einrichtung geht, mit der Allianz verglichen werden kann, drei wesentliche Merkmale aufgelistet, die zur Beurteilung als OHG führten:[337]

- Abwicklungsdauer des Bauvorhabens zehn Jahre,
- Umfang der Schlussrechnung 18 Leitzordner,
- Eigenes Baubüro mit komplettem Bürobetrieb.

Das OLG hatte zu beurteilen, ob die von der klagenden ARGE bei der Kammer für Handelssachen eingereichte Klage in deren funktionale Zuständigkeit fällt. Das OLG führt aus, es liege „eindeutig" ein Handelsgeschäft im Sinne von § 95 Abs. 1 Nr. 1 GVG vor, da der Zusammenschluss von Kaufleuten nichts an der Eigenschaft des geschlossenen Vertrages als „Handelsgeschäft" ändere und zudem die ARGE selbst wie ein kaufmännisches Handelsunternehmen tätig sei.[338]

Alle drei Merkmale wären bei einer klassischen Allianz erfüllt, da die Allianz hauptsächlich bei der Durchführung von Groß- und Infrastrukturprojekten

---

333 Zur Vertiefung für die ARGE siehe: Joussen, Edgar: Das Ende der ARGE als BGB-Gesellschaft?, BauR 1999, 1063 ff.
334 Messerschmidt/Voit – Wolff Teil D, Rdnr. 71.
335 MünchKommHGB/Schmidt § 1, Rdnr. 70.
336 Scheef, Hans-Claudius: Das Außenkonsortium der Anlagenbauer als OHG? – Konsequenzen aus OLG Dresden (- 2 U 1928/01 -) und KG Berlin (- 29 AR 54/01 -); BauR 2004, 1079, 1084.
337 Thierau, Thomas; Messerschmidt, Burkhard: Die Bau-ARGE – Teil 1: Grundstrukturen und Vertragsgestaltung, NZBau 2007, S.130.
338 Thierau, Thomas; Messerschmidt, Burkhard: Die Bau-ARGE – Teil 1: Grundstrukturen und Vertragsgestaltung, NZBau 2007, S.131; OLG Frankfurt a.M. NZBau 2005, 590; vgl. ebenso LG Berlin, Beschl. v. 14.2.2005 – 29 OH 5/04.

zum Einsatz kommt.[339] Auch hier kann von der ARGE auf die Allianz geschlossen werden. Die Allianz wird objektiv betrachtet wohl zumeist eines kaufmännischen Geschäftsbetriebes bedürfen, da solche Großprojekte sonst nicht durchführbar wären. Auch bei der Allianz handelt es sich um einen Zusammenschluss von Kaufleuten, die durch den Allianzvertrag in einer Gesellschaft zusammenwirken.

Im Mustervertrag zur ARGE 2005 wurde zwar unter § 2.5 der Hinweis aufgenommen, dass die Bau-ARGE keinen nach § 1 Abs. 2 HGB eingerichteten Geschäftsbetrieb unterhält. Ebenso wurde in die Präambel des MV ARGE 2005 die ARGE ausdrücklich als Gesellschaft bürgerlichen Rechts bezeichnet. Aufgrund des oben dargestellten Rechtsformzwanges hat dieser Hinweis aber keinerlei rechtliche Auswirkungen auf die Beurteilung der Gesellschaftsform.

c) Gemeinschafter gem. § 741 BGB

Erwähnt sei hier noch, dass eine Rechts- (bzw. Bruchteils-) Gemeinschaft nach § 741 BGB von voneherein nicht in Betracht kommt. Die Gesellschafter werden nicht Miteigentümer des zu bebauenden Grundstücks und es besteht mit dem Allianzvertrag auch ein „auf die Verfolgung eines gemeinsamen Zweckes gerichteter Vertrag, dessen Fortbestand über die einzelnen zwischenzeitlich durchgeführten Förderungsmaßnahmen hinausreicht".[340] Dies sind aber wesentliche Unterscheidungsmerkmale zwischen einer Gemeinschaft und einer GbR. Der Allianzvertrag besteht vor, während und nach der Bauphase fort. Erst nach Abwicklung des Projekts wird er aufgelöst.

Fazit

Die Allianz, sofern sie als Außengesellschaft auftritt, wäre daher keine GbR, sondern vielmehr eine OHG, da sie ein Handelsgewerbe betreiben würde. Die Eintragung ins Handelsregister ist nicht konstitutiv, sondern rein deklaratorisch und damit keine Voraussetzung für das Entstehen einer OHG.[341]

4. Ergebnis

Zusammenfassend ist zu sagen, dass die Allianz alles unternehmen sollte, um nicht unter eigenem Namen am Markt tätig zu werden. Sie wäre ansonsten eine OHG mit all ihren Pflichten und Folgen, die durch die Anwendung des HGB entstehen. Insbesondere die höhere Vertrauensstellung, die das HGB vermittelt und weitreichende Buchführungspflichten liegen nicht im Interesse der Allianz. Die Rechtsform der OHG hat für die Allianz auch keinerlei Vorteile. Generell

---

339 Vgl. Kap. BXI Anwendungsbereiche von Allianzverträgen.
340 MünchKommBGB/Ulmer vor § 705, Rdnr. 125.
341 MünchKommHGB/Langhain § 106 Rdnr. 9.

gilt bei der Allianz, je weniger Gesellschaftsrecht desto besser. Zweck der Allianz ist, wie bereits beschrieben, die Durchführung eines Projekts. Die Entstehung einer Gesellschaft ist eher eine ungewünschte Nebenerscheinung.

Der Allianzvertrag sollte daher alles vermeiden, was die Allianz zu einem Auftreten am Markt unter eigenem Namen veranlassen kann. Dies sollte durch eine Sperr- oder Verbotsklausel im Allianzvertrag sichergestellt werden. Es dürfen stets nur einzelne Parteien Verträge mit Dritten und dann nur in eigenem Namen abschließen. Auch muss beim Entwerfen des Vertrags aufgepasst werden, dass Mietverträge für Büros, Verträge über die Anmietung von Gerätschaften, Rohstofflieferverträge, Subunternehmerverträge etc. nie mit der Allianz als solcher, sondern stets nur mit einer Partei und in deren Namen abgeschlossen werden. Die Kostentragung ist unproblematisch, da über die Vergütung I die direkten Kosten sowieso erstattet werden. Es ist daher z.B. egal, wer die Räumlichkeiten für ALT, AMT usw. anmietet, da die Kosten hierfür direkte Kosten und somit erstattungsfähig sind. Gegebenenfalls kann dies im Allianzvertrag für einzelne Posten klargestellt werden. Alternativ muss sich die Allianz der mittelbaren Stellvertretung bedienen.

Probleme mit dem Außenauftritt können aber auch bei der Finanzierung entstehen, da es den Banken und Geldgebern stets lieber ist, das Insolvenzrisiko dadurch zu vermindern, indem mehrere Schuldner eingesetzt werden. Den Banken ist daher die Allianz als Schuldner lieber, da sie von einer Vielzahl von Unternehmen getragen wird, als einzelne Unternehmen oder der Bauherr alleine. Aber auch hier muss darauf geachtet werden, dass die Allianz nicht unter ihrem Namen auftritt.

Tritt die Allianz dennoch am Markt unter eigenem Namen auf, sei es durch Unachtsamkeit oder auf Wunsch der Parteien, so wird sie OHG und ist registerpflichtig. In einem solchen Fall helfen, wie bereits gesehen, auch keine Vertragsklauseln, die die Entstehung einer OHG ablehnen. Es gilt der automatische Rechtsformzwang. Ob ein Unternehmen gewerblich handelt und ob ein in kaufmännischer Weise eingerichteter Gewerbebetrieb notwendig ist, bestimmt sich, wie gesehen, rein objektiv.

Die Allianz ist, wie dargestellt, bei sorgfältiger Vertragsgestaltung eine Innengesellschaft bürgerlichen Rechts. Die Gesellschaft wird allerdings nicht durch ihre gesellschaftsrechtliche Verbindung geprägt, sondern ist werkvertraglich dominiert. Projektmanagement und Bauerrichtung stehen im Vordergrund.[342]

---

342 Messerschmidt/Voit – Richter Teil D, Rdnr. 311.

II. Vereinbarkeit des Allianzvertrages mit dem deutschen Recht

Der Allianzvertrag ist ein klassischer gemischter Vertrag. Neben starken werkvertraglichen hat der Allianzvertrag auch zahlreiche gesellschaftsrechtliche/kooperative Elemente. Wie in Kap. CI3b)(4)(c) dargelegt, kommt die Kombinationstheorie, die jeden Vertragsteil an dem dafür geltenden Recht messen will, zu gerechteren Ergebnissen als die Absorptionstheorie. Daher ist im Folgenden jede Vertragsklausel an dem für sie geltenden Recht zu überprüfen. Für die weiteren Kapitel dieser Arbeit wird von der Allianz als Innengesellschaft ausgegangen.

1. Bürgerliches Gesetzbuch

Das Bürgerliche Gesetzbuch regelt, neben vielem anderen, das für den Allianzvertrag wichtige Werkvertragsrecht, das allgemeinen Schuldrecht und auch die Gesellschaft bürgerlichen Rechts. Der Allianzvertrag muss sich daher an diesen Vorschriften messen lassen. Im Folgenden sollen sowohl Einzelfragen geklärt werden, als auch ganze Abschnitte des BGB auf Probleme mit den Klauseln des Allianzvertrages untersucht werden.

a) Ausschluss der Haftung

Der Allianzvertrag sieht eine sehr weitgehende Haftungsabrede vor. Er schließt die Haftung für alle Pflichtverletzungen aus, solange sie nicht vorsätzlich geschehen sind.[343] Zudem werden in Allianzverträgen oft Klauseln verwendet, die die vorsätzliche Pflichtverletzung klar definieren, um eine Ausuferung der Haftung zu vermeiden. Ansonsten könnten die Parteien versucht sein, über diese Regelung den Haftungsausschluss zu umgehen.[344]

Diese Klausel umfasst nicht nur vertragliche sondern auch deliktische Ansprüche, was im Allianzvertrag klargestellt werden sollte. Zwar gilt grundsätzlich eine Haftungsregelung im Vertragsverhältnis auch für die konkurrierende Deliktshaftung, soweit dies dem Sinn und Zweck der Abrede entspricht,[345] aber um Unsicherheiten in diesem Punkt zu vermeiden, sollte eine Klarstellung erfolgen.

---

343 Siehe Streitverzichtsklausel in Kap. BVI2.
344 Eine solche Klausel ist bereits in Kap. BVI2 dargestellt worden.
345 BGH NJW 1985, 791; BGHZ 93, 23, 29 = NJW 1985, 794, 796; BGH NJW 1974, 234, 23 = LM § 833 Nr.7; OLG Stuttgart VersR 1993, 192; MünchKommBGB/Grundmann, § 276, Rdnr. 37 und Fn. 69 mwN.

Diese Haftungsabreden könnten gegen § 276 Abs. 3 BGB und AGB-Recht verstoßen. Letzteres soll im nächsten Kapitel diskutiert werden. Nach § 276 Abs. 3 BGB ist im Falle von Individualabreden nur die Haftung für Vorsatz zwingend. Aufgrund von § 278 Satz 2 BGB sogar nur für eigenen Vorsatz. Die Verantwortung für Dritte kann umfassend abbedungen werden.[346]
Der Allianzvertrag sieht grundsätzlich keinen Ausschluss der Haftung wegen Vorsatzes vor. Vielmehr ist diese von dem ansonsten sehr weitgehenden Streitverzicht und Haftungsausschluss ausgenommen. Jedoch präzisiert er den Begriff des „wilful default", also der vorsätzlichen Vertragsverletzung. Solange diese Definition sich im Rahmen der herrschenden Definition vom „Wissen und Wollen der objektiven Tatbestandsmerkmale"[347] hält, ist dagegen nichts einzuwenden. Selbstverständlich ist es den Parteien unbenommen, konkrete Einzelfälle einer vorsätzlichen Schädigung gleichzustellen.

Durch diese Haftungsabrede sind auch die Anspruchsgrundlagen der §§ 280 ff. BGB betroffen. Allerdings sind auch diese dispositiv und können vertraglich eingeschränkt und sogar abbedungen werden. Grenze ist auch hier § 276 Abs. 3 BGB.[348]

b) Der Allianzvertrag als Allgemeine Geschäftsbedingung

Durch die zunehmende Standardisierung der Verträge kommt es immer wieder zu Problemen mit dem AGB-Recht. Da auch der Allianzvertrag durch mindestens zwei sich deckende Willenserklärungen zustande kommt, ist der Anwendungsbereich der AGB-Regelungen gem. §§ 305 ff. BGB grundsätzlich eröffnet.[349] Daher soll untersucht werden, ob die Regelungen des Allianzvertrages AGB darstellen.

(1) Vertragsbedingung

„Vertragsbedingungen sind alle privatrechtlichen Regelungen, die Inhalt des zwischen dem Verwender und seinem Vertragspartner zu schließenden Rechtsgeschäfts sind. Gleichgültig ist dabei, ob es sich um die Festlegung der Hauptleistung oder um Nebenleistungen handelt."[350] Ebenfalls unerheblich für das Vorliegen von Vertragsbedingungen ist der äußere Bezug zum Vertrag. Die Bedingungen können gem. § 305 Abs. 1 Satz 2 BGB sowohl Teil des Hauptvertra-

---

346 MünchKommBGB/Ernst § 278, Rdnr. 50.
347 BGH NJW 1965, 962, 963; MünchKommBGB/Grundmann, § 276, Rdnr. 154 ff.
348 MünchKommBGB/Ernst § 280, Rdnr. 43 ff.
349 BGHZ 99, 374, 376 = NJW 1987, 1634; BGHZ 133, 184, 188 = NJW 1996, 2574, 2575; BGH NJW 2005, 1645, 1646.
350 Pfeiffer: Wolf/Lindacher/Pfeiffer, AGB-Recht Kommentar, § 305 Rn. 7; BGH NJW 1990, 576, 577.

ges sein, als auch gesondert bekannt gemacht sein.[351] Der Allianzvertrag enthält in den einzelnen Klauseln Vertragsbedingungen. Allerdings führt das Vorliegen von Vertragsbedingungen alleine noch nicht zur Anwendbarkeit der AGB-Regelungen.

(2) *Vorformulierung für eine Vielzahl von Verträgen*

Die Vertragsbedingungen müssen gem. § 305 Abs. 1 BGB für eine Vielzahl von Verträgen vorformuliert sein. Dies ist dann der Fall, wenn sie vor Vertragsschluss vollständig formuliert wurden, um dann in eine Vielzahl von Verträgen aufgenommen zu werden.[352] Dies ist beim Allianzvertrag nicht der Fall. Der Allianzvertrag ist ein dem jeweiligen Projekt in sehr starker Weise angepasster Vertrag. Es existiert gerade kein „Standard"-Vertrag, der für alle oder mehrere Verträge genutzt werden kann. Schon die Anzahl der Vertragspartner ist sehr starken Schwankungen unterlegen und der Vertrag bedarf schon deswegen stets Anpassungen. Ebenso ist dies im Bereich der Vergütungsregelungen, die nicht für alle Projekte gleich sein können. Jeder Bauherr hat individuelle Interessen und jedes Projekt unterschiedliche Anforderungen. Der Allianzvertrag ist daher ein in hohem Maße individuell gestalteter Vertrag. Für eine Vorformulierung für eine Vielzahl von Verträgen ist daher kaum Raum. Eine „unveränderte Verwendung"[353] ist nicht möglich.

(3) *Stellen von AGB*

Die vorformulierten Vertragsbestimmungen müssen dazu bestimmt sein, von einer Vertragspartei (Verwender) „gestellt" zu werden. Da Allianzverträge nur in den allerseltensten Fällen mit Verbrauchern geschlossen werden - nur der Bauherr kann hier Privatperson sein – spielt § 310 Abs. 3 Nr. 1 BGB aufgrund der Einsatzgebiete des Allianzvertrages keine Rolle. Sollte dennoch der Bauherr Verbraucher sein, würde das „stellen" fingiert werden. Allianzvertragliche Regelungen sind aber nicht dazu bestimmt, für eine Vielzahl von Verträgen verwendet zu werden. Gerade aus dem individuellen Charakter, also der Anpassung nahezu aller Vertragsklauseln an das jeweilige Projekt, folgt, dass die Parteien die Vertragsbestimmungen nicht für eine Vielzahl von Verträgen entwerfen. Vielmehr steht stets das einzelne Projekt im Vordergrund der Überlegungen.

Auch das Auswahlverfahren zeigt, dass es sich bei den Vertragsbedingungen nicht um feste unveränderliche Klauseln handelt. Schon im Laufe des Auswahlverfahrens, zumeist ab Abschnitt 3, beginnen die Vertragsverhandlungen sowohl

---

351 BGHZ 93, 252, 254.
352 MünchKommBGB/Basedow § 280, Rdnr. 43 ff.
353 Wolf, Manfred: Die Vorformulierung als Voraussetzung der Inhaltskontrolle, FS Brander, 1996, S. 299, 300.

mit dem bevorzugten als auch dem Ersatzkandidaten. Auch hieran erkennt man, dass der Allianzvertrag individuelle Ansätze hat, die sogar im selben Projekt unterschiedlich sein können. Eine Vorformulierung für eine Vielzahl von Verträgen findet daher nicht statt.

(4) *Aushandlung im Einzelnen*

Schon das Merkmal des „Stellens" von AGB zeigt, dass AGB dann nicht zwischen Unternehmern vorliegen, wenn beiden Parteien die Möglichkeit des Aushandelns gegeben war. Das Merkmal des Stellens beinhaltet eine Einseitigkeit des Einbeziehens von AGB, die notwendigerweise ohne Verhandlungen geschehen muss, um überhaupt einseitig zu sein.[354] Zudem hat der Gesetzgeber in § 305 Abs. 1 Satz 3 BGB ausdrücklich darauf hingewiesen, das AGB dann nicht vorliegen, wenn die Vertragsbedingungen zwischen den Parteien im Einzelnen ausgehandelt wurden.

Zu unterscheiden ist das Aushandeln im Einzelnen von der Individualabrede gem. § 305b BGB. Bei erstem liegen an sich AGB vor, denen aber dennoch im konkreten Fall der Vertragspartner des Verwenders aufgrund freier Selbstbestimmung zugestimmt hat. Dann soll der Schutz des AGB-Rechts nicht nötig sein. Individualabreden sind im Unterschied dazu schon gar keine AGB, da sie Einzelfallabreden sind, die nicht für eine Vielzahl von Fällen, sondern nur für den einmaligen Gebrauch formuliert worden sind.[355]

Nach hier vertretener Ansicht spielt § 305 Abs. 1 Satz 3 BGB keine Rolle, da es beim Allianzvertrag schon an Vertragsbedingungen für eine Vielzahl von Fällen fehlt. Allianzverträge sind viel zu sehr auf einzelne Projekte zugeschnitten, um in derselben Formulierung für mehrere Projekte in Frage zu kommen.

Würde man dennoch der Ansicht sein, der Allianzvertrag enthielte AGB, so würden diese vom Verwender im Rahmen des Auswahlverfahrens inhaltlich zur Disposition gestellt werden. Eines der Ziele des Auswahlverfahrens ist es, mit allen Beteiligten einen von allen gestützten Vertrag zu entwerfen, mit dem sich jede Partei zufrieden geben kann. Dies wäre ohne ein ernsthaftes zur Disposition stellen unter Einräumung von Gestaltungsfreiheiten nicht möglich. Ein „Aushandeln" wäre daher auch gegeben.[356] Die AGB Regelungen sind auch aus diesem Grund nicht auf den Allianzvertrag anwendbar.

---

354 Pfeiffer: Wolf/Lindacher/Pfeiffer, AGB-Recht Kommentar, § 305 Rn. 30.
355 Pfeiffer: Wolf/Lindacher/Pfeiffer, AGB-Recht Kommentar, § 305 Rn. 35; BGH LM § 1 AGBG Nr. 10; BGH NJW 1988, 2465, 2466.
356 MünchKommBGB/Basedow § 305, Rn. 34; BGH NJW 2005 2543, 2544; 2005, 1574, 1575; BGHZ 150, 299, 302 f. = NJW 2002, 2388, 2389; BGHZ 143, 103, 111 f. = NJW 2000, 1110, 1111 f.; BGH NJW 1998, 3488, 3489.

(5) *Individualvereinbarung*

Individualvereinbarungen fallen gem. § 305b BGB nicht unter die AGB-Regelungen der §§ 305 ff. BGB bzw. gehen diesen vor. Individualvereinbarungen sind, wie gerade gesehen, Einzelfallvereinbarungen und gerade nicht für eine Vielzahl von Fällen vorgesehen. Entscheidend ist dabei nicht die objektive Mehrfachverwendung, sondern die Verwendungsabsicht.[357] Zentrale Aussage dieser Klausel ist, dass vertragliche Vereinbarungen der Parteien, die diese für den Einzelfall getroffen haben, nicht durch davon abweichende AGB eingeschränkt, ausgehöhlt oder zunichte gemacht werden können.[358] Bei Allianzverträgen liegen AGB nach hier vertretener Ansicht schon gar nicht vor. Hielte man dennoch den Allianzvertrag für AGB, so würden alle individuell angepassten Klauseln und Abweichungen Vorrang vor den AGB haben.

(6) *AGB-Anwendungsbereich gem. § 310 BGB*

Grundsätzlich nicht anzuwenden sind die §§ 305 ff. BGB bei Verträgen auf dem Gebiet des Gesellschaftsrechts gem. § 310 Abs. 4 Satz 1 BGB. Hierunter fällt auch die Satzung der GbR.[359] Die AGB-Regelungen wären demnach schon aus diesem Grund nicht auf den Allianzvertrag anwendbar. Hintergrund der Ausnahme auf diesem Gebiet sind die zahlreichen zwingenden Normen, insbesondere im AktG und GmbHG, sowie die Tatsache, dass Vertragsbedingungen in Gesellschaftsverträgen meistens ausgehandelt werden und die Personen schon vorher in persönlichen oder geschäftlichen Beziehungen stehen. Das Umfeld, in dem Gesellschaftsverträge geschlossen werden, ist nach Ansicht des Gesetzgebers professioneller und von einer gemeinsamen Zielsetzung dominiert, weswegen er keine Gefahr sieht, dass die Satzungen unangemessene Regelungen enthalten.[360] Hierin unterscheidet sich der Austauschvertrag, bei dem zumeist gegenläufige Interessen überwiegen und oftmals eine strukturelle Überlegenheit einer Partei besteht.

Problematisch ist daher, dass es sich bei dem Allianzvertrag um einen typengemischten Vertrag handelt, der sowohl austauschvertragliche als auch gesellschaftsvertragliche Elemente enthält.[361] Das vom Gesetzgeber bei Gesellschaftverträgen angenommene Umfeld existiert nicht, wenn der Vertrag auch oder sogar in hohem Maße ein Austauschvertrag ist. Zudem sieht das Recht der bürgerlichen Gesellschaft kaum zwingende Vorgaben vor.

---

357 Pfeiffer: Wolf/Lindacher/Pfeiffer, AGB-Recht Kommentar, § 305 Rn. 47.
358 MünchKommBGB/Basedow § 305b, Rdnr. 1.
359 MünchKommBGB/Basedow § 310, Rdnr. 80.
360 Schmidt: Wolf/Lindacher/Pfeiffer, AGB-Recht Kommentar, § 310 Rdnr. 10; Stoffels, Markus: AGB-Recht, 2003, S. 69, Rdnr. 156.
361 Zur Begründung siehe Kap. CI3b)(4)(c).

Die §§ 305 ff. BGB sind daher anzuwenden, wenn der Vertrag zwar gesellschaftsvertragliche Elemente enthält, im Kern aber auf eine schuldrechtliche Austauschbeziehung abzielt.[362] Denn der Gesetzgeber hatte ausweislich seiner Gesetzesbegründung nicht vor, austauschvertragliche Regelungen allein wegen ihrer Aufnahme in einen Gesellschaftsvertrag der AGB-rechtlichen Kontrolle zu entziehen.[363] Die Kontrollvorschriften des AGB-Rechts sind daher dort anzuwenden, wo die „gesellschaftsrechtlichen Regelungen letztlich von der Gesellschafterstellung nicht abhängige oder mit ihr eher in einem einander nicht notwendig bedingten Zusammenhang stehende Austauschverhältnisse betreffen".[364] Die Rechtsprechung verwendet dabei eine einfache Formel.[365] Kontrollfrei sind diejenigen Regelungen eines Austauschverhältnisses zwischen dem Verband und seinem Mitglied, die kumulativ unmittelbar auf dem Gesellschaftsvertrag beruhen, mitgliedschaftlicher Natur sind und dazu dienen, den Gesellschaftszweck zu verwirklichen.[366]

Man kann sich daher der Kontrolle durch die §§ 305 ff. BGB nicht dadurch entziehen, indem man das Austauschverhältnis in einem Gesellschaftsvertrag verpackt. Für den Allianzvertrag bedeutet dies, dass die AGB-Regelungen nicht gem. § 310 Abs. 4 Satz 1 BGB ausgeschlossen sind, soweit austauschvertragliche Regelungen betroffen sind. Dies wäre, würde man von AGB im Allianzvertrag ausgehen, jeweils an der einzelnen Klausel zu untersuchen.

(7) Zusammenfassung

Der Allianzvertrag unterliegt nach der hier vertretenen Ansicht schon deswegen nicht der Kontrolle durch die §§ 305 ff. BGB, da er nicht für eine Vielzahl von Fällen vorformuliert wird. Entscheidend ist dabei nicht die objektive Benutzung, sondern die Absicht, den Allianzvertrag mehrfach zu verwenden. Dies ist aufgrund der starken Anpassung des Allianzvertrages an das jeweilige Projekt nicht möglich. Der Allianzvertrag wird im Rahmen des Auswahlverfahrens stark verändert. Dazu ist es nötig, dass alle Klauseln zur Disposition gestellt werden, was ebenfalls gegen die Anwendung der §§ 305 ff. BGB spricht. Der Allianzvertrag wird nicht von einer Partei „gestellt", sondern von allen Parteien gemeinsam im Auswahlverfahren und den anschließenden Vertragsverhandlungen erarbeitet. Für AGB ist daher kein Raum.

---

362 MünchKommBGB/Basedow § 310, Rn. 83.
363 Schmidt: Wolf/Lindacher/Pfeiffer, AGB-Recht Kommentar, § 310 Rdnr. 12; Begründung in BT-Drs. 7/3919; Grunewald: FS Semler, 179, 183; a.A. Vieweg: FS Lukes, 809, 813.
364 Schmidt: Wolf/Lindacher/Pfeiffer, AGB-Recht Kommentar, § 310 Rdnr. 12.
365 BGH NJW 1998, 454, 455; NJW-RR 1992, 379; BGH NJW 1988, 1729; Grunewald: FS Semler, 179, 182.
366 So Schmidt: Wolf/Lindacher/Pfeiffer, AGB-Recht Kommentar, § 310 Rdnr. 12.

c) Werkvertragsrecht

Der Allianzvertrag ist, wie schon oft gesagt, ein typengemischter Vertrag.[367] Da es bei Allianzverträgen maßgeblich um die Erstellung von Bauwerken geht, hat das Werkvertragsrecht einen prägenden Charakter. Dieses spielt im Bausektor eine überragende Rolle, da hier zumeist der Erfolg und nicht die Arbeit bzw. die Dienstleistung geschuldet wird. Allerdings ist das Werkvertragsrecht nicht speziell auf Bauverträge ausgerichtet, sondern ist ein System zur Regelung aller denkbaren erfolgsbezogenen Leistungen.[368] Im Allianzvertrag schulden die NEP'en dem Bauherrn/Eigentümer nicht nur die Durchführung des Projekts, sondern vor allem den erfolgreichen Abschluss. Der Bauherr ist im Gegenzug verpflichtet im Rahmen der Vergütung I-III Zahlungen an die NEP'en zu leisten. Der Allianzvertrag ist daher zumindest auch ein Werkvertrag.[369]

Das Werkvertragsrecht sieht neben der Hauptpflicht des § 631 BGB noch weitere gesetzliche Regelungen vor. So sind die Sach- und Rechtsmängel und deren Verjährung in den §§ 633 ff. BGB geregelt, die Abnahme und Fälligkeit der Vergütung in den §§ 640 ff. BGB und einige weitere Bereiche in den §§ 642-651 BGB. Diese Regelungen knüpfen an bestimmte Tatbestände bestimmte Rechtsfolgen. Der Allianzvertrag weicht jedoch in vielen Fällen von den gesetzlichen Regelungen ab.

(1) Gewährleistungsrechte

Es ist im Bereich der mangelhaften Ausführung, auch wenn das BGB-Werksvertragsrecht dies nicht tut,[370] klar zwischen dem Stadium vor und nach Verschaffung des Werkes zu differenzieren. Die Verschaffung des Werkes ist der Übergang der Vergütungsgefahr auf den Besteller[371]. Dies wird zumeist mit der Abnahme gem. § 640 BGB der Fall sein, muss es aber nicht, da es weitere Fälle des Gefahrübergangs gibt (siehe § 643 Abs. 1 Satz 2 BGB und § 646 BGB). Vor Gefahrübergang hat der Besteller den reinen Erfüllungsanspruch aus § 631 Abs. 1 BGB. Erst danach kann überhaupt von einem Sach- oder Rechtsmangel gem. § 633 BGB gesprochen werden, womit auch erst dann die §§ 634 ff. BGB greifen.

Der reine Erfüllungsanspruch ist unproblematisch. Vor der Abnahme schulden die NEP'en die Erfüllung des Allianzvertrages. Sie müssen daher fehlerhafte Arbeiten schon aufgrund dieses Anspruches erneut ausführen oder den Fehler beheben. Dass sie hierfür im Rahmen der Vergütung I bezahlt werden, ist eine

---

367 Vgl. hierzu Kap. CI3b)(4)(c).
368 MünchKommBGB/Busche § 631, Rdnr. 111 f.
369 Dass der Allianzvertrag auch gesellschaftsrechtliche Elemente aufweist, wurde bereits erläutert. Vgl. Kap. CI3b)(4)(c).
370 MünchKommBGB/Busche § 634, Rdnr. 99.
371 Bamberger/Roth/Voit: § 633 Rdnr. 2; Palandt/Sprau § 633 Rdnr. 3, vor § 633 Rdnr. 7.

zusätzliche Leistung des Bestellers, bei Allianzverträgen des Bauherrn und daher stets mit den gesetzlichen Bestimmungen vereinbar. Es liegt am besonderen Vergütungssystem des Allianzvertrages, dass der Bauherr auch diese doppelt auszuführenden Arbeiten bezahlt. Nach gesetzlicher Lage müsste er dies nicht.

(a) Abnahme/Fertigstellung

Maßgeblicher Zeitpunkt für die Abgrenzung zwischen Erfüllungsanspruch aus § 631 BGB und den Gewährleistungsrechten aus § 634 BGB ist bei Bauwerken zumeist die Abnahme.[372] Der Allianzvertrag sieht, wie dies alle Bauverträge tun, eine Abnahme vor. Es kann sich je nach Größe des Bauwerks und ausgehandeltem Vertrag auch um mehrere (Teil-)Abnahmen handeln. Nach der Abnahme beginnt die Mängelbeseitigungsphase, an deren Ende die endgültige Fertigstellung steht.[373] Die Abnahme unterscheidet sich beim Allianzvertrag nicht von der in § 640 BGB geregelten Abnahme. Auch die Abnahme gem. § 640 BGB lässt Teilabnahmen zu, wie sich aus § 641 Abs. 1 Satz 2 BGB ergibt. Allerdings besteht auf Teilabnahmen, anders als auf die Gesamtabnahme, kein gesetzlicher Anspruch des Werkunternehmers. Bei großen Infrastrukturprojekten werden aber fast immer Teilabnahmen für abgrenzbare Bauabschnitte vertraglich vereinbart. Das Werk als Ganzes abzunehmen ist hier selten gewollt und zumeist auch aufgrund der Größe gar nicht möglich.

Der Allianzvertrag legt sowohl den Zeitpunkt der Abnahme fest, als auch die Bauabschnitte, die einzeln abgenommen werden können. Nach der Abnahme beginnt die Zeit der Mängelbeseitigung. Insofern besteht rein auf die Abnahme bezogen kein Widerspruch zum Werkvertragsrecht.[374]

(b) Allianzvertragliche Regelung der Abnahme/Fertigstellung

Der Allianzvertrag enthält für gewöhnlich Abnahmeklauseln wie diese:[375]

1. Abnahmebescheinigung:
a) Der Allianz Manager legt dem ALT, wenn er der Ansicht ist, dass das Werk abnahmereif ist, die Abnahmebescheinigung zur Unterschrift vor. Diese Bescheinigung enthält Stellungnahmen des Allianz Managers zu folgenden Punkten:

---

372 Es gibt zwar auch weitere Arten des Gefahrübergangs, die Abnahme ist aber die häufigste vgl. MünchKommBGB/Busche § 633, Rdnr. 6.
373 Vgl. Kap. B IV.
374 Allerdings weichen die Folgen der Abnahme, insbesondere die gesetzlichen Gewährleistungsrechte, stark von den allianzvertraglichen Regelungen ab. Dies wird in den folgenden Kapiteln besprochen.
375 Angelehnt an Klausel 11.3 und 11.4 des Kingsgrove to Revesby Quadruplication Project Alliance Agreement, S. 21 ff.

- Dem Allianz Manager sind keine Mängel bekannt und
- die Allianz hat nach bestem Wissen und Gewissen des Allianz Managers einen abnahmefähigen Status erreicht.

b) Wenn das ALT sich einigt und die Abnahmebescheinigung unterschreibt, legt das ALT in dieser Bescheinigung auch den Tag der Abnahme fest.

c) Wenn das ALT sich nicht einigt oder der Meinung ist, dass das Werk noch nicht abnahmefähig ist:
- trägt das ALT diejenigen Teile oder Mängel in die Abnahmebescheinigung ein, die das ALT noch nicht für abnahmefähig hält und
- der Allianz Manager informiert umgehend die anderen Allianzparteien, dass das Werk nicht abgenommen wurde und welche Gründe das ALT hierfür anführt.

d) Sobald der Allianz Manager mit der ausstehenden Arbeit an den fehlenden Teilen oder der Reparatur der Mängel zufrieden ist, wird er umgehend die Abnahmebescheinigung gemäß dieser Klausel erneut vorlegen.

e) Die Abnahmebescheinigung muss den Tag der Abnahme enthalten. An diesem Tag beginnt die Meldefrist für Mängel und Schäden.

2. <u>Bescheinigung über die endgültige Fertigstellung</u>

a) Nach Ablauf der Meldefrist für Mängel und Schäden und wenn der Allianz Manager keine Schäden mehr festgestellt hat, legt der Allianz Manager dem ALT eine Fertigstellungsbescheinigung vor.

b) Wenn das ALT die Fertigstellungsbescheinigung akzeptiert, füllt das ALT diese Bescheinigung aus und unterschreibt diese. Die Bescheinigung muss das Datum der Fertigstellung enthalten.

c) Wenn das ALT der Ansicht ist, dass die Allianzarbeiten noch nicht das Stadium der endgültigen Fertigstellung erreicht haben oder es eine andere Verpflichtung im Allianzvertrag gibt, die die Parteien noch nicht erfüllt haben:
- trägt das ALT diejenigen Arbeiten, die es noch nicht für fertiggestellt erachtet, bzw. diejenigen Verpflichtungen, die noch nicht erfüllt wurden in die Fertigstellungsbescheinigung ein und
- der Allianz Manager informiert unverzüglich die anderen Parteien, dass die endgültige Fertigstellung noch nicht erreicht wurde und welche Arbeiten das ALT als noch nicht fertig erachtet, bzw. welche Verpflichtungen noch nicht erfüllt sind.

d) Sobald der Allianz Manager der Ansicht ist, dass die ausstehende Arbeit oder/und die ausstehenden Verpflichtungen erledigt wurden, legt der Allianz Manager dem ALT erneut die Fertigstellungsbescheinigung gemäß

> dieser Klausel vor.
> e) Die Fertigstellungsbescheinigung muss das Datum der endgültigen Fertigstellung enthalten.
>
> 3. Teilbereiche
> a) Zusätzlich zu Teilabnahmen oder Teilfertigstellungsbescheinigungen, die in diesem Vertrag erwähnt werden, können das ALT oder der Bauherr jederzeit einen Teil der Allianzarbeiten als Teilbereich festlegen, die dann gesondert abgenommen werden.
> b) Begriffe wie Allianzarbeiten, Abnahmebescheinigung, Abnahme und Tag der Abnahme gelten im Falle eines Teilbereichs als auf diesen bezogen, wenn dies Sinn ergibt.

Der Allianzvertrag sieht daher eine eigenständige Regelung der Abnahme vor. Diese kann natürlich den Gegebenheiten des jeweiligen Projekts angepasst werden. Den Parteien steht es durchaus frei, durch individuelle Vereinbarung, von der gesetzlichen Regelung des Abnahmezeitpunkts, der Form und der Abnahmereife abzuweichen. Damit kann auch die Abnahmewirkung hinausgeschoben werden. Ebenso kann von § 640 Abs. 1 Satz 2 und 3 BGB abgewichen werden.[376]

Die Regelungen über die Abnahme- und Fertigstellungsbescheinigung des Allianzvertrages stehen keine Bedenken entgegen, da § 640 BGB abdingbar ist und ein Verstoß gegen §§ 134, 138, 242 BGB nicht vorliegt. Die Regelungen sind weder sittenwidrig noch widersprechen sie gesetzlichen Verboten oder dem Grundsatz von Treu und Glauben.

(c) Gesetzliche Folgen der Abnahme

Die Abnahme hat mehrere gesetzliche Auswirkungen. Nach einer Abnahme gem. § 640 BGB greifen grundsätzlich die §§ 633 ff. BGB. Der ursprüngliche Erfüllungsanspruch setzt sich in dem Nacherfüllungsanspruch gem. §§ 634 Nr. 1, 635 BGB als modifizierten Primäranspruch fort. Neben diesem hat der Besteller nun die Ansprüche aus §§ 634 Nr. 2-4 BGB auf Selbstvornahme, Rücktritt, Minderung und Schadensersatz sowie Ersatz vergeblicher Aufwendungen. Allerdings hat er gem. § 640 Abs. 2 BGB keine Ansprüche aus § 634 Nr. 1-3 BGB, wenn er den Mangel bei Abnahme kannte und sich diese Rechte nicht vorbehalten hat. Durch die Abnahme werden auch die Verjährungsfristen des § 634a BGB in Gang gesetzt. Eine weitere Folge der Abnahme ist der Über-

---

[376] MünchKommBGB/Busche § 640, Rdnr. 38; Kiesel, Helmut: Das Gesetz zur Beschleunigung fälliger Zahlungen, NJW 2000, 1673, 1678, 1681.

gang der Vergütungsgefahr auf den Besteller gem. § 644 Abs. 1 Satz 1 BGB.[377] Zudem kehrt sich die Beweislast um. War vor der Abnahme der Werkunternehmer für die Mangelfreiheit beweisbelastet, so muss jetzt der Besteller das Vorliegen eines Mangels beweisen.[378]

Der Allianzvertrag sieht auch in den an die Abnahme geknüpften gesetzlichen Folgen Modifikationen vor.

(d) Allianzvertragliche Folgen der Abnahme

Die allianzvertraglichen Folgen der Abnahme sind wesentlich geringer als es das Gesetz vorsieht. An die Abnahme schließt sich zwar, ähnlich wie im deutschen Recht, auch eine Frist an, innerhalb derer Mängelanzeigen noch möglich sind. Allerdings sieht der Allianzvertrag in erster Linie nur Nacherfüllungsansprüche gegen die NEP'en vor. Zwar wird dem Bauherrn oftmals eingeräumt, in dringenden Fällen auch Fremdfirmen zu engagieren, aber dies bleibt für die NEP'en ohne Nachteil. Denn eines bleibt vor und nach der Abnahme gleich. Wird ein Mangel behoben und wurde dieser nicht vorsätzlich von einer Partei verursacht, bekommt die beseitigende NEP die direkten Kosten der Mängelbeseitigung im Rahmen der Vergütung I ersetzt. Dies ist völlig anders, als es das deutsche Werkvertragsrecht vorsieht. Im deutschen Werkvertragsrecht gibt nach Abnahme §§ 634 Nr.1, 635 BGB und vor Abnahme § 631 BGB dem Besteller das Recht, Mängelbeseitigung zu verlangen. Der Unternehmer hat dabei gem. § 635 Abs. 2 BGB die Aufwendungen hierfür zu tragen. Allerdings steht es dem Besteller natürlich frei, für die Mängelbeseitigungsarbeiten dennoch zu bezahlen. Er kann jederzeit auf sein Recht aus § 635 Abs. 2 BGB verzichten. Die Rechte des Besteller gem. § 634 BGB sind, soweit §§ 134, 138, 242 und 639 BGB nicht entgegenstehen, dispositiv.[379] Zugunsten des Unternehmers kann ohnehin abgewichen werden.

Der Allianzvertrag ändert daher die Rechte des Bestellers/Bauherrn ab. Er kann zwar nach wie vor Mängelbeseitigung verlangen, muss allerdings für diese entgegen der gesetzlichen Regelung auch bezahlen. Einzige Ausnahme ist, wenn der Mangel vorsätzlich herbeigeführt wurde. Diese Regelungen gelten bis zur endgültigen Fertigstellung also der *„Time of final Completion"*[380]. Zu diesem Zeitpunkt endet die *„Defects Notification Period"*[381], also die Frist innerhalb

---

377 MünchKommBGB/Busche § 640, Rdnr. 45 f.
378 BGHZ 61, 42, 47 = BauR 1973, 313, 316 = NJW 1973, 1792.
379 MünchKommBGB/Busche § 634, Rdnr. 94, dies ergibt sich auch aus dem Umkehrschluss von § 639 BGB, der sonst sinnlos wäre.
380 Klausel 10.2 (a) und 11.4 (a) des Kingsgrove to Revesby Quadruplication Project Alliance Agreement, S. 21.
381 Klausel 11.4 (a) des Kingsgrove to Revesby Quadruplication Project Alliance Agreement, S. 23.

derer Mängel angezeigt werden müssen. Dies entspricht im deutschen Werkvertragsrecht dem Ablauf der Verjährungsfrist.

Indes muss eine Einschränkung gemacht werden. Das deutsche Werkvertragsrecht schreibt gem. § 639 BGB unabdingbar vor, dass sich der Unternehmer nicht auf eine Vereinbarung, die die Mängelrechte des Bestellers ausschließt oder beschränkt, berufen darf, wenn er den Mangel arglistig verschwiegen hat oder eine Garantie für die Beschaffenheit des Werkes übernommen hat. Von dieser Vorschrift kann nicht abgewichen werden. Sie schränkt die Privatautonomie der Parteien des Werkvertrages ein.[382] Der Allianzvertrag muss daher um diese Regelung erweitert werden. Im Falle der Arglist dürfte es sich aber immer auch um eine vorsätzliche Schädigung handeln, die von der allianzvertraglichen Mängelregelung sowieso nicht erfasst wird.

Eine Regelung wie sie § 640 Abs. 2 BGB vorsieht, für den Fall, dass der Besteller das Werk trotz Kenntnis von Mängeln abnimmt, macht im Allianzvertrag keinen Sinn, da der Besteller die Kosten für die Nacherfüllung übernimmt und seine anderen Rechte aus § 634 BGB ohnehin ausgeschlossen sind. Gleiches gilt aus demselben Grund für die Beweislastverteilung. Auch hier ist keine Reglung im Allianzvertrag nötig, da es nicht darauf ankommt, ob ein Mangel vorliegt oder nicht. Der Besteller/Bauherr kann stets Nacherfüllung verlangen, da er sie schließlich auch bezahlen muss. Auswirkung entfaltet die Nacherfüllung und deren Bezahlung erst in Vergütung III, dem Bonus-Malus-System, da die Nacherfüllung zu höheren direkten Kosten führt.

(e) Verjährung

Die Verjährungsfristen des § 634a BGB können im Rahmen des § 202 BGB abgeändert werden.[383] Dies ist durchaus von Bedeutung, da Gewährleistungsrechte des § 634 BGB schließlich nur zum Teil ausgeschlossen werden. Der Nacherfüllungsanspruch besteht, wenn auch in modifizierter Form weiter. Zwar muss der Besteller/Bauherr nun für die Nacherfüllung bezahlen, aber er hat einen Anspruch auf kostenpflichtige Beseitigung des Mangels. Ebenfalls bestehen die Gewährleistungsrechte im Falle des arglistigen Verschweigens durch den Unternehmer, einer Garantieabgabe sowie im Falle der vorsätzlichen Herbeiführung eines Mangels fort. In diesen Fällen ist die Verjährung daher durchaus von Belang. Im Übrigen soll jedes Bauwerk/Projekt ja auch irgendwann einmal abgeschlossen sein.

Grundsätzlich sieht § 634a Abs. 1 Nr. 2 BGB eine Verjährung der Mängelrechte bei Bauwerken fünf Jahre nach Abnahme vor. Auch aus diesem Grund ist eine Regelung der Abnahme in Allianzverträgen nötig. Bei arglistig verschwiegenen Mängeln gilt gem. § 634a Abs. 2 BGB die regelmäßige Verjährungsfrist,

---

382 MünchKommBGB/Busche § 639, Rdnr. 2.
383 MünchKommBGB/Busche § 634a, Rdnr. 59.

die jedoch nicht kürzer als die fünfjährige Frist des § 634a Abs. 1 Nr. 2 BGB sein darf. Gleiche Zeiträume gelten über § 218 BGB für den Rücktritt und die Minderung gem. § 634a Abs. 4, Abs. 5 BGB, da Gestaltungsrechte nicht der Verjährung unterliegen sondern nur Ansprüche (§ 194 BGB).

Abweichende Vereinbarungen sind bei Verjährungsbeginn, der Hemmung und Dauer der Verjährungsfristen denkbar.[384] Allerdings zieht § 202 BGB Grenzen bei Vereinbarungen, die die Verjährung bei Haftung wegen Vorsatzes verkürzen. Ebenso kann die Verjährung nicht über eine Frist von 30 Jahren hinaus verlängert werden. Diese beiden Einschränkungen beeinträchtigen den Allianzvertrag allerdings nicht, da er keine Erleichterungen bei Vorsatz vorsieht und längere Fristen als 30 Jahre selbst bei Bauwerken üblicherweise nicht in Frage kommen. Es obliegt daher den Parteien, durch individuelle Vereinbarung innerhalb der dargestellten Grenzen eine Verjährungsfrist auszuhandeln und im Allianzvertrag zu fixieren. Ein Anhaltspunkt kann § 634a Abs. 1 Nr. 2 BGB bieten, der eine Verjährungsfrist von 5 Jahren für Bauwerke vorsieht.

(2) Vergütung

Einer Vergütungsregel, wie sie § 641 BGB (Fälligkeit der Vergütung) vorschreibt, bedarf es beim Allianzvertrag nicht. Die direkten Kosten (Vergütung I) erhalten die NEP'en laufend während der Durchführung des Projekts oder zumindest in festen Zeitabständen. Die NEP'en müssen in aller Regel prüffähige und von den unabhängigen Gutachtern abgezeichnete Rechnungen vorlegen, um ihre direkten Kosten erstattet zu bekommen. Die Vergütung II + III wird ebenfalls zu im Allianzvertrag festgelegten Zeiten ausbezahlt. Diese Zeiten sind individuell auf den jeweiligen KPI ausgerichtet. Jedenfalls erhalten die NEP'en aber mit Abschluss des Werkes ihre Vergütungen ausbezahlt.

Die Vorschriften über die Fälligkeit der Vergütung gem. § 641 BGB sind nicht zwingend und es können individuelle Fälligkeitsvereinbarungen getroffen werden.[385] Die Parteien können in den Grenzen der §§ 134, 138, 242 BGB von der gesetzlichen Fälligkeitsregelung abweichen. Dies geschieht durch den Allianzvertrag im Rahmen der dortigen Vergütungsregelung.[386] Üblicherweise wird in Bauverträgen ein gewisser Betrag der Vergütung als Sicherheitsleistung zurückbehalten und erst nach Abnahme bzw. teilweise auch erst nach Ablauf der Verjährungsfrist bezahlt. Dies ist beim Allianzvertrag, soweit die Vergütung I betroffen ist, nicht nötig, da keine Gewährleistungsrechte bestehen. Die Vergü-

---

384 BGH NJW-RR 2000, 164; MüKo § 634a Rdnr. 59; Leenen DStR 2002, 34, 41; Lenkeit BauR 2002, 196, 221; Mansel NJW 2002, 89, 96; Bamberger/Roth/Voit § 634 a Rdnr. 36; Palandt/Sprau § 634a Rdnr. 26.
385 Bamberger/Roth/Voit § 641 BGB Rdnr. 3; Palandt/Sprau § 641 BGB Rdnr. 9; MünchKomm/Busche § 641 Rdnr. 12; Kiesel, Helmut: Das Gesetz zur Beschleunigung fälliger Zahlungen, NJW 2000, 1673, 1678.
386 Vgl. zur Vergütungsregelung im Allianzvertrag Kap. BVI1.

tung II wird dagegen zumeist erst nach Abschluss des Projekts berechnet werden können.[387]

(3) *Kündigung § 643, 649 BGB*

Eine Kündigung wegen unterlassener Mitwirkung des Bestellers sieht der Allianzvertrag nicht vor und muss ausgeschlossen werden. Die NEP'en können nach Vertragsschluss den Allianzvertrag nur bei Vorliegen eines wichtigen Grundes kündigen, welcher zumeist in einer vorsätzlichen Schädigung durch Handeln oder Unterlassen liegt.[388] Eine Kündigung wegen unterlassener Mitwirkung kommt daher beim Allianzvertrag nur dann in Betracht, wenn der Besteller es vorsätzlich unterlässt, seine erforderliche Handlung vorzunehmen. Die Kündigungsrechte können, wie die Architektenverträge zeigen,[389] auf das Vorliegen eines wichtigen Grundes beschränkt werden.[390]

Das Kündigungsrecht des § 649 BGB sieht ein freies Kündigungsrecht des Bestellers vor. Ebenso gewährt die VOB/B dem Auftraggeber typischerweise ein freies Kündigungsrecht gem. § 8 VOB/B. Eine solche Gestaltung ist dem Allianzvertrag nicht fremd. Auch dieser sieht regelmäßig eine „*Termination for convenience-clause*"[391] vor, die dem Bauherrn/Eigentümer ein jederzeitiges freies Kündigungsrecht einräumt. Allerdings sind die Folgen dem allianzvertraglichen Vergütungssystem angepasst. Dies stellt aber kein Problem dar, da das Kündigungsrecht gem. § 649 BGB sogar ausgeschlossen werden kann.[392]

Im Übrigen ist das Kündigungsrecht wohl eher ein gesellschaftsrechtliches Problem und wird dort ausführlich behandelt.[393] Nach hier vertretener Ansicht, ist für die Kündigung des Allianzvertrages als solchem das Gesellschaftsrecht einschlägig, da der Vertrag als Ganzes betroffen ist und die gesellschaftsrechtlichen Kündigungsrechte und Auseinandersetzungsvorschriften bessere Ansätze bieten. Die werkvertraglichen Kündigungsrechte stehen dem Allianzvertrag jedenfalls nicht entgegen, da sie gänzlich ausgeschlossen bzw. beschränkt werden können.

---

387 Vgl. dazu Kap. BVI1c).
388 Vgl. Zum Kündigungsrecht Kap. BVI6.
389 MünchKommBGB/Busche § 643, Rdnr. 9.
390 Die Auswirkungen einer Kündigung auf den Allianzvertrag und die übrigen Parteien werden später in Kap. CIId)(3)(h)behandelt.
391 Klausel 16 des Kingsgrove to Revesby Quadruplication Project Alliance Agreement, S. 38, Chew, Andrew: Alliancing in delivery of major infrastructure projects and outsourcing services in Australia – An overview of legal issues, The International Construction Law Review 2004, S. 342.
392 MünchKommBGB/Busche § 649, Rdnr. 5.
393 Siehe dazu Kap. CII1d)(3).

(4) Zusammenfassung

Das Werksvertragsrecht wird weitgehend modifiziert. Die allianzvertraglichen Regelungen weichen zum Teil stark von den vom Gesetzgeber vorgesehenen Regelungen ab. Allerdings ist dies nicht weiter verwunderlich, sorgen doch gerade diese für das hohe Streitpotential bei Bauprojekten. Insbesondere das Gewährleistungsrecht ist häufig Streitursache.[394]

Der Allianzvertrag sieht hier völlig neuartige Regelungen vor bzw. verknüpft mehrere Konzepte schon bekannter Verträge, wie dem Partnering oder den cost-plus-Verträgen. Durch die Modifizierung des Gewährleistungsrechts soll das Misstrauen der Parteien untereinander aufgehoben werden. Der Unternehmer wird wegen des innovativen Vergütungssystems trotzdem ordnungsgemäße Arbeit leisten und der Bauherr profitiert von einer niedrigeren Bausumme und sowohl innovativeren als auch schneller fertig gestellten Bauprojekten.[395]

Die werkvertraglichen Rechte zwingen nur zu kleinen Korrekturen im Bereich des § 639 BGB, was aber dem Charakter und den Prinzipien des Allianzvertrages nicht widerspricht. Die Vorschriften über die Verjährung lassen genügend Spielraum, so dass der Allianzvertrag an die Besonderheiten des Einzelfalles angepasst werden kann. Die restlichen Vorschriften sind weitestgehend dispositiv. Insbesondere die Gewährleistungsrechte können abgeändert werden, solange die Vorschriften der §§ 134, 138 und 242 BGB eingehalten werden. Dies kann aber erst eine Zusammenschau ergeben, da der Allianzvertrag versucht, einzelne Nachteile durch andernorts geregelte Anreize und Vorteile wieder auszugleichen.

d) Die Gesellschaft bürgerlichen Rechts

Die §§ 705 ff. BGB enthalten die rechtlichen Grundlagen für die Gesellschaft bürgerlichen Rechts. Es ist daher zu untersuchen, ob die Regelungen des Allianzvertrages, insbesondere soweit die Organisation, Kündigung und Treuepflichten betroffen sind, mit den Normen der §§ 705 ff. BGB vereinbar sind. Allerdings sind viele dieser Normen ohnehin dispositiv und können daher im Gesellschaftsvertrag abbedungen oder geändert werden.[396]

---

394 Vgl. Kap. BIII1 über den Hintergrund der Entwicklung des Allianzvertrages.
395 Siehe hierzu ausführlich die Kapitel über das Vergütungssystem und die „no blame – no dispute" Klausel.
396 Die GbR ist wohl die flexibelste Gesellschaftsform im deutschen Recht, wie schon die Vielzahl an Erscheinungsformen zeigt, vgl. MünchKommBGB/Ulmer Vor § 705, Rdnr. 34-103.

(1) Organisation

Die Innengesellschaft ist im Wesentlichen, soweit die Organisation betroffen ist, der Außengesellschaft angenähert, auch wenn die Innengesellschaft keiner, die schuldrechtliche Beziehung überlagernde, Organisation bedarf.[397] Da die Innengesellschaft, wegen ihrer fehlenden Außenvertretung, im Rechtsverkehr nicht in Erscheinung tritt, kann sie ihre internen Beziehungen freier gestalten als eine Außengesellschaft.[398] Der Rechtsverkehr muss bei der Innengesellschaft keinen besonderen Schutz erfahren.

Einziges geborenes, also mit Entstehung der Gesellschaft sofort vorhandenes Organ der GbR ist gem. § 709 Abs. 1 BGB die Gesamtheit der Gesellschafter als Gesamtgeschäftsführer. Diese Organstellung kann jedoch durch den Gesellschaftsvertrag modifiziert werden: § 709 Abs. 2 BGB. Dann entsteht das Organ entsprechend der im Gesellschaftsvertrag angegebenen Modifizierung. Entscheidend ist dabei die vertragliche Ausgestaltung der Mitspracherechte. Trotz der weiten vertraglichen Freiheiten, die bei den Personengesellschaften bestehen, gibt es Einschränkungen.

Für Personengesellschaften gilt der Grundsatz der Selbstorganschaft.[399] Als Ausfluss der Mitgliedschaft ist die Geschäftsführerstellung notwendig den Gesellschaftern vorbehalten. Dies unterscheidet die Personengesellschaft wesentlich von den Kapitalgesellschaften, da dort der Grundsatz der Selbstorganschaft nicht gilt. Es ist zwar nicht ausgeschlossen, dass die Geschäftsführungsaufgaben an einen Dritten übertragen werden, die Befugnis des Dritten bleibt dann aber immer abgeleiteter Natur und besteht nie Kraft eigenen Rechts.[400]

Alliance Leadership Team

Wie bereits in Kap. B V dargestellt, hat die Allianz eine feste Struktur. Es existieren mehrere Gremien, die alle unterschiedliche Entscheidungsstrukturen und -kompetenzen haben. Das ALT ist ermächtigt, den Allianzvertrag zu ändern, Streitschlichtungen in Gang zu setzen, Mitglieder des AMT zu entlassen u.v.m. Dieses höchste Gremium setzt sich aus Vertretern jeder Partei des Allianzvertrages zusammen. Dabei hat jede Allianzpartei eine Stimme, egal wie viele Vertreter sie in das ALT entsendet. Es kann aber durchaus sinnvoll sein, mehrere Vertreter einer Allianzpartei ins ALT zu berufen, um die nötige Sachkompetenz zu erreichen. Welche natürlichen Personen die Parteien des Allianzvertrages vertreten, bleibt den Allianzparteien selbst überlassen. Allerdings sollten die Vertreter

---

397 MünchKommBGB/Ulmer § 705, Rdnr. 275 f.
398 BGH NJW 60, 1851; ebenso Steckhan, Hans Werner: Die Innengesellschaft, 1966, S. 44.
399 Absolut hM: BGHZ 22, 105, 106 ff.; 146, 341, 360; BGH WM 1994, 237, 238; weitere Nachweise bei MünchKommBGB/Ulmer § 709, Fn. 2
400 MünchKommBGB/Ulmer § 709, Fn. 2 ff.

schon frühzeitig benannt werden, um Missverständnisse zu vermeiden und eine gute Zusammenarbeit zu ermöglichen. Dem ALT kommt, da jede Allianzpartei vertreten ist und nur dieses Gremium Vertragsänderungen und wichtige Entscheidungen treffen kann, die Qualität einer Gesellschafterversammlung zu. Im ALT herrscht Einstimmigkeitsgebot, was zur Folge hat, dass jeder Partei ein Vetorecht zusteht. Entscheidungen sollen von allen Parteien getragen werden und Mehrheitsentscheidungen gegen einzelne Parteien soll es gerade nicht geben. Dies widerspräche auch dem Gedanken des „best for project", der gerade erreichen will, dass alle Parteien stets gemeinsam zum Wohle des Projekts agieren. Das ALT trifft sich in regelmäßigen, zumeist vierwöchigen, Abständen. Der Allianzvertrag schreibt alle zu beachtenden Formalia, sowie die Einberufungsfristen vor.[401]

Wie bereits in Kap. BV beschrieben, ist das ALT höchstes Organ des Allianzvertrages und kann jederzeit jede Frage an sich ziehen und damit die Zuständigkeit eines anderen Gremiums im Einzelfall durchbrechen. Dies führt dazu, dass diesem Gremium ein Weisungsrecht in allen Fragen zukommt. Ähnlich der Aufsichtsstelle bei der ARGE findet die Stellung des ALT bei der Allianz ihren Grund darin, dass die zusammengefassten Gesellschafter die Allianz tragen und wirtschaftlich hinter ihr stehen.[402]

Das ALT ähnelt in vielerlei Hinsicht der Aufsichtsstelle bei der ARGE. Die Aufsichtsstelle, in der alle Gesellschafter vertreten sind, beschließt als oberstes Organ der ARGE über alle grundsätzlichen Fragen.[403] Ebenso hat die Aufsichtsstelle, wie auch das ALT, eine Kompetenzkompetenz und kann die Befugnisse neu ordnen sowie den Gesellschaftvertrag verändern. Beide Gremien haben daher eine Doppelfunktion.[404] Zum einen repräsentieren sie die Gesellschafter in deren gesellschaftlichen Zusammenschluss. Zum anderen haben beide Gremien eine eigenständige Aufsichtsfunktion in Bezug auf die technische und kaufmännische Geschäftsführung sowie die Bauleitung.

Alliance Management Team

Das Alliance Management Team (AMT) stellt nach dem Alliance Leadership Team das zweithöchste Gremium dar. Das AMT erledigt im Gegensatz zum ALT die alltäglichen Geschäfte, weshalb das AMT der bei ARGEn eingerichteten Geschäftsführung ähnelt. Zwar nimmt auch das ALT teilweise Aufgaben der Geschäftsführung wahr bzw. kann diese wahrnehmen, wenn das AMT bei einem Konflikt zu keiner Entscheidung kommt, aber dies ist bei der ARGE ebenso möglich. Im AMT ist, ebenso wie beim ALT, jede Vertragspartei vertreten.

---

401 Vgl. zur Einberufung und zum ALT Kap. 2
402 Messerschmidt/Voit – Wolff Teil D, Rdnr. 81.
403 Messerschmidt/Voit – Wolff Teil D, Rdnr. 82.
404 Thierau, Thomas; Messerschmidt, Burkhard: Die Bau-ARGE – Teil 1: Grundstrukturen und Vertragsgestaltung; NZBau 2007, S. 135.

Von der Geschäftsführung zu trennen sind die Grundlagengeschäfte. Diese gehören nicht zur Geschäftsführung, sondern sind ausschließlich der Gestaltung durch die Gesamtheit der Gesellschafter vorbehalten. Hierzu zählen alle Geschäfte, die die Grundlagen der Gesellschaft, insbesondere Struktur und Organisation betreffen.[405] Diese Entscheidungen sind durch den Allianzvertrag dem ALT vorbehalten. Das ALT als Gesellschafterversammlung trifft alle Grundlagenentscheidungen, die technische und kaufmännische Geschäftsführung liegt dagegen beim AMT.

Dies stellt kein Problem für den Allianzvertrag dar. Das ALT als Gesellschafterversammlung behält sich alle Grundlagengeschäfte vor. Vertragsänderungen, Änderungen der Struktur, der Gewinnverteilung sowie der Geschäftsführungsbefugnisse und die Kündigung sind Geschäfte, die dem ALT vorbehalten sind. Das AMT hat hier keine Entscheidungsgewalt.

Es können auch weitere Fachgremien eingerichtet werden, um besondere Probleme zu lösen oder Baubereiche zu überwachen. Auch diese leiten dann ihre Geschäftsführungsbefugnisse entweder über den Allianzvertrag von den Gesellschaftern/Parteien direkt oder über gesonderte Bevollmächtigung vom AMT und diese wiederum vom ALT als Gesellschafterversammlung ab.

Die Organisation des Allianzvertrages stellt daher keine besonderen Anforderungen und ist mit den §§ 705 ff. BGB vereinbar. Sie ähnelt in gewisser Weise der Organisation der ARGE. Auch bei der ARGE existiert ein dem ALT ähnliches Gremium, die Aufsichtsstelle. Das AMT hingegen fasst die technische und die kaufmännische Geschäftsführung zusammen und erledigt die täglich anfallenden Aufgaben. Der Allianzvertrag bestimmt dabei, dass alle Grundlagengeschäfte beim ALT verbleiben und die Geschäftsführung beim AMT liegt. Der Allianzvertrag sollte weiterhin definieren, für welche Geschäfte das AMT die Zustimmung der Gesellschafter, mithin des ALT, bedarf. Dies können neben den Grundlagengeschäften auch weitere wichtige Geschäftsführungsmaßnahmen sein.[406]

Der Allianzvertrag sollte auch alle Verfahrens- und Beschlussfassungsvorschriften enthalten. So kann eindeutig geregelt werden, wann und wie oft Sitzungen der einzelnen Gremien stattfinden, wer zu diesen einlädt und wie die Stimmverteilung und Beschlussfassung ist. Ebenso sollte vorgeschrieben werden, dass alle Sitzungen und Beschlüsse protokolliert werden und das Protokoll anschließend von allen Teilnehmern unterschrieben wird. Zwar ist dies gesetzlich nicht notwendig, sollte aber aus Beweis- und Klarstellungszwecken vorgeschrieben sein.[407]

---

405 MünchKommBGB/Ulmer § 709, Rdnr. 11.
406 Messerschmidt/Voit – Wolff Teil D, Rdnr. 96.
407 Vgl. hierzu Kap. CI3b)(4)(f).

(2) *Einstimmigkeitsgebot*

Das Einstimmigkeitsgebot im ALT steht im Einklang mit dem Gesetz und entspricht sogar dem gesetzlichen Leitbild des § 709 BGB. Demnach steht die Führung der Geschäfte der Gesellschaft den Gesellschaftern gemeinschaftlich zu; für jedes Geschäft ist die Zustimmung aller Gesellschafter erforderlich. Soll etwas anderes gelten, so ist dies im Gesellschaftsvertrag zu vereinbaren. Das Einstimmigkeitsgebot im ALT als Gesellschafterversammlung stimmt daher mit dem Gesetz überein. Da es dem Prinzip des Allianzvertrages entspricht, alle Beschlüsse im ALT einstimmig zu treffen, bedarf es auch keiner Ausnahmen.

Für das AMT kann vom Einstimmigkeitsgebot abgewichen werden. Sollten für das AMT Mehrheitsentscheidungen vorgesehen werden, so muss dies gem. § 709 Abs. 2 BGB im Allianzvertrag festgehalten werden.

(3) *Kündigungsrecht*

Der Allianzvertrag ist grundsätzlich nicht auf den Wechsel seiner Parteien ausgelegt, sondern auf die Durchführung des Projekts mit den eingangs ausgewählten Parteien. Dennoch enthält der Allianzvertrag sehr ausführliche Regelungen der Gründe und Folgen des Ausscheidens einer Partei oder der Aufkündigung des ganzen Allianzvertrages. Wie bereits in Kap. BVI6 zur Vertragsbeendigungsklausel beschrieben, kann der Bauherr den Vertrag jederzeit ohne Vorliegen eines besonderen Grundes kündigen, muss dann aber die anderen Allianzparteien abfinden, indem er alle bereits entstandenen Kosten und den anteiligen Gewinn erstattet.

Die andern Allianzparteien (NEP'en) wiederum können nach Vertragsschluss nur bei Vorliegen einer vorsätzlichen Schädigung durch eine der Parteien kündigen. Der Allianzvertrag wird dann entweder mit den anderen Parteien fortgesetzt oder, falls der Bauherr die vorsätzliche Schädigung begangen hat, wird der Allianzvertrag aufgekündigt und es treten dieselben Folgen ein, wie wenn der Bauherr gekündigt hätte.

(a) Anwendbares Recht

Diese sehr weitreichenden Kündigungsrechte könnten von den gesetzlichen Bestimmungen abweichen. Zunächst ist fraglich, ob für das Ausscheiden einer Partei und die Auseinandersetzung des Allianzvertrages die §§ 705 ff. BGB oder das Recht der Dauerschuldverhältnisse anwendbar ist. Bisher war dies unproblematisch, da weder die Vorschriften für Dauerschuldverhältnisse Regelungen für Organisation, Vertretung und Geschäftsführung beinhalten noch die werkvertraglichen Normen. Grundsätzlich gilt, da der Allianzvertrag ein gemischter Vertrag ist, das Gesellschaftsrecht und das Recht der Dauerschuldverhältnisse für alle Belange, die den Allianzvertrag als solchen und das Werkvertragsrecht für diejenigen Fragen, die das Austauschverhältnis im Einzelnen aufwirft. Allerdings kommen die gesellschaftsrechtlichen Grundsätze und Normen nur dann zur Geltung, wenn durch diese Lücken gefüllt werden müssen, bei denen die allgemeinen für Dauerschuldverhältnisse geltenden Grundsätze nicht bereits Lösungen bieten.[408]

Fraglich ist daher, ob das Kündigungsrecht, das der Allianzvertrag vorsieht, an den für Dauerschuldverhältnisse geltenden § 314 BGB oder an § 723 BGB zu messen ist oder ob nicht sogar werkvertragliche Regelungen zu beachten sind. Die Allianz ist ein gesellschaftsähnliches Rechtsverhältnis, es liegt somit wesentlich näher in Fragen, die den Bestand der Gesellschaft und nicht nur den einzelnen Leistungsaustausch betreffen, die gesellschaftsrechtlichen Normen anzuwenden. Im Ergebnis ist dies die Anwendung der Kombinationsmethode, nach der die einzelnen Vertragsbestandteile an den für sie geltenden Normen gemessen werden.[409] Die Anwendung der Kombinationsmethode erscheint hier sachnäher als die Absorptionsmethode, die die Kündigung/Beendigung anhand von werkvertraglichen Normen prüfen müsste. Gerade bei Kündigung/ Beendigung der Allianz steht nicht der Leistungsaustausch im Vordergrund, sondern vielmehr die Beendigung einer Gemeinschaft/Gesellschaft[410] als solche. Die im Werkvertragsrecht geltenden Grundsätze der Rückabwicklung kämen zu untragbaren Ergebnissen. Vielmehr geht es hier um die Auflösung einer Gemeinschaft und nicht um eine Rückabwicklung von einzelnen Leistungen wie sie die §§ 346 ff. BGB sehen. Der Dauerschuldcharakter überwiegt daher bei der Beurteilung des Kündigungsrechts.

Damit ist aber noch nicht geklärt, ob die allgemein für Dauerschuldverhältnisse geltenden Grundsätze oder die gesellschaftsrechtlichen Normen gelten. Für die Kündigung aus wichtigem Grund wurde durch die Schuldrechtsreform der § 314 BGB eingeführt. Anerkannt ist, dass gegenüber Sondervorschriften wie § 723 BGB diese Regelung unanwendbar ist.[411] Strittig ist, ob dies auch für typengemischte Verträge gilt. Hier sind eigentlich, wie oben beschrieben, die Vorschriften und Grundsätze der Dauerschuldverhältnisse vorrangig.[412]

Dennoch spricht vieles für eine Anwendung des § 723 BGB. Die BGB-Innengesellschaft beim Allianzvertrag entspricht in ihrer Ausgestaltung und Organisation einer vollständigen Außengesellschaft. Allein in Marktauftritt und Gesellschaftsvermögen unterscheidet sie sich. Es ist kein Grund ersichtlich, warum eine Innengesellschaft, die sich von der Außengesellschaft allein durch ihr

---

408 Vgl. Kap. CI3b)(4)(h) und MünchKommBGB/Ulmer Vor § 705, Rdnr. 116.
409 MünchKommBGB/Emmerich § 311, Rdnr. 46.
410 In Australien wird der Allianzvertrag von den Parteien nicht als Gesellschaftsvertrag gesehen. Daher ist hier meist nur von Gemeinschaft die Rede.
411 MünchKommBGB/Ulmer vor § 705, Rdnr. 116; MünchKommBGB/Gaier § 314 Rdnr 1.
412 MünchKommBGB/Ulmer Vor § 705, Rdnr. 116.

Auftreten am Marktgeschehen unterscheidet,[413] im Falle des Kündigungsrechts anders zu behandeln ist, als alle anderen Personengesellschaften. Hierfür spricht insbesondere auch die Tatsache, dass aus einer Innengesellschaft durch bloße Teilnahme am Marktgeschehen sofort eine Außengesellschaft, wenn nicht sogar eine OHG, entsteht. Dies kann schon durch einfaches tatsächliches Handeln im Namen der Gesellschaft geschehen. Für diese Frage ist es zudem völlig irrelevant, ob es sich um einen gemischten Vertrag handelt oder nicht. Denn auch aus einem typengemischten Vertrag entsteht eine GbR, wenn die Vertragsparteien gemeinsam unter einem Namen am Markt auftreten. Es gibt daher keine Rechtfertigung für eine unterschiedliche Behandlung. Zwar ist anzuerkennen, dass es sich bei der Innengesellschaft um eine schuldrechtliche Beziehung handelt, aber eben in der besonderen Form der Personengesellschaft. Gerade für diese wurde § 723 BGB geschaffen. Da „über Nacht" aus einer Innengesellschaft eine Außengesellschaft werden kann und kein sachlicher Grund für eine unterschiedliche Behandlung ersichtlich ist, liegt die Anwendung des § 723 BGB näher als die des § 314 BGB. Dies gilt besonders vor dem Hintergrund, dass § 723 BGB, wenn auch teilweise durch §§ 132 ff., 339 HGB modifiziert, für alle Personengesellschaften gilt.[414]

Anders wird dies zum Teil für das ordentliche Kündigungsrecht gem. § 723 Abs. 1 Satz 1 BGB gesehen.[415] Vergleicht man alle Kündigungsvorschriften der Dauerschuldverhältnisse des BGB und HGB, so erkennt man sehr deutlich, dass § 723 Abs. 1 Satz 1 BGB einen Fremdkörper darstellt. Während Darlehen, Mietverträge und andere Schuldverhältnisse alle, wenn auch zum Teil kurze, Kündigungsfristen vorsehen, soll dem Grundsatz nach jede Gesellschaft bürgerlichen Rechts sofort beendet werden können.[416] Die zu dieser Streitfrage geführte Diskussion unterscheidet sich aber zur Frage der rechtlichen Einordnung außerordentlicher Kündigungen. Diese Ansicht führt an, dass die in § 723 Abs. 1 Satz 1 BGB vorgesehene ordentliche Kündigung, die in einer unbefristeten GbR grundsätzlich jederzeit erfolgen kann, zwar für Verbindungen im Rahmen einer Gelegenheitsgesellschaft passen mag, aber für Dauerschuldverhältnisse ungeeignet ist und von den für andere Dauerschuldverhältnisse geltenden Regelungen stark abweicht. Allerdings geht es im vorliegenden Fall nicht um eine direkte Konkurrenz zwischen § 723 Abs. 1 Satz 1 BGB, da, wie sogleich gezeigt werden wird, das ordentliche Kündigungsrecht beim Allianzvertrag ausgeschlossen ist. Bei der Konkurrenz zwischen § 314 BGB und § 723 Abs. 2 BGB laufen die Argumente aber ins Leere, da Dauerschuldverhältnisse ebenfalls stets

---

413 Das Vorhandensein von Gesellschaftsvermögen ist nicht konstitutiv für eine Außengesellschaft. Vgl. Kap. CI3b)(4)(d).
414 Vgl. für die stille Gesellschaft BGH 23, 10, 15.
415 MünchKommBGB/Ulmer Vor § 705, Rdnr. 116; BGH LM § 723 Nr.7 = DB 1959, 733.
416 Vgl. Raisch, Peter: Zur Rechtsnatur des Automatenaufstellvertrages, BB 1968, 526, 530.

aus wichtigem Grund gekündigt werden können, wie § 314 Abs. 1 BGB zeigt. Dann aber ist die Frage nicht, ob es grundsätzlich sinnvoll ist eine außerordentliche Kündigung (aus wichtigem Grund) überhaupt zuzulassen, sondern nur, welche Vorschrift man im Falle eines typengemischten Vertrages heranzieht, der zugleich eine Innengeselschaft gründet. Für diesen Fall gilt aber, dass jederzeit eine Außengesellschaft entstehen kann, für die dann nach allen Ansichten § 723 Abs. 2 BGB einschlägig wäre.

Es erscheint daher im vorliegenden Fall aufgrund der stets möglichen Umwandlung des typengemischten Vertrages als Innengesellschaft in eine Außengesellschaft sachnäher § 723 Abs. 2 BGB anzuwenden als § 314 BGB. Die praktische Relevanz dieser Streitfrage ist allerdings gering, da die ordentliche Kündigung ausgeschlossen ist und beide Vorschriften eine Kündigung aus wichtigem Grund vorsehen.

(b) Fortsetzungsklausel

Der Allianzvertrag sieht vor, dass bei Ausscheiden/Kündigung eines Gesellschafters der Allianzvertrag unter den anderen Parteien fortgesetzt wird (sog. Fortsetzungsklausel). Anders ist dies nur bei einer Kündigung durch den Bauherrn, wenn dieser den Allianzvertrag insgesamt kündigt oder wenn die NEP'en dem Bauherrn kündigen. In diesen Fällen wird der Allianzvertrag aufgelöst und nicht unter den verbliebenen Parteien fortgeführt. Dies ergäbe auch keinen Sinn, da das Projekt ohne Bauherrn nicht durchführbar ist.

Eine solche Fortsetzungsvereinbarung entspricht der Regelung der §§ 736, 737 BGB i.V.m. den §§ 723 ff. BGB. Grundsätzlich sehen die §§ 723 ff. BGB immer vor, dass die Gesellschaft als Ganzes aufgelöst oder gekündigt wird. Erst im Zusammenspiel mit einer Fortsetzungsklausel gem. §§ 736, 737 BGB wird der Fortbestand der Gesellschaft gesichert und erreicht, dass jeweils nur die gekündigte/kündigende bzw. insolvente Partei ausscheidet. An die Stelle der Kündigung mit Auflösungsfolge, wie sie § 723 BGB vorsieht, tritt der Ausschluss des Gekündigten mit Fortsetzung durch die Anderen.[417]

Teilweise wird bestritten, dass bei der Innengesellschaft ein Ausschließungsrecht überhaupt gegeben ist.[418] Diese Ansicht vertritt die Meinung, die Möglichkeit einer Auflösungskündigung wahre die Interessen eines (Haupt-)Gesellschafters besser, als eine Ausschließungskündigung, die zweifelsohne auch einen Hauptgesellschafter treffen kann. Dies wäre insbesondere bei Unterbeteiligungsgesellschaften unerwünscht.[419] Bei mehrgliedrigen Gesellschaften trifft dies jedoch nicht zu. Zumindest dann nicht, wenn der Ausschluss eines gewöhnlichen Innengesellschafters betroffen ist. Es kann daher nicht generell

---
417 Sprau: Palandt § 736 Rdnr. 2.
418 MünchHdb. GesR I/Piehler/Schulte § 10 Rdnr. 62.
419 RGRK/v. Gamm § 737 Rdnr. 3/Soergel Hadding § 737 Rdnr. 1.

gesagt werden, die Ausschließung eines (Haupt-)Gesellschafters bei der Innengesellschaft sei unzulässig.[420] Insbesondere beim Allianzvertrag, als mehrgliedrigen Vertrag, besteht ein großes Interesse, einzelne Gesellschafter, mit Ausnahme des Bauherrn/Eigentümer, bei Vorliegen eines wichtigen Grundes ausschließen zu können. Im Vordergrund steht hier die Durchführung des Projektes. Zu diesem Zweck muss es möglich sein, einzelne Gesellschafter ausschließen zu können, ohne die Gesellschaft als solche auflösen zu müssen und so das ganze Projekt zu gefährden.

(c) Grundsätzlicher Ausschluss des ordentlichen Kündigungsrechts

Der Allianzvertrag ist nicht auf den Wechsel oder das Ausscheiden einer Partei angelegt, sondern auf Realisierung des Projekts mit den anfangs gewählten Parteien. Einzelnen Allianzparteien kann daher seitens der NEP'en ausschließlich bei vorsätzlichen Schädigungen und im Falle der Insolvenz dieser Allianzpartei gekündigt werden. Nur der Eigentümer und Bauherr kann den Vertrag jederzeit kündigen.[421] Dies ist Ausfluss der Flexibilität, die der Allianzvertrag, insbesondere für den Bauherrn, bietet.[422]

Da der Allianzvertrag eine Gesellschaft auf Zeit ist, ist das ordentliche Kündigungsrecht grundsätzlich ausgeschlossen gem. § 723 Abs. 1 BGB. Die „bestimmte Zeit" bedeutet nicht etwa, dass die Dauer kalendermäßig festgelegt sein muss, sondern es genügt, wenn die Dauer der Gesellschaft hinreichend bestimmbar, das heißt für die Gesellschafter überschaubar ist.[423] Beim Allianzvertrag ist die Dauer auf die Realisierung eines einzelnen Projekts begrenzt und für alle Parteien ausreichend bestimmbar.[424] Anders wird dies bei strategischen Allianzen sein, die nicht auf bestimmte Zeit eingegangen werden.[425] Für Projektallianzen, die Inhalt dieser Arbeit sind, ist das ordentliche Kündigungsrecht jedenfalls gem. § 723 Abs. 1 BGB ausgeschlossen.

(d) Ordentliches Kündigungsrecht des Bauherrn

Allerdings können die Kündigungsrechte selbstverständlich weiter gefasst werden, als dies § 723 BGB vorsieht. § 723 Abs. 3 BGB verhindert lediglich Kündigungsbeschränkungen. Es ist durchaus mit § 723 Abs. 3 BGB vereinbar, bei Gesellschaften auf Zeit bei denen die ordentliche Kündigung grundsätzlich ausgeschlossen ist, nur dem Eigentümer/Bauherrn ein ordentliches Kündigungsrecht bzgl. der Gesellschaft als solcher einzuräumen. Eine solche Regelung stellt

---
420 Erman/H.P. Westermann § 737 Rdnr. 2; MünchKommBGB/Ulmer § 737 Rdnr. 5.
421 Vgl. Kap. BVI6 über die Vertragsbeendigung.
422 DTF, Project Alliance Practitioners' Guide, Legal Framework, S. 60.
423 OLG Karlsruhe NZG 00, 304.
424 Vgl. Köln NZG 02, 1082.
425 Siehe hierzu ausführlich Kap. BIII7.

zwar eine einseitige Benachteiligung der NEP'en dar, da diese die Gesellschaft nur aus wichtigem Grund kündigen können, aber eine solche Benachteiligung ist im Rahmen der Privatautonomie durchaus möglich, solange sie nicht gegen § 138 BGB[426] verstößt.[427] Dies insbesondere vor dem Hintergrund, dass die NEP'en im Falle der Aufkündigung des Allianzvertrages durch den Bauherrn, ihre vollen bereits erwirtschafteten Gewinnanteile ausbezahlt und alle bereits erstandenen direkten Kosten (Vergütung I) ersetzt bekommen. Die Benachteiligung besteht daher nur im Verlust des noch zu erwirtschaftenden Gewinns. Alle mit der Kündigung zusammenhängenden Kosten muss der Bauherr zusätzlich übernehmen.[428] Im Übrigen entspricht dies auch dem Rechtsgedanken des § 649 BGB, der ein jederzeitiges Kündigungsrecht des Bestellers vorsieht.

Allerdings kann der Bauherr nicht einzelne Gesellschafter ohne Vorliegen eines wichtigen Grundes und ohne Anknüpfung an feste Tatbestandsmerkmale „hinauskündigen", sondern, ohne wichtigen Grund, nur den ganzen Allianzvertrag kündigen. Eine anderweitige Regelung verstieße im Grundsatz gegen § 138 BGB, da es der Willkür des Bauherrn unterläge einzelne Allianzparteien/Gesellschafter aus der Allianzgemeinschaft zu entfernen.[429] Nach Rechtsprechung des BGH „kann eine gesellschaftsvertragliche Regelung nicht anerkannt werden, die einem einzelnen Gesellschafter das Recht einräumt, Mitgesellschafter ohne Vorliegen eines sachlichen Grundes aus der Personengesellschaft auszuschließen".[430] Die Einräumung eines so weitgehenden Kündigungsrechts widerspricht auch den Prinzipien des Allianzvertrages. Es ist kaum vorstellbar, dass eine Atmosphäre des Miteinanders und „best for project" entsteht, wenn die NEP dem ständigen Druck („Damoklesschwert")[431] ausgesetzt sind, durch den Bauherrn/Eigentümer jederzeit gekündigt werden zu können.[432]

(e) Kündigung der NEP'en aus wichtigem Grund

Der Allianzvertrag sieht für die NEP'en ebenfalls Kündigungsrechte vor, insbesondere für den Fall der vorsätzlichen Schädigung durch eine andere

---

426 Dazu sogleich.
427 Der Grundsatz der Gleichbehandlung ist durchaus dispositiv. EinhM BGH WM 1965, 1284, 1286; RGZ 151, 321, 326; Erman/Westermann, Handkommentar zum Bürgerlichen Gesetzbuch, § 705 Rdnr. 40 m.w.N; Staudinger/Habermeier § 705, Rdnr. 53.
428 Vgl. Kap. 6 über die Vertragsbeendigung.
429 Palandt/Sprau § 737 Rdnr. 5; MünchKommBGB/Ulmer § 723, Rdnr. 17; BGHZ 125, 74; BGHZ 84, 11, 14f.; BGHZ 104, 50, 57; ferner auch BGHZ 81, 263, 266 ff.; BGHZ 105, 213, 216 f.
430 BGHZ 125, 72, 79.
431 So nennt Ulmer in MünchKommBGB/Ulmer § 737, Rdnr. 17 die Situation.
432 Dieses „Disziplinierungsmittel" ist einer der tragenden Gründe, weshalb der BGH ein solches Kündigungsrecht ablehnt. Er befürchtet, dass die Gesellschafter so an der Ausübung ihrer gesellschaftlichen Rechte gehindert werden, vgl. BGHZ 105, 213, 217.

Allianzpartei. Die NEP'en können dann den „Störer" durch gemeinschaftlichen Beschluss ausschließen. Allerdings sieht der Allianzvertrag nicht vor, dass die Partei, in deren Person der wichtige Grund eintritt, selbst kündigen kann und aus dem Allianzvertrag ausscheidet. Im Falle des Vorliegen eines wichtigen Grundes gem. § 723 Abs. 1 Satz 3 BGB und dem Vorhandensein einer Fortsetzungsklausel gibt es zwei Möglichkeiten. Zum einen das Ausscheiden eines Gesellschafters gem. § 723 Abs. 1 Satz 3 Nr. 1 BGB i.V.m. § 736 BGB, zum anderen der Ausschluss eines Gesellschafters gem. § 723 Abs. 1 Satz 3 Nr.1 BGB i.V.m. § 737 BGB. Folge der Fortsetzungsklausel ist, dass nicht die Rechtsfolge des § 723 BGB, sondern die des § 736 BGB oder § 737 BGB eintritt.

Fall 1: Ausscheiden eines Gesellschafters

Nach § 723 Abs. 1 Satz 3 Nr.1 BGB i.V.m. § 736 BGB können Gesellschafter kündigen, wenn ein wichtiger Grund vorliegt. Die Gesellschaft wird dann unter den übrigen Gesellschaftern fortgesetzt und der kündigende Gesellschafter scheidet aus. Die allianzvertragliche Kündigungsklausel deckt sich daher nur zum Teil mit den gesetzlichen Anforderungen des § 723 Abs. 1 Satz 3 BGB, da dieser Fall grundsätzlich nicht vorgesehen ist. Vielmehr sieht der Allianzvertrag nur vor, dass die übrigen Parteien denjenigen ausschließen können, in dessen Person der zur Kündigung berechtigende Grund eingetreten ist.

Fall 2: Ausschluss eines Gesellschafters

Der Ausschluss eines Gesellschafters ist gem. § 723 Abs. 1 Satz 3 Nr.1 BGB i.V.m. § 737 BGB möglich. Da der Allianzvertrag eine Fortsetzungsklausel beinhaltet, können die übrigen Gesellschafter durch gemeinschaftlichen Beschluss gem. § 737 BGB diejenige Partei ausschließen, in deren Person, der die übrigen Parteien zur Kündigung berechtigende wichtige Grund, eingetreten ist. Der Allianzvertrag wird dann mit den übrigen Parteien fortgesetzt.

Folge:

Im Falle einer vorsätzlichen Verletzung einer wesentlichen Vertragspflicht bestehen daher zwei Möglichkeiten. Zum einen können einzelne oder mehrere Gesellschafter selbst kündigen, dann besteht die Gesellschaft unter den übrigen Gesellschaftern fort gem. §§ 723 Abs. 1 Satz 3 Alt.1, 736 BGB. Zum anderen können alle Gesellschafter gemeinschaftlich den Störer ausschließen und ohne diesen die Gesellschaft fortsetzen §§ 723 Abs. 1 Satz 3 Alt.1, 737 BGB. Dies ist ein wesentlicher Unterschied zur Kündigungsklausel bzw. Beendigungsklausel in Allianzverträgen, die nur den Ausschluss des Störers vorsehen, nicht aber die Kündigung des Geschädigten selbst. Von diesen gesetzlichen Vorgaben kann jedoch gem. § 723 Abs. 3 BGB nicht abgewichen werden. Die Beendigungsklausel muss daher in diesem Punkt angepasst werden.

Grobe Fahrlässigkeit und Unmöglichkeit

Ferner sieht § 723 Abs. 1 Satz 3 BGB vor, dass auch bei grober Fahrlässigkeit und bei Unmöglichkeit der Erfüllung einer wesentlichen Verpflichtung, den Gesellschaftern ein Kündigungsrecht zusteht. Da § 723 Abs. 3 BGB jegliche Kündigungsbeschränkungen im Bereich der Kündigung aus wichtigem Grund verbietet, muss die Vertragsbeendigungsklausel des Allianzvertrages um diese beiden Fälle erweitert werden. Dies ist aber unproblematisch möglich und widerspricht nicht den Zielsetzungen des Allianzvertrages. Zwar sieht die Kündigungsklausel des Allianzvertrages grundsätzlich nur eine Kündigung im Falle der vorsätzlichen Verletzung einer wesentlichen Vertragspflicht vor,[433] aber der Wesensgehalt des Allianzvertrages wird dadurch nicht angegriffen. Eine Anpassung ist aufgrund § 723 Abs. 3 BGB zwingend.

(f) Kündigung des Bauherrn aus wichtigem Grund

Dem Bauherrn steht neben dem ordentlichen Kündigungsrecht ebenfalls ein außerordentliches Kündigungsrecht gem. § 723 BGB zu. In beiden Fällen wird die Gesellschaft aufgelöst und nicht mit den übrigen Parteien fortgesetzt. Insoweit unterscheidet sich das außerordentliche Kündigungsrecht des Bauherrn von dem der NEP'en. Allerdings wäre es auch unmöglich, ohne den Bauherrn das Projekt weiterzuverfolgen. In der Rechtsfolge unterscheiden sich die ordentliche und die außerordentliche Kündigung des Bauherrn nicht.

(g) Insolvenz eines Gesellschafters

Der Allianzvertrag enthält ebenfalls ein Kündigungsrecht für den Fall der Insolvenz einer Partei. Grundsätzlich entspricht dies § 728 Abs. 2 BGB, der für diesen Fall die Auflösung der Gesellschaft vorsieht. Diese Regelung gilt auch für die Innengesellschaft, da es um die Realisierung des Wertes der Mitgliedschaft zu Gunsten der Insolvenzmasse des Gesellschafters als Schuldners geht.[434] Allerdings können die Parteien im Gesellschaftsvertrag vereinbaren, die Gesellschaft ohne die insolvente Partei fortzusetzen. Bei Vorliegen einer solchen Fortsetzungsklausel scheidet nach § 736 Abs.1 BGB mit dem Zeitpunkt der Eröffnung des Insolvenzverfahrens der Gesellschafter aus der im Übrigen fortbestehenden Gesellschaft aus.[435] Ist dies schon im Gesellschaftsvertrag vereinbart, so bedarf es für die Fortsetzung nicht der Zustimmung des Insolvenzver-

---

433 Vgl. Kingsgrove to Revesby Quadruplication Project Alliance Agreement, Termination, S. 38 f.
434 MünchKommBGB/Ulmer § 728, Rdnr. 43.
435 MünchKommBGB/Ulmer § 728, Rdnr. 43.

walters.[436] Der Abfindungsanspruch, im Falle des Allianzvertrages die Abrechnung des Vergütungssystems, fällt gem. § 738 BGB in die Insolvenzmasse. Die Vertragsbeendigungsklausel ist daher in oben genanntem Punkt mit §§ 723, 728 BGB nicht vereinbar, kann aber entsprechend angepasst werden, ohne dem Wesen des Allianzvertrages zu widersprechen. Grundsätzlich scheidet der insolvente Gesellschafter aus der Gesellschaft aus. Die Allianz wird mit den übrigen Gesellschaftern fortgesetzt. Der Allianzvertrag kann aber auch vorsehen, dass die Gesellschaft, unter Einschluss des insolventen Gesellschafters, während des Insolvenzverfahrens fortgesetzt wird. Dies ist aber mit Rücksicht auf den Zweck des § 728, der das Gläubigerinteresse schützen soll, nur möglich, wenn der Insolvenzverwalter – gegebenenfalls gegen eine Vergütung – die Gesellschafterbeteiligung aus der Masse freigibt.[437]

(h) Folgen einer Kündigung/Insolvenz

Der Allianzvertrag sieht als Folge einer Kündigung das Ausscheiden der „störenden" Partei und die Fortsetzung mit den übrigen Gesellschaftern vor, wenn die ausscheidende Partei nicht der Bauherr ist. Die ausgeschlossene Partei erhält einen Anteil an der Vergütung II und bekommt die Kosten der Vertragsbeendigung ersetzt. Sie erhält ebenfalls alle direkten Kosten, die ihr bis zur Kündigung entstanden sind. Ist die gekündigte Partei der Bauherr, so wird der Allianzvertrag komplett aufgelöst. Alle Parteien erhalten ihre bis zur Kündigung entstandenen direkten Kosten, die bis dahin verdiente Vergütung II und die Kosten, die durch die Kündigung entstehen (Aufräumarbeiten, etc.).[438] Es mag auf den ersten Blick befremdlich sein, dass der gekündigte Gesellschafter diese Ansprüche erhält, jedoch den übrigen Parteien können im Falle der vorsätzlichen Schädigung Schadensersatzansprüche zustehen. Diese werden in der Kündigungsklausel ausdrücklich ausgenommen und bestehen über die Kündigung hinaus fort. Im Übrigen kann im Ausschluss von Abfindungen, Strafzahlungen oder sonstigen Vermögensnachteilen eine unzulässige Einschränkung des Kündigungsrechtes gem. § 723 Abs. 3 BGB liegen.[439]

§ 738 BGB regelt die Auseinandersetzung beim Ausscheiden eines Gesellschafters. Allerdings läuft die Vorschrift, soweit die Anwachsung und Schuldbefreiung betroffen ist, leer, da die Innengesellschaft des Allianzvertrages kein Gesellschaftsvermögen bildet. Von Bedeutung sind daher nur die Teilnahme an den

---

436 OLG Hamm BauR 86, 462.
437 MünchKommBGB/Ulmer § 729, Rdnr. 1 und 43; Staudinger/Keßler § 729 Rdnr. 25; Bamberger/Roth/Voit § 729, Rdnr. 11.
438 Kingsgrove to Revesby Quadruplication Project Alliance Agreement, Termination, S. 38 f.
439 Vgl. dazu auch Palandt/Sprau § 723, Rdnr. 7; MünchKommBGB/Ulmer § 723, Rdnr. 70, 76.

schwebenden Geschäften sowie der Abfindungsanspruch.[440] Die ausscheidende Partei erhält alle bis zur Kündigung entstandenen direkten Kosten (Vergütung I) sowie eine Erstattung der Kosten die durch die Kündigung selbst entstehen.

Der gesetzliche Abfindungsanspruch sieht vor, dass zum Stichtag des Ausscheidens eine Abfindungsbilanz erstellt wird, nach der sich dann der Anspruch des Ausscheidenden berechnen lässt. Dies ist beim Allianzvertrag nicht möglich. Wie bereits gesehen, entsteht beim Allianzvertrag kein Gesellschaftsvermögen. Die Allianzparteien sind an dem Vermögen des Bauherrn/Eigentümers nicht dinglich mitberechtigt, sie haben allein einen schuldrechtlichen Anspruch gegen ihn aus dem Vergütungssystem. Aus diesem Grund muss sich auch die Abfindung nach diesem Modell richten. Die Abfindung sieht daher eine Abrechnung des Vergütungssystems zum Tag des Ausscheidens vor. Die direkten Kosten werden bis zu diesem Tag ersetzt und das Bewertungssystem zu diesem Tag aufgelöst und vom ALT bewertet. Daraus folgt, dass nach Auflösung der Innengesellschaft, da gesamthänderisch gebundenes Gesellschaftsvermögen nicht vorhanden ist, eine Liquidation im Sinne der §§ 730 BGB nicht in Betracht kommt.[441] Gleiches gilt für das Ausscheiden eines Gesellschafters. An die Stelle der Auseinandersetzungsvorschriften der §§ 730 ff. BGB tritt ein schuldrechtlicher Anspruch gegen den Vermögensinhaber (Bauherr/Eigentümer) auf Auszahlung der bestehenden Forderungen (Anspruch auf Abrechnung)[442] aus dem Vergütungssystems.[443]

Dem steht auch nicht § 740 BGB entgegen, der eine Beteiligung am Ergebnis schwebender Geschäfte vorsieht. Es kann dahingestellt bleiben, ob der Allianzvertrag als solcher ein schwebendes Geschäft ist, immerhin ist er Gesellschaftsvertrag zugleich, da die Vorschrift in vollem Umfang dispositiv ist.[444]

Beruht die Kündigung auf einer vorsätzlichen, dem Gesellschafter vorwerfbaren Vertragsverletzung, so können die Mitgesellschafter, wenn die Voraussetzungen nach dem Allianzvertrag vorliegen, Schadensersatz verlangen. Der Anspruch kann auch den Schaden durch vorzeitige Auflösung mit umfassen.[445] Der Schadensersatzanspruch besteht neben dem Abfindungsanspruch. Im Ergebnis führt dies oftmals dazu, dass die beiden Ansprüche gegeneinander aufgewogen werden.[446]

---

440 MünchKommBGB/Ulmer § 738 Rdnr. 10.
441 Diese Vorschriften sind allenfalls analog anzuwenden. Vgl. MünchKommBGB/Ulmer Vor § 723 Rdnr. 10 und § 730, Rdnr. 12 ff.
442 Palandt/Sprau Vorb v. § 723, Rdnr. 2, ders. § 705 Rdnr. 35.
443 Vgl. zur Auflösung einer Innengesellschaft ohne Gesellschaftsvermögen OLG Düsseldorf, Urteil vom 14.1.1982 = DB 1982 S.536; BGH WM 1982, 876 = DB 1981, 1975; BGH NJW 1982, 99, 100; MünchKommBGB/Ulmer Vor § 723, Rdnr. 10.
444 MünchKommBGB/Ulmer § 740, Rdnr. 8.
445 BGH WM 1963, 282, 283; Erman/Westermann § 723, Rdnr. 15.
446 MünchKommBGB/Ulmer § 723, Rdnr. 49.

(i) Rückgabe von Gegenständen

Gegenstände, die ein Gesellschafter der Gesellschaft zur Benutzung überlassen hat, sind ihm zurückzugeben gem. § 732 BGB. Dies sieht auch der Allianzvertrag so vor, der den ausscheidenden/gekündigten Gesellschafter sogar auffordert, die Baustelle zu räumen und seine Geräte abzuziehen. Problematisch kann dies nur dann werden, wenn nur die ausscheidende/gekündigte Partei Geräte besitzt, die notwendig sind, um das Projekt fertigzustellen. Für solche Fälle sollte der Allianzvertrag vorsehen, dass der ausscheidende/gekündigte Gesellschafter die Geräte der Allianz weiterhin zur Verfügung zu stellen hat, um das Projekt nicht zu gefährden oder die Kündbarkeit faktisch auszuschließen. Dies ist im Allianzvertrag als Gesellschaftsvertrag möglich, da es sich bei § 732 BGB um dispositives Recht handelt.[447]

(j) Anpassungen

Der Allianzvertrag ist den deutschen Gegebenheiten anzupassen. Es ist nicht möglich, das Recht der außerordentlichen Kündigung zu beschränken gem. § 723 Abs. 3 BGB.
Eine Kündigungs-/Beendigungsklausel könnte daher wie folgt aussehen:[448]

Beendigungsklausel:

    I.   Kündigung ohne wichtigen Grund

Der Bauherr kann den Allianzvertrag jederzeit ohne Angabe von Gründen kündigen. Den NEP'en steht im Falle der Kündigung durch den Bauherrn ein Anspruch auf Ersatz aller bis zur Kündigung entstandenen direkten Kosten (Vergütung I), einer anteiligen Gewinnmarge (Vergütung II) und Ersatz aller durch die Kündigung entstandenen Kosten (Aufräumarbeiten, Übergabekosten, etc.) zu.

    II.   Kündigung aus wichtigem Grund

1. Jede Partei kann aus wichtigem Grund kündigen. Ein wichtiger Grund liegt dabei insbesondere vor, wenn ein anderer Gesellschafter eine ihm nach dem Allianzvertrag obliegende wesentliche Verpflichtung vorsätzlich oder aus grober Fahrlässigkeit verletzt oder wenn die Erfüllung einer solchen Ver-

---

447 MünchKommBGB/Ulmer § 731 Rdnr. 3.
448 Diese Klausel soll keines Falles eine Musterklausel für einen Allianzvertrag sein. Sie soll nur die wichtigsten Merkmale aufzeigen. Die Klausel ist angelehnt an die im Kingsgrove to Revesby Quadruplication Project Alliance Agreement, Termination, S. 38 ff.

pflichtung unmöglich wird. Liegt der wichtige Grund in der Schädigung einer anderen Vertragspartei, so ist der schädigenden Partei die Möglichkeit einzuräumen, den Schaden innerhalb von 10 Werktagen zu beheben. Ist der Schaden dergestalt, dass 10 Tage den Parteien nicht zugemutet werden können, so bestimmt das ALT eine angemessene Frist. Erst nach Ablauf dieser Zeit ist eine Kündigung möglich. Die kündigende Partei scheidet aus dem Allianzvertrag aus. Der Allianzvertrag wird mit den übrigen Parteien fortgesetzt.

2. Aus denselben Gründen können die Allianzparteien eine (störende) Partei ausschließen, in dessen Person ein solcher, die übrigen Parteien zur Kündigung berechtigender Umstand eintritt. Das Ausschließungsrecht steht den übrigen Parteien gemeinschaftlich zu. Die ausgeschlossene Partei scheidet aus dem Allianzvertrag aus. Der Allianzvertrag wird mit den übrigen Parteien fortgesetzt.

III. Ansprüche der kündigenden/ausgeschlossenen Partei

Die kündigende/ausscheidende Partei hat Anspruch auf Ersatz aller ihrer direkten Kosten, die ihr in nachvollziehbarer Weise bis zum Tag der Kündigung entstanden sind (Vergütung I). Diese Partei hat ebenfalls Anspruch auf Ersatz der Kosten für bestellte Ware, soweit dies nachvollziehbar war und der Bauherr tatsächlich Eigentümer wird. Das Vergütungssystem wird aufgelöst und ein fairer und anteiliger Gewinn ausgezahlt (Vergütung II). Die Bewertung wird durch das ALT übernommen. Der Ausscheidende hat Anspruch auf Ersatz aller durch die Kündigung entstandenen Kosten (Aufräumarbeiten, Übergabekosten, etc.).

IV. Schriftform

Die Kündigung ist nur schriftlich möglich.

V. Weitere Ansprüche

Schadensersatzansprüche gegen die gekündigte/ausscheidende Partei bleiben von dieser Klausel unberührt.

(4) Haftungsbeschränkung § 708 BGB

Grundsätzlich haben die Gesellschafter bei der Erfüllung der ihr obliegenden Verpflichtungen nur für diejenige Sorgfalt einzustehen, welche sie in ihren eigenen Angelegenheiten anzuwenden pflegen (diligentia quam in suis): § 708 BGB. Die Vorschrift des § 708 BGB bezieht sich aufgrund ihrer systematischen Stellung auf vertragliche Schadensersatzansprüche von Gesellschaft und Mitgesellschaftern. Im Rahmen ihres Anwendungsbereiches schließt sie jedoch auch die Geltendmachung parallellaufender deliktischer Ansprüche wegen derselben schädigenden Handlung aus.[449] Eine andere Handhabung würde das Haftungsprivileg über den Umweg des § 823 BGB untergraben und nutzlos machen. Im Allianzvertrag haben die Vertragsparteien/Gesellschafter aber nur für vorsätzliche Schädigungen einzustehen. Dies ist Folge der „no blame – no dispute"-Klausel.[450] Allerdings stellt dies kein Problem dar, denn bei § 708 BGB handelt es sich um nachgiebiges Recht.[451] Den Parteien des Allianzvertrages steht es daher frei, die Haftung untereinander auf Vorsatz zu beschränken.

(5) *Treuepflichten*

Ein vielfach in der australischen und englischen Literatur diskutiertes Problem ist das der Treuepflichten (*fiduciary duties*) der Gesellschafter untereinander und gegenüber der Gesellschaft. Im englischen und australischen Rechtssystem ist man bisher sehr zurückhaltend bei der Frage, ob Allianzverträge Treuepflichten hervorrufen.[452] Zwar beruht das Konzept eines Allianzvertrages auf Kooperation und der Übernahme von Verantwortung, aber es handelt sich zumindest nach dem australischen Verständnis immer noch um einen reinen Austauschvertrag, wenngleich auch hier Bedenken bestehen.[453] Einem Austauschvertrag sind Treuepflichten grundsätzlich fremd, da die Parteien dort unterschiedliche und zumeist gegenläufige Interessen haben. Durch die Verwendung von Begriffen wie „Wir" anstatt Vertragsparteien oder „Teilen von Risiken", „Streitvermeidung", „gemeinsame Ziele", etc. wird aber der kooperative Charakter des Allianzvertrages so hervorgehoben, dass auch die australische Rechtsprechung immer mehr darüber nachdenkt, ob der Allianzvertrag nicht doch eine Gesellschaft entstehen lässt und Treuepflichten hervorruft[454] oder, wenn keine Gesellschaft entsteht, ob nicht dieser (Austausch)-Vertrag ausnahmsweise Treuepflich-

---

449 MünchKommBGB/Ulmer § 708, Rdnr. 3; st. Rspr. Vgl. BGHZ 46, 313, 316 = NJW 1967, 558; BGH VersR 1960, 802 und LM § 252 Nr.2 = NJW 1954, 145; RGZ 66, 363 und 88, 317.
450 Vgl. Kap. BVI2.
451 EinhM; vgl. MünchKommBGB/Ulmer § 708, Fn. 6 mwN.
452 Chew, Andrew: Alliancing in delivery of major infrastructure projects and outsourcing services in Australia – An overview of legal issues, The International Construction Law Review 2004, S. 330.
453 Siehe dazu Kap. CI2, vgl. statt vieler: Lacey, James: Partnering and Alliancing: Back to the future?, ARELJ 2007, 69, 72.
454 Chew, Andrew: Alliancing in delivery of major infrastructure projects and outsourcing services in Australia – An overview of legal issues, The International Construction Law Review 2004, S. 329.

ten beinhaltet.[455] Die Treuepflicht kann dazu führen, dass eine Partei sich nach dem Interesse der anderen Partei richten muss und auch verpflichtet ist, in dieser Weise zu handeln. Dies steht im Gegensatz zu Austauschverträgen, bei denen jede Partei ihre eigenen Interessen in den Vordergrund stellen darf und kann.

Im deutschen Gesellschaftsrecht sind Treuepflichten weithin anerkannt und deren Existenz unumstritten, sobald eine Gesellschaft besteht.[456] Dies gilt im Grunde auch für das australische Recht, wenn keine Ausschlussklauseln bestehen.[457] Die Grundlage der gesellschaftsrechtlichen Treuepflicht stellt dabei im deutschen Rechtsraum der Gesellschaftsvertrag dar. In der deutschen Literatur ist umstritten, ob sich die Treuepflicht auf den allgemein für Schuldverhältnisse geltenden Grundsatz von Treu und Glauben (§ 242 BGB) stützt[458] oder einen selbständigen Inhalt des Gesellschaftsvertrages bildet.[459] Letztlich kommt es aber, aufgrund der Übereinstimmung über die vertragliche Wurzel der Treuepflicht, auf diese Frage nicht an.[460] Die Treuepflicht besteht dabei nicht nur zwischen dem Gesellschafter und der Gesellschaft, sondern auch unter den Gesellschaftern. Sie kann zu Unterlassungspflichten, ebenso wie zu Handlungspflichten der Gesellschafter führen.[461]

Die Treuepflichten lassen sich dabei grob in drei Bereiche gliedern. Die organschaftliche, die mehrheitsbezogene und die mitgliedschaftliche Treuepflicht.[462]

(a) Organschaftliche Treuepflicht

Die organschaftliche Treuepflicht betrifft das Verhältnis der Geschäftsführung zur Gesellschaft bzw. der dahinter stehenden Gesellschafter. Die Geschäftsführer haben bei der Ausübung ihrer Tätigkeit allein das Wohl der Gesellschaft im Auge zu behalten.[463] Dies gilt insbesondere dort, wo Ihnen Gesellschaftsvermögen anvertraut ist aber auch im Bereich des Gleichbehandlungsgrundsatzes, des Wettbewerbsverbotes, der Geschäftschancenlehre und des kollegialen Verhal-

---

455 Lacey, James: Partnering an Alliancing: Back to the future?, ARELJ 2007, 69, 72.
456 BVerfG WM 1990, 755, 757; OLG Stuttgart DB 1999, 2256, 2257; Dreher, Meinrad: Die gesellschaftsrechtliche Treuepflicht bei der GmbH, DStR 1993, 1632; Jahnke, Matthias: Gesellschaftsrechtliche Treuepflicht, 2003, S. 21, Fn. 2 mwN.
457 United Dominions Corporation Ltd. V. Brian Pty Ltd (1985) 157 CLR 1; Allerdings wird hier zwischen den verschiedenen Kooperationsmöglichkeiten stark unterschieden vgl. Lacey, James: Partnering and Alliancing: Back to the future?, ARELJ 2007, 69, 72.
458 So etwa Roth in Erman/Westermann, Handkommentar zum Bürgerlichen Gesetzbuch, § 242 Rdnr. 47; Staudinger/Keßler, vor § 705 Rdnr. 42; Larenz II § 60 II a.
459 So Hueck, Alfred: Der Treuegedanke im modernen Privatrecht, 1947, S. 18 f.
460 MünchKommBGB/Ulmer § 705, Rdnr. 222.
461 MünchKommBGB/Ulmer § 705, Rdnr. 223.
462 Jahnke, Matthias: Gesellschaftsrechtliche Treuepflicht, 2003, S. 55.
463 BGH WM 1989, 1335, 1339.

tens. Es ist ihnen verboten, die ihnen eingeräumten Befugnisse zu missbrauchen, insbesondere hinsichtlich des Gesellschaftsvermögens.[464]

Vermögenspflichten

Die Geschäftsführung hat beim Allianzvertrag das AMT inne. Wie allerdings auch bei der ARGE, hat das ALT als eine Art Aufsichtsstelle viele Möglichkeiten, auf die Geschäftsführung Einfluss zu nehmen. Die Vermögenspflichten der Geschäftsführung, sind aufgrund des Fehlens von Gesellschaftsvermögens beim Allianzvertrag kein Problem.

Gleichbehandlungsgrundsatz

Allerdings haben die geschäftsführenden Gremien den Gleichbehandlungsgrundsatz zu beachten. Sie müssen als „Beauftragte" aller Gesellschafter, diese auch gleich behandeln und dürfen keinem von ihnen Sondervorteile verschaffen.[465] Da im ALT das Einstimmigkeitsgebot herrscht und das AMT der stetigen Überwachung durch das ALT unterliegt, sollte der Gleichbehandlungsgrundsatz schon dadurch genügend gesichert sein. Schließlich steht jeder Partei ein Vetorecht zu, es kann daher nicht zu einer Benachteiligung einzelner Gesellschafter durch einen Mehrheitsgesellschafter oder einen Zusammenschluss mehrerer Gesellschafter kommen.

Wettbewerbsverbot

Das Wettbewerbsverbot schreibt vor, dass die Geschäftsleitung nicht zu der von ihr geführten Gesellschaft in Wettbewerb treten darf.[466] Dies kann insbesondere bei den Bauunternehmen, Architekten, Beratern und anderen NEP'en zu einem Problem führen. Gerade diese Parteien haben oftmals mehrere Projekte gleichzeitig. Zwar sollten AMT Mitglieder dem Projekt Vollzeit unterstellt sein, spätestens bei ALT-Mitgliedern ist dies aber zumeist nicht mehr der Fall. Daher sollte im Allianzvertrag eindeutig geregelt werden, welche anderen gleichartigen Projekte die einzelnen Unternehmen durchführen dürfen. Jedenfalls sollte der Allianzvertrag ein Verbot vorsehen, Informationen, die durch Ausübung von Informations- oder Einsichtsrechten erlangt wurden, zum Schaden der Gesellschaft einzusetzen.[467]

---

464 Jahnke, Matthias: Gesellschaftsrechtliche Treuepflicht, 2003, S. 56.
465 Jahnke, Matthias: Gesellschaftsrechtliche Treuepflicht, 2003, S. 58; BGH NJW 1992, 368.
466 Vgl. BGHZ 49, 30, 31; BGH WM 1964, 1320, 1321; 1976, 77; MünchKommBGB/-Ulmer § 705 Rdnr. 194.
467 MünchKommBGB/Ulmer § 705 Rdnr. 236.

Geschäftschancenlehre

In enger Beziehung zum Wettbewerbsverbot steht die Geschäftschancenlehre. Danach müssen Geschäftsführer Chancen wahrnehmen, die sich für die Gesellschaft bieten. Sie dürfen diese nicht auslassen oder gar für sich oder andere ausnutzen. Eine solche Praxis würde auch den Grundprinzipien des Allianzvertrages zuwiderlaufen. Die Geschäftschancenlehre steht daher in Einklang mit dem Allianzvertrag.

Kollegiales Verhalten

Da die Geschäftsführung beim Allianzvertrag aus mehreren Personen besteht, sind diese im Interesse der Gesellschaft zu kollegialem Verhalten verpflichtet. Aus dieser Verpflichtung folgt, dass ein Geschäftsleiter nicht aus eigennützigen Gründen sinnvolle Maßnahmen der anderen durch sein Veto verhindern darf.[468] Dies kann beim Allianzvertrag zum Problem werden. Die technische und kaufmännische Geschäftsleitung liegt bei Allianzverträgen beim AMT.[469] Dort ist jede Partei mit mindestens einer Person vertreten. Angeführt vom Allianzmanager erledigt dieses Gremium die tägliche Arbeit und löst anfallende Konflikte nach Möglichkeit selbst. Allerdings handelt es sich dem Wesen nach beim Allianzvertrag praktisch gesehen immer noch um einen Austauschvertrag, wenn auch mit starken kooperativen Zügen, die zur Entstehung einer Gesellschaft führen. Im Kern geht es aber um die Durchführung eines Projekts. Dabei ist der Bauherr eigentlich wie ein Auftraggeber und die NEP'en wie Auftragnehmer zu sehen. Nur die praktische und juristische Umsetzung ist eine völlig neue.

Parteien eines kommerziellen Austauschvertrages werden regelmäßig nur die vertraglichen Verpflichtungen erfüllen wollen. Sie wollen gerade nicht Treuepflichten, die ihnen durch das Gesellschaftsrecht aufoktroyiert werden, entstehen lassen. Denn diese können, wie soeben dargestellt, dazu führen, dass die Parteien ihre eigenen (zumeist kommerziellen) Interessen hinter denen der anderen Partei zurückstecken müssen. In diesem Spannungsfeld bewegen sich Allianzverträge. Allianzverträge sind eben zum einen Austauschverträge und zum anderen Gesellschaftsverträge. Werden aber neben dem Austausch von Leistungen auch Regelungen getroffen, die Rücksichtnahme, Zusammenarbeit und Vertrauen schaffen sollen, so entstehen dadurch unzweifelhaft Treuepflichten. Dies ist im Übrigen auch in der australischen Literatur weithin anerkannt.[470]

Insbesondere die Pflicht zum kollegialen Verhalten als Teil der organschaftlichen Treuepflicht kann daher zu Problemen führen. Eine Lösung hierfür soll im Anschluss an die Darstellung der übrigen Treuepflichten dargestellt werden.

---

468 BGH NJW 1972, 862, 863; Hueck, Alfons: Inwieweit besteht eine gesellschaftliche Pflicht des Gesellschafters einer Handelsgesellschaft zur Zustimmung von Gesellschafterbeschlüssen, ZGR 1972, S. 237, 244.
469 Siehe hierzu Kap. CII1d)(1).
470 Mak, Bevis: Partnering/Alliancing, Const.L.J. 2001, S. 218, 223 f.

(b) Mehrheitsbezogene Treuepflichten

Nicht nur für die Organe einer Gesellschaft gilt die Treuepflicht, sondern auch für ihre Gesellschafter. Mehrheitsgebundene Treuepflichten spielen allerdings beim Allianzver-trag kaum eine Rolle. Diese entstehen in Gesellschaften, in denen die Gesellschafterbeschlüsse nicht einstimmig, sondern mit Mehrheit getroffen werden.[471] Dort kann es zu dem Problem der festen Mehrheitsstrukturen (unter anderem durch Stimmbindungsverträge) kommen. In diesen Fällen aber entsteht faktisch eine Machtstellung des oder der Mehrheitsgesellschafter, die dieser entgegen der Pflicht zur Förderung des gemeinsamen Zwecks ausnutzen kann. Die mehrheitsbezogene Treuepflicht beschränkt diese Mehrheitsherrschaft.[472]

Mehrheitsbezogene Treuepflichten spielen allerdings aufgrund des Einstimmigkeitsgebots im ALT als Gesellschafterversammlung keine Rolle. Als Pendant zu den mehrheitsbezogenen Treuepflichten existieren die Pflicht zu kollegialen Verhalten in der Geschäftsführung sowie mitgliedschaftliche Treuepflichten, dazu sogleich.

(c) Mitgliedschaftliche Treuepflichten

Die Treuepflicht ist nicht nur bei Mehrheitsentscheidungen von Bedeutung, sondern sie kann auch zu Stimmbindungspflichten im Falle des Einstimmigkeitsprinzips führen. Schließlich macht es keinen Unterschied, ob durch eine Gegenstimme (Veto) oder durch Enthaltung oder umfangreiche Ausnutzung der Kontroll- und Informationspflichten eine sinnvolle Maßnahme verhindert wird. Wichtigste mitgliedschaftliche Treuepflichten sind daher die Beschränkung von Informations-, Rede- und Kontrollrechten sowie Stimmbindungspflichten.[473]

Beschränkung von Informations-, Rede- und Kontrollrechten

Die Gesellschafter können durch exzessive Nutzung ihrer Kontrollbefugnisse, insbesondere in der Gesellschafterversammlung, die Führung der Geschäfte lähmen und sogar zum Erliegen bringen. Ebenso wie aber die Geschäftsführung ihre Befugnisse nicht missbrauchen darf, dürfen auch die Gesellschafter ihre Rechte nicht in sachfremder, dem Gesellschaftszweck zuwiderlaufender Weise ausüben.[474] Auch dies kann für den Allianzvertrag von Bedeutung sein, wenn eine oder mehrere Parteien Überprüfungen und Kontrollen in einer Weise nutzen, dass das AMT und die Gutachter ihrer eigentlichen Aufgabe nicht mehr

---

471 Jahnke, Matthias: Gesellschaftsrechtliche Treuepflicht, 2003, S. 63.
472 MünchKommBGB/Ulmer § 705 Rdnr. 225, § 709 Rdnr. 100; Jahnke, Matthias: Gesellschaftsrechtliche Treuepflicht, 2003, S. 63.
473 Jahnke, Matthias: Gesellschaftsrechtliche Treuepflicht, 2003, S. 80.
474 BVerfG ZIP 1999, 1798, 1800; OLG Stuttgart DB 1999, 2256, 2258; Jahnke, Matthias: Gesellschaftsrechtliche Treuepflicht, 2003, S. 80.

nachkommen können. Allerdings würde dies auch den Allianzprinzipien zuwiderlaufen. Eine Beschränkung der Informations-, Rede- und Kontrollrechte steht daher dem Allianzvertrag nicht entgegen. Auch hier kann, um Unstimmigkeiten und Rechtsunsicherheit zu vermeiden, eine klare Regelung aufgenommen werden.

Stimmbindungspflichten

Für den Allianzvertrag von großer Bedeutung können Stimmbindungspflichten sein. Da der Allianzvertrag zumindest im ALT das Einstimmigkeitsprinzip vorsieht, steht jeder Partei praktisch ein Vetorecht zu. Letzteres könnte jedoch durch Stimmbindungspflichten eingeschränkt oder gar gänzlich untergraben werden. Stimmbindungspflichten können soweit reichen, dass einzelne Gesellschafter gezwungen sind, in bestimmter, dem Gesellschaftszweck förderlicher Weise abzustimmen.[475] Insbesondere im Falle von Vertragsanpassungen bei veränderten Umständen oder im Sanierungsfall können im Interesse der Gesamtheit gebotene und allen Beteiligten zumutbare Änderungen gegen den Willen Einzelner durchgesetzt werden.[476]

Gerade in diesem Spannungsfeld kann es beim Allianzvertrag zu Problemen kommen. Wie bereits gezeigt,[477] will sich der Allianzvertrag eher als Austauschvertrag denn als Gesellschaftsvertrag sehen. Den Austauschverträgen sind Treuepflichten in dieser ausgeprägten Art und Weise fremd. Jede Partei ist für sich selbst verantwortlich und kann ihre eigenen Interessen in den Grenzen des § 242 BGB auch verfolgen. Demgegenüber sieht der Allianzvertrag vor, dass alle Parteien auf einer „best for project" Basis arbeiten und sich auch stets nach diesem Grundsatz verhalten müssen. Dieser Spagat ist schlicht unmöglich. Die Parteien können sich nicht einerseits zu kooperativem Verhalten verpflichten und andererseits ihre eigenen Interessen durchsetzen wollen. Wer in den Genuss des starken kooperativen Charakters des Allianzvertrages und seiner Vorteile kommen will, muss sich auch mit den daraus resultierenden Treuepflichten einverstanden erklären. Zöllner bringt es bei seiner terminologischen Diskussion auf den Punkt:[478] „Jede Verdrängung dieses Begriffs (Treuepflicht) würde gerade die Wurzel der Bindung verschleiern, die wir in dem besonderen Maß des Vertrauens zu sehen haben, das die Gesellschafter einer Personengesellschaft – und

---

475 Jahnke, Matthias: Gesellschaftsrechtliche Treuepflicht, 2003, S. 82; MünchKommBGB/Ulmer § 705 Rdnr. 231.
476 Hueck, Alfons: Inwieweit besteht eine gesellschaftliche Pflicht des Gesellschafters einer Handelsgesellschaft zur Zustimmung von Gesellschafterbeschlüssen, ZGR 1972, S. 237, 239 f.; Zöllner, Wolfgang: Die Anpassung von Personengesellschaftsverträgen an veränderte Umstände, 1979, S. 32 ff.; MünchKommBGB/Ulmer § 705 Rdnr. 231, § 709, Rdnr. 100.
477 Vgl. Kap. CI2.
478 Zöllner, Wolfgang: Die Anpassung von Personengesellschaftsverträgen an veränderte Umstände, 1979, S. 34.

selbstverständlich auch der personalistischen GmbH – einander einzuräumen notwendigerweise gezwungen sind." Schließen sich Personen zu einer Gesellschaft zusammen, um einen gemeinsamen Zweck zu erreichen, so entstehen aus der Verpflichtung zur gemeinschaftlichen Förderung des Gesellschaftszwecks Treuepflichten, letztlich somit als Korrelat[479] eingeräumten Vertrauens. Diese Treuebindung kann, wie gesehen, sogar die Stimmrechtsabgabe als wichtigste Einflussnahmemöglichkeit der Gesellschafter beschränken.

Die häufigsten Probleme im Bereich der Stimmabgabe entstehen im Bereich der Vertragsanpassung. Diese sind bei Allianzverträgen wesentlich häufiger, als bei Gesellschaftsverträgen sonst üblich. Dies insbesondere deswegen, weil das Bausoll einer ständigen Überprüfung und Anpassung bedarf. Solche Anpassungen können wiederum das Vergütungssystem beeinflussen und Veränderungen notwendig machen. Weiterhin sind Probleme mit der Stimmabgabe im Bereich des Konfliktmanagement zu erwarten.

Für beide Bereiche sieht der Allianzvertrag allerdings schon gesonderte und damit vorrangige Regelungen vor. Im Bereich der Veränderung des Bausolls (Scopes) sind dies umfangreiche Ausführungen im Allianzvertrag, die diese detailliert beschreiben.[480] Für das Konfliktmanagement sieht der Allianzvertrag ebenfalls ein ausdifferenziertes Streitbeilegungsverfahren in mehreren Instanzen vor. Diese Regelungen entsprechen dem tatsächlichen Willen der Parteien, so dass für eine durch Treuepflichten hervorgerufene Vertragsanpassung kein Raum besteht.

(d) Lösung

Die konkrete Bedeutung der gesellschaftlichen Treuepflicht lässt sich im Einzelfall nur anhand der Struktur der Gesellschaft und dem Gegenstand der Rechtsausübung bestimmen.[481] Wie bereits gesehen, ist Grundlage der Treuepflicht stets der zugrunde liegende Gesellschaftsvertrag, mithin der Allianzvertrag. Dieser sollte daher explizit zu den Treuepflichten Stellung nehmen und diese, dort wo Anpassungen oder Stimmabgabeprobleme auftreten können bzw. wahrscheinlich sind, zumindest im Allianzinteresse regeln.

Die australischen Vertragsentwürfe wählen zumeist einen anderen Weg, indem sie Treuepflichten einfach ausschalten bzw. dies versuchen. Zumeist finden sich Klauseln, die sowohl das Entstehen einer Gesellschaft als auch das von Treuepflichten einfach ausschließen.[482] Sie werden dazu teils sogar durch die

---

479 Zöllner, Wolfgang: Die Anpassung von Personengesellschaftsverträgen an veränderte Umstände, 1979, S. 34.
480 Vgl. Kap. VII und DTF, Project Alliance Practitioners Guide, S. 37.
481 Messerschmidt/Voit – Wolff Teil D, Rdnr. 148; MünchKommBGB/Ulmer § 705 Rdnr. 222 ff.
482 Vgl. Kap. BVII und die dortige Musterklausel.

Literatur ermuntert.[483] Andererseits setzt sich auch in Australien sowohl in der Literatur[484] als auch in der Rechtsprechung[485] immer mehr die Erkenntnis durch, dass durch die gemeinschaftliche Durchführung eines Projekts im Rahmen eines Allianzvertrages Treuepflichten entstehen können. Diese Frage geht einher mit der oben diskutierten Frage des Rechtsformzwanges. Denn auch in der englischen und australischen Literatur ist anerkannt, dass zwischen den Gesellschaftern einer Personengesellschaft ein *fiduciary relationship*, also ein Treueverhältnis besteht.[486] Allerdings sind die australischen Gerichte bisher sehr zögerlich bei der Anerkennung von *fiduciary duties,* insbesondere dort, wo Handelsgeschäfte betroffen sind.[487]

Dieser Weg, der aufgrund der Rechtsunsicherheit auch in Australien ein sehr unsicherer ist, ist in Deutschland sicherlich nicht gangbar. Der deutsche Rechtsformzwang lässt eine GbR entstehen, die dann wiederum Treuepflichten hervorruft. Diese sind keine beliebig nach dem Parteiwillen disponible Größe.[488] Die Treuepflicht ist ein zentraler Rechtssatz des Gesellschaftsrechts,[489] der sich nicht pauschal ausschließen lässt. Ebenso darf die Treuepflicht durch Einschränkungen im Gesellschaftsvertrag nicht so weit zurückgedrängt werden, dass sie die Pflicht aller Vertragspartner zur Förderung des gemeinsamen Zwecks aufheben oder ernsthaft in Frage stellen.[490]

Allerdings lassen sich Treuepflichten in einigen Bereichen durch vertragliche Regelungen zumindest kanalisieren und somit berechenbarer machen. Die Allianzparteien sollten daher dort, wo Treuepflichten zum Problem werden könnten, offensiv auf diese eingehen und im Allianzvertrag Regelungen treffen. Dies gilt insbesondere im Bereich der Stimmabgabe, des Wettbewerbsverbotes

---

483 Mak, Bevis: Partnering/Alliancing, Const.L.J. 2001, S. 218, 223 f.; Lacey, James: Partnering and Alliancing: Back to the future?, ARELJ 2007, 69, 74.
484 Chew, Andrew: Alliancing in delivery of major infrastructure projects and outsorcing services in Australia – An overview of legal issues, The International Construction Law Review 2004, S. 330.
485 Die Rechtsprechung wurde zum Joint Venture getroffen, der allerdings dem Allianzvertrag, soweit die Kooperation betroffen ist, sehr ähnlich ist. Aqua Max Pty Ltd. v. MT Associates Pty Ltd., 19 Juni 1998, unreported, Supreme Court of Victoria; Hospital Products Ltd. v. United States Surgical Corporation, (1984) 156 CLR 41 at 99.
486 Lacey, James: Partnering and Alliancing: Back to the future?, ARELJ 2007, 69, 72; United Dominions Corporation v Brian Pty Ltd (1985) 157 CLR 1; Rusch, Konrad: Gewinnhaftung bei Verletzung von Treuepflichten, 2003, S .68 f.
487 Chew, Andrew: Alliancing in delivery of major infrastructure projects and outsorcing services in Australia – An overview of legal issues, The International Construction Law Review 2004, S. 330.
488 Zöllner, Wolfgang: Die Anpassung von Personengesellschaftsverträgen an veränderte Umstände, 1979, S. 36.
489 MünchKommBGB/Ulmer § 705 Rdnr. 221.
490 MünchKommBGB/Ulmer § 705 Rdnr. 226.

und der Veränderungen des Bausolls. So kann ein Rückgriff auf allgemeine Treuepflichten vermieden werden.

(6) Gewinn- und Verlustverteilung

Die Gewinn- und Verlustverteilung findet entgegen § 721 Abs. 2 BGB nicht am Schluss eines jeden Geschäftsjahres statt, sondern zu den im Allianzvertrag vorgesehenen Zeitpunkten. Die Vergütung II und III kann teilweise während des Projekts, beim Abschluss bestimmter Bauphasen oder erst bei Abschluss des ganzen Projekts ausbezahlt werden. Dies unterliegt allein dem Willen der Allianzparteien. Die allianzvertragliche Regelung ist aber mit § 721 BGB vereinbar, da dieser nur „im Zweifel" eine jährliche Zahlung vorsieht. Die Vorschrift ist daher dispositiv, die Gesellschafter/Allianzparteien können im Allianzvertrag davon abweichen.[491]

(7) Ausschluss der Vertretungsmacht

Der als Innengesellschaft ausgestaltete Allianzvertrag sieht den vollständigen Ausschluss der Vertretungsmacht gem. § 709 ff. BGB vor. Der Gesellschaftsvertrag erlaubt keine Geschäfte für Rechnung der Gesellschaft mit Dritten.[492] Genau dies entspricht dem Leitbild der Innengesellschaft bürgerlichen Rechts, die nach außen nicht in Erscheinung tritt.

Ein solcher vertraglicher Ausschluss der Vertretungsmacht hat allerdings nur begrenzte Wirkung. Sollten die Gesellschafter einstimmig einem Rechtsgeschäft im Namen der Gesellschaft zustimmen, so läge darin zweifelsohne eine konkludente Aufhebung der Ausschlussklausel. Aus der Innengesellschaft würde unter Umständen eine Außengesellschaft oder sogar eine OHG.[493] Es gibt keine vertragliche Bindung, die die Beteiligten, solange sie nur sie selbst betrifft, nicht einverständlich aufheben könnten.[494]

Anders kann dies unter Umständen bei Verwendung einer qualifizierten Schriftformklausel gesehen werden. Diese Klausel sieht für Änderungen des Vertrages Schriftform vor. Damit diese Schriftform nicht gleich mit konkludent aufgehoben werden kann, sieht die qualifizierte Schriftformklausel vor, dass auch die Schriftformklausel nur durch Schriftform aufgehoben werden kann. Somit wären also konkludente Änderungen nur in Schriftform möglich. Es ist daher zumindest aus Gründen der Sicherheit angebracht, eine solche qualifizierte Schriftformklausel in den Allianzvertrag einzufügen. Allerdings hilft dies nicht darüber hinweg, dass, wenn die Parteien des Allianzvertrages einstimmig

---

491 MünchKommBGB/Ulmer § 721 Rdnr. 3.
492 Steckhan, Hans Werner: Die Innengesellschaft, 1966, S. 24.
493 Vgl. zur Außengesellschaft Kap. CIb)(4)(d) und zur Entstehung einer OHG Kap. (5).
494 Steckhan, Hans Werner: Die Innengesellschaft, 1966, S. 26.

(und schriftlich)[495] einem Rechtsgeschäft im Namen der Gesellschaft zustimmen, der Allianzvertrag geändert wird. In solchen Fällen hilft weder die Schriftformklausel noch der Ausschluss der Geschäftsführung, da es den Gesellschaftern/Parteien stets möglich ist, den Gesellschaftsvertrag/Allianzvertrag zu ändern.[496] Es bedarf daher einer ständigen Überwachung aller Beschlüsse der Gesellschafter. Diese dürfen keinesfalls Rechtsgeschäften im Namen der Gesellschaft zustimmen oder einzelne zur Vertretung der Gesellschaft ermächtigen.

e) Zusammenfassung

Der Allianzvertrag ist mit dem Bürgerlichen Gesetzbuch und insbesondere mit den Vorschriften zur bürgerlichen Gesellschaft vereinbar. Zwar modifiziert der Allianzvertrag die Gesellschaft bürgerlichen Rechts gegenüber ihrer gesetzlichen Ausgestaltung erheblich, aber der Charakter der BGB-Innengesellschaft bleibt dem Grunde nach erhalten, so dass kein Problem mit der Typengesetzlichkeit besteht.

Der Allianzvertrag bedarf lediglich leichter Modifizierungen bezüglich der Kündigungs-/Beendigungsklausel, die ihn aber in seinem Kerngehalt nicht treffen. Diese Änderungen sind gesetzlich vorgeschrieben, da die Kündigungsrechte teilweise nicht abbedungen werden können.

Das entgegenstehende Werkvertragsrecht ist größtenteils dispositiv und kann durch den Allianzvertrag abbedungen werden. Klar Stellung zu nehmen ist zu den Treuepflichten. Diese können dem Allianzvertrag entgegenstehen, bzw. in den Gremien die Parteien zu einem bestimmten Abstimmungsverhalten verpflichten. Die Idee des Allianzvertrages ist es aber, dass die Parteien zwar zur Gemeinsamkeit angeregt werden, diese Gemeinsamkeit aber nicht über Stimmbindungspflichten durchgesetzt werden kann.

2. Die VOB/B

Schon die offizielle Bezeichnung der VOB/B als „Allgemeine Vertragsbedingung für die Ausführung von Bauleistungen" offenbart ihren Charakter. Bei der VOB/B handelt es sich nicht um Gesetz, sondern um vorformulierte Vertragsbedingungen, mithin AGB. Dies ist heute absolut herrschende Meinung.[497] Daher

---

495 Zur Problematik der Überwindung einer Schriftformklausel siehe Kap. CI3b)(4)(f).
496 Vgl. dazu Kap. CI3b)(4)(f).
497 Seit der Neufassung von § 310 Abs.1 BGB durch das Gesetzes zur Sicherung von Werkunternehmeransprüchen und zur verbesserten Durchsetzung von Forderungen (Forderungssicherungsgesetz - FoSiG) vom 23.10.2008 (BGBl. I S. 2022 m.W.v. 1.1.2009) lässt sich schwerlich etwas anderes vertreten. Vgl. statt vieler Beck'scher VOB-Komm./Motzke Einleitung Rdnr. 35; BGH NJW 2004, 1597 = NZBau 2004, 267 = BauR 2004, 668, 669.

muss die Geltung der VOB/B vertraglich vereinbart werden. Anders als die VOB/A hat die VOB/B keine Rechtsnormqualität.[498] Die VOB/B regelt die rechtlichen Beziehungen der Bauvertragspartner nach Vertragsabschluss. Bis zu diesem Zeitpunkt gelten, in deren Anwendungsbereich, die Regelungen der VOB/A und/oder die Regelungen des Allgemeinen Teils und des Schuldrechts des BGB.[499] Die VOB/B wurde entwickelt, um den speziellen Anforderungen des privaten Baurechts gerecht zu werden.[500]

Die VOB/B steht in der derzeit gültigen und verbindlichen Fassung von 2006 in vielerlei Hinsicht dem Allianzvertrag entgegen.[501] Dies ist nach dem bisher zum Allianzvertrag gesagten auch nicht weiter verwunderlich. Der Allianzvertrag wurde wegen der negativen Erfahrungen mit den bisherigen Bauverträgen entwickelt[502] und entspricht daher schon in der Grundkonzeption nicht dem gängigen Bauvertrag. Ziel des Allianzvertrages ist es nicht, die Risiken gerecht unter den Parteien zu verteilen, wie es die VOB/B versucht,[503] sondern die Risiken gemeinschaftlich zu bewältigen. Dies schafft eine win:win oder lose:lose Situation. Die Parteien sollen sich alle gemeinsam eines Problems annehmen und sich nicht zurückziehen können und das Risiko auf einen anderen schieben.

Der typische VOB/B Bauvertrag ist ein reiner Austauschvertrag, der dem Grunde nach auf dem Werkvertragsrecht, modifiziert durch die VOB/B, beruht. Schon diese Grundkonzeption ist eine völlig andere als die gesellschaftsrechtliche und durch Kooperationen geprägte Struktur des Allianzvertrages. So sieht die VOB/B einen mehr oder minder feststehenden Leistungsumfang vor gem. § 1 Nr.1 VOB/B. Ebenso sieht die VOB/B, wie auch das Werkvertragsrecht, in § 2 und § 16 VOB/B eine konventionelle Vergütung vor. So sollen durch den vereinbarten Preis alle Leistungen abgegolten sein, die in den Leistungsbeschreibungen und weiteren Vertragsbedingungen vereinbart wurden: § 2 VOB/B. Dies widerspricht diametral den Vorstellungen des Allianzvertrages, der ein innovatives, auf das jeweilige Projekt zugeschnittenes Vergütungssystem vorsieht, das die Kosten und den Gewinn trennt. Das konventionelle Vergütungssystem der VOB/B beruht dagegen auf der Idee eines Einheitspreises oder eines Pauschalpreises.[504] Dieses soll gerade nicht angewandt werden, da es einer der Hauptursachen für Streitigkeiten unter den Parteien ist.

---

498 BGH BauR 1997, 1027; BGH NJW 1992, 827 = BauR 1992, 221 (zur VOB/A).
499 Vygen in Ingenstau/Korbion VOB, 16. Auflage, 2007, Einleitung, Rdnr. 33.
500 Vygen in Ingenstau/Korbion VOB, 16. Auflage, 2007, Einleitung, Rdnr. 32.
501 Die VOB Teil B 2009 ist noch nicht verbindlich. Im Übrigen sind die Änderungen, soweit der Allianzvertrag betroffen ist, nicht erheblich. Es findet kein Systemwechsel statt.
502 Latham, Michael; Constructing the team, Latham Report 1994.
503 Beck'scher VOB-Komm./Motzke Einleitung Rdnr. 137 ff.
504 Beck'scher VOB-Komm./Jansen Vor § 3 Rdnr. 12 ff.

Bei den Mängelansprüchen (§ 13 VOB/B) und der Haftung der Vertragsparteien (§ 10 VOB/B) verfolgt der Allianzvertrag ebenfalls eine völlig andere Strategie. Der Allianzvertrag versucht durch finanzielle Anreize die Vertragsparteien zu ordnungsgemäßer Arbeit anzuhalten, nicht aber durch Schadensersatz oder Nacherfüllungspflichten. Ebenso schließt der Allianzvertrag eine Haftung der Parteien untereinander komplett aus, solange kein Vorsatz vorliegt. Auch dies soll eine Atmosphäre des Miteinander hervorrufen und verhindern, dass die Parteien gegeneinander arbeiten. Allein die Möglichkeit von Vertragsstrafen gem. § 12 VOB/B widerspricht den Prinzipien und Grundgedanken des Allianzvertrages in wohl extremster Weise.

Die VOB/B kann daher im Rahmen von Allianzverträgen keine Anwendung finden. Dies auch deswegen, da bei einer Anpassung der VOB/B an den Allianzvertrag der Kernbereich betroffen wäre und damit der vielseits diskutierte Kompensationsgedanke sicherlich keinen Anwendungsbereich mehr hätte.[505] Die VOB/B hätte nach Anpassung an den Allianzvertrag ihre Ausgewogenheit verloren. Zudem wäre es widersinnig die VOB/B, die auf einem völlig anderen Grundgedanken basiert, auf den Allianzvertrag anzuwenden. Da die VOB/B keine Gesetzesqualität hat, sondern durch Parteivereinbarung in den Vertrag einbezogen wird, kann auf eine Anpassung verzichtet werden, zumal der Kompensationsgedanke nur bei Einbeziehung „insgesamt" gilt, jedenfalls aber nicht bei Änderungen im Kernbereich.[506]

Die VOB/B kann allerdings Anwendung im Bereich der Subunternehmerverträge finden, wenn die Subunternehmer nicht selbst Allianzpartei werden, sondern gewöhnliche Subunternehmerverträge schließen.[507]

Die VOB/B ist daher nicht mit dem Allianzvertrag vereinbar. Eine Anpassung würde die VOB/B in den Kernbereichen völlig verändern und den Kompensationsgedanken der Rechtsprechung unanwendbar machen. Ebenfalls scheidet eine Anpassung des Allianzvertrages an die VOB/B aus, da dieser ein völlig anderes System verfolgt.

3. Der Klageverzicht

Der Allianzvertrag sieht bei „reinen" Allianzverträgen in seiner „no blame – no dispute"-Klausel und bei hybriden Allianzverträgen durch die Einrichtung eines eigenen Streitbeilegungsverfahrens, einen weitgehenden Ausschluss des ordent-

---

505 Vgl. statt vieler Kapellmann/Messerschmidt – von Rintelen, VOB/B, 2.Auflage, 2007, Einleitung Rdnr. 75 ff.; Beck'scher VOB-Komm./Motzke Einleitung Rdnr. 137 ff.; Inzwischen existiert mit § 310 Abs.1 Satz 3 BGB eine Sonderregelung für die VOB/B.
506 Kapellmann/Messerschmidt – von Rintelen, VOB/B, 2. Auflage, 2007, Einleitung Rdnr. 75; BGH BauR 1986, 89; BGH BauR 1987, 439; BJW-RR 1989, 85 = BauR 1989, 77.
507 Vgl. dazu Kap. BVI1d).

lichen Gerichtswegs vor.[508] Dies hat mehrere Auswirkungen. Materiell rechtlich wird durch die „no blame – no dispute"-Klausel, wie gesehen, die Haftung für Pflichtverletzungen ausgeschlossen, soweit sie nicht vorsätzlich geschehen sind. Hinzu kommt, dass prozessual bei reinen Allianzverträgen der Gang vor die Gerichte ausgeschlossen ist. Hier muss die Streitigkeit abschließend im ALT gelöst werden. Es besteht nicht die Möglichkeit, die ordentlichen oder ein Schiedsgericht anzurufen. Nur bei hybriden Allianzverträgen wird ein internes Streitentscheidungsverfahren eingerichtet, dem alle Streitigkeiten und Konflikte vorgelegt werden müssen. Sowohl bei den reinen als auch bei den hybriden Allianzverträgen gilt die Ausnahme der vorsätzlichen Schädigung. Daraus resultierende Ansprüche können vor den ordentlichen Gerichten geltend gemacht werden.[509]

Die Parteien verzichten daher in beiden Fällen fast vollständig auf den ordentlichen Gerichtsweg. Bei hybriden Allianzverträgen unterwerfen sie sich alternativ aber einem privaten Streitentscheidungsverfahren, wie dem swing man resolution process, Dispute Boards oder ähnlichen ADR-Verfahren.[510] Einzige weitere Ausnahme ist die Insolvenz einer Allianzpartei. Auch in diesem Falle sollen ordentliche Gerichte Streitigkeiten klären. Die deutsche Umsetzung soll dies weitestgehend berücksichtigen, aber auch die Zielsetzung der Parteien im Auge behalten, wenn Streit entsteht, diesen möglichst effizient, schnell und ein für alle Mal zu erledigen.

Soweit der materielle Ausschluss betroffen ist, wurde dieser bereits in Kap. CII1a), c)(1) und (4) behandelt. Der materielle Haftungsausschluss unterliegt, bis auf den Ausschluss der Haftung für Vorsatz gem. § 276 III BGB, der Regelung für fremden Vorsatz gem. § 278 S. 2 BGB und den AGB-Regelungen in den §§ 307 ff. BGB, nach herrschender Meinung der Disposition der Parteien.[511] Dies ist bei der Diskussion über den vertraglichen Ausschluss des Klagerechts, also der prozessualen Durchsetzung des Anspruchs, stark umstritten.[512] Allein auf die Dispositionsmaxime und die liberale Ausgestaltung der ZPO abzustellen, erfasst den Kern der Problematik nicht. Ebenfalls ist es zu kurz gegriffen, auf die Verzichtsmöglichkeit im BGB abzustellen und zu argumentieren, wenn die Parteien schon auf einen Anspruch verzichten können, dann können sie auch von vornherein auf dessen gerichtliche Geltendmachung verzichten. Zu klären sind auch die Konsequenzen einer solchen Entscheidung in Bezug auf die mangelnde Vollstreckbarkeit privater Streitentscheidungen.

---

508 Zur Unterscheidung zwischen „reinen" und hybriden Allianzverträgen siehe Kap. BIII5 und 6.
509 Vgl. Kap. BIII5 und BVI2 über reine Allianzverträge.
510 Eine Zusammenfassung möglicher ADR-Verfahren findet sich in Kap. BVI4.
511 MünchKommBGB/Grundmann § 276, Rdnr. 181 ff. Zur Anwendbarkeit der AGB-Regelungen siehe Kap. CII1b).
512 Wagner, Gerhard: Prozeßverträge, 1998, S. 391 ff., Schiedermair, Gerhard: Vereinbarungen im Zivilprozeß, 1935, S. 90 ff.

a) Verzicht auf die Klagbarkeit

Zunächst ist zu klären, ob die Parteien im Vorhinein auf den ordentlichen Gerichtsweg verzichten können. Klarstellend sei erwähnt, dass die Parteien nicht den materiellen Anspruch aufgeben wollen. Die Parteien verzichten nicht etwa auf ihre Leistungsansprüche, Unterlassungsansprüche oder andere Ansprüche aus dem Allianzvertrag in materieller Hinsicht, sondern wollen Konflikte und Streitigkeiten über diese Ansprüche der ordentlichen Gerichtsbarkeit entziehen und sie, sofern es sich nicht um reine Allianzverträge handelt, privaten Streitentscheidungsmechanismen unterwerfen.[513] Es geht daher rein um das prozessuale „Klagerecht", also die verfahrensrechtliche Befugnis, einen Anspruch gerichtlich geltend zu machen.[514] Dieser Streit wird seit langem unter den Begriffen Ausschluss des Rechtswegs, Nichtangriffsabrede, Stillhalteabkommen, Disposition der Klagebefugnis, Beschränkung der Klagbarkeit und des pactum de non petendo mit unterschiedlicher Gewichtung diskutiert.[515]

Abzugrenzen ist die vorliegende Frage vom dilatorischen Klageverzicht oder dem pactum de non petendo.[516] Dieser wird häufig in Kombination mit Schlichtungs-, Mediations- und anderen ADR-Verfahren gewählt. Eine Klage vor den staatlichen Gerichten kann danach erst dann erhoben werden, wenn das vorgesehene ADR-Verfahren abgeschlossen worden ist. Wird eine Klage abredewidrigerweise vorher eingereicht, so wird sie, wenn eine Partei sich gem. § 1032 Abs.1 ZPO analog darauf beruft, als zur Zeit unzulässig abgewiesen.[517] Dieser dilatorische Klageverzicht ist nach ständiger Rechtsprechung und allgemeiner Meinung möglich und wird häufig verwendet, um dem ADR-Verfahren eine realistische Chance einzuräumen.[518] Bei Verwendung solcher Klauseln verzögert sich die Rechtsschutzgewährung durch staatliche Gerichte nur, schließt

---

513 Dass die Trennung von Anspruch und Klagrecht überhaupt möglich ist, wird heute von der herrschenden Ansicht nicht mehr in Frage gestellt. Eine ausführliche Zusammenfassung aller Meinungen und der rechtsgeschichtlichen Entwicklung findet sich in Wagner, Gerhard: Prozeßverträge, 1998, S. 392 ff.
514 Wagner, Gerhard: Prozeßverträge, 1998, S. 413.
515 Rosenberg, Schwab, Gottwald; Zivilprozessrecht, 16. Auflage, 2004, § 89 III Rdnr. 21 ff., Wagner, Gerhard: Prozeßverträge, 1998, S. 391 ff., Schiedermair, Gerhard: Vereinbarungen im Zivilprozeß, 1935, S. 90 ff., MünchKommZPO/Becker-Eberhard Vor §§ 253 ff. Rn. 10 ff., BGH NJW 1982, 2072 = JR 1983, 24 ff. (Anm. Bergerfurth).
516 MünchKommBGB/Gottwald § 317, Rdnr. 26; zur Wirksamkeit solcher Klauseln siehe: Friedrich, Fabian: Schlichtungs- und Mediationsklauseln in Allgemeinen Geschäftsbedingungen; SchiedsVZ 2007, S. 31 ff.
517 Friedrich, Fabian: Schlichtungs- und Mediationsklauseln in Allgemeinen Geschäftsbedingungen; SchiedsVZ 2007, S. 35.
518 BGH NJW 1984, 669 f.; NJW 1977, 2263 = WM 1977, 997; BayObLG NJW-RR 1996, 910; OLG Celle NJW 1971, 288, 289; OLG Frankfurt/Main NJW-RR 1998, 778; OLG Köln MDR 1990, 638; OLG Oldenburg MDR 1987, 414; Engelhardt, Aus der neueren Rechtsprechung zur Schiedsgerichtsbarkeit, JZ, 1987, 227, 228.

sie aber nicht aus.[519] Vorliegend hilft ein dilatorischer Klageverzicht nicht, da Allianzverträge auch nach Abschluss des allianzinternen Streitentscheidungsverfahrens keine Möglichkeit vorsehen, den Streit nun vor den ordentlichen Gerichten auszutragen. Vielmehr sollen bindende Entscheidungen getroffen werden, die gerichtlich nicht mehr angreifbar sind. Es handelt sich insofern um einen vollständigen Ausschluss der Klagbarkeit.

Der dauernde Ausschluss der Klagbarkeit und damit des Rechts auf Anrufung der staatlichen Gerichte wird zum Teil pauschal als unzulässig bezeichnet (mit Ausnahme der gleichzeitigen Vereinbarung der Schiedsgerichtsbarkeit gem. § 1025 ff. ZPO). So hat der BGH in einer auf § 138 BGB gestützten Entscheidung entschieden:[520]

> „Aus dem Rechtsstaatsprinzip des Grundgesetzes ist auch für bürgerlich-rechtliche Streitigkeiten die Gewährleistung eines wirkungsvollen Rechtsschutzes abzuleiten; dieser muss die grundsätzlich umfassende tatsächliche und rechtliche Prüfung des Streitgegenstandes und eine verbindliche Entscheidung durch einen Richter ermöglichen (BVerfGE 54, 277, 291). Zu einem wirkungsvollen Rechtsschutz gehört auch, dass er in angemessener Zeit erlangt werden kann. Ohne einen wirkungsvollen Rechtsschutz hätten die von der Rechtsprechung anerkannten Rechte des Einzelnen nur geringes praktisches Gewicht. Wegen seiner für den Bestand der Rechtsordnung wesentlichen Bedeutung kann der Rechtsschutz auch durch Parteivereinbarung allenfalls in einzelnen konkreten Ausgestaltungen, nicht aber in seiner Substanz im Voraus abbedungen werden."

Zwar existieren von dieser Entscheidung auch Ausnahmen, diese betreffen allerdings stets spezielle Probleme im Bereich des Patentrechts, Arbeitsrechts und andere Spezialfälle.[521]

Eine andere Ansicht scheint daher kaum ernsthaft vertretbar, insbesondere wenn man den rechtlich sichersten Weg wählen will. *Wagner* will einen bilateralen Ausschluss der Klagemöglichkeit zulassen und verweist darauf, dass, wenn es dem tatsächlichen Willen der Parteien entspricht, auch keine Bedenken gegen einen solchen „kastrierten Vertrag" bestehen könnten. Allerdings erkennt auch er die Außergewöhnlichkeit der Problematik.[522]

Gegen die Zulässigkeit des dauernden Ausschluss der Klagbarkeit sprechen gewichtige Gründe. In früherer Literatur wurde eine solche Unzulässigkeit mit der Existenz eines gegen den Staat gerichteten Rechtsschutzanspruchs begründet.[523] Mit der gleichen Argumentation der Ablehnung eines staatsrechtlichen Anspruchs auf günstiges Urteil[524] lässt sich dies aber heute nicht mehr aufrecht-

---

519 Wagner, Gerhard: Prozeßverträge, 1998, S. 446.
520 BGHZ 106, 336, 338 f.
521 Eine Auflistung möglicher Ausnahmen findet sich in Wagner, Gerhard: Prozeßverträge, 1998, S. 450 ff.
522 Wagner, Gerhard: Prozeßverträge, 1998, S. 452.
523 Schiedermair, Gerhard: Vereinbarungen im Zivilprozeß, 1935, S. 92 f.
524 Wagner, Gerhard: Prozeßverträge, 1998, S. 439 und 404 ff.

erhalten. Allerdings gewährt das Grundgesetz in Art. 19 Abs. 4 und Art. 101 Abs.1 Satz 2 GG eine umfassende Garantie des Gerichtsschutzes. Dies gilt ausweislich des Wortlautes des Art. 19 Abs. 4 unzweifelhaft für Akte der öffentlichen Gewalt, aber im Wege der Gewährleistung eines umfassenden richterlichen Privatrechtsschutzes auch im Zivilrecht.[525]

Ein Verzicht auf diesen Privatrechtsschutz ist nach *Dütz*[526] nicht möglich, da dieser nicht im Interesse des Einzelnen besteht, sondern vielmehr „wichtigen Belangen und Rücksichten der staatlichen Gemeinschaft" zu dienen bestimmt ist, so dass die „Regelung über Gerichtsschutzgarantie aus Gründen des öffentlichen Interesses zum zwingenden, keiner Parteivereinbarung zugänglichen Recht gezählt werden müsse". „Die Gewährleistung eines umfassenden richterlichen Privatrechtsschutzes bedeutet die Verwirklichung eines wesentlichen rechtsstaatlichen Postulats."[527] Die Gerichtsschutzgarantie ist aus diesen Gründen der Disposition durch die Parteien entzogen.[528] Mit gleicher Argumentation hält auch *Herbert Roth* den gänzlichen Ausschluss der Gerichtsbarkeit für nicht möglich. Der Grundsatz der Rechtsstaatlichkeit habe Vorrang.[529]

Aber nicht nur dies, sondern auch die Gewährleistung von Vertragsgerechtigkeit, insbesondere dem Schutz einer Partei vor Übervorteilung durch die andere, wird oft gegen eine Zulässigkeit eines dauernden Klageverzichtes angeführt. Hierzu wird auf die schiedsrechtlichen Schutzvorschriften des §§ 1029 Abs. 1, 1030, 1031, 1034 Abs. 2 ZPO verwiesen. Solche Schutzklauseln würden für die Disposition über die Klagebefugnis fehlen und damit sei eine solche abzulehnen.[530]

Nach anderer Auffassung dient die Klagemöglichkeit dazu, wegen des staatlichen Gewaltmonopols und dem weitgehenden Verbot der Selbsthilfe, dem Privatrecht die Möglichkeit der zwangsweisen Durchsetzung zu garantieren.[531] Die Möglichkeit des Verzichts gem. § 306 BGB, des Vergleichs gem. 779 BGB, 794 Abs. 1 Nr.1 ZPO, der Klagerücknahme § 269 ZPO, des Rechtsmittelverzichts, sowie der Möglichkeit erst gar keine Klage zu erheben, zeigen, dass es anerkannte Wege gibt, im Nachhinein auf das subjektive Recht der Gewährleistung von Privatrechtsschutz zu verzichten.[532] Diese Ansicht verkennt aber den Unterschied zum von Vornherein, andauernden und allumfassenden Klageverzicht.

---

525 Dütz, Wilhelm: Rechtsstaatlicher Gerichtsschutz im Privatrecht; 1970, S. 158. Schmidt-Aßmann in: Maunz/Dürig Art. 103 Abs.1 Rdnr. 7 und Art. 19 Abs. 4 Rdnr. 16 f.
526 Dütz, Wilhelm: Rechtsstaatlicher Gerichtsschutz im Privatrecht; 1970.
527 Dütz, Wilhelm: Rechtsstaatlicher Gerichtsschutz im Privatrecht; 1970, S. 158.
528 Dütz, Wilhelm: Rechtsstaatlicher Gerichtsschutz im Privatrecht; 1970, S. 159.
529 Stein/Jonas/Roth, vor § 253 Rdnr. 129.
530 Wagner, Gerhard: Prozeßverträge, 1998, S. 443 mwN in Fn. 279; Dütz, Wilhelm: Rechtsstaatlicher Gerichtsschutz im Privatrecht; 1970, S. 157, ebenso Stein/Jonas/Roth, vor § 253 Rdnr. 129.
531 Wagner, Gerhard: Prozeßverträge, 1998, S. 441.
532 Wagner, Gerhard: Prozeßverträge, 1998, S. 441.

Die gesetzlich geregelten und anerkannten Verzichtsmöglichkeiten beziehen sich stets auf einen konkreten Konflikt, der bereits aufgetreten oder erkennbar ist. Der dauernde Klageverzicht wird zu einer Zeit vereinbart, in der die später auftretenden Streitigkeiten noch nicht einmal absehbar sind. Dieser Fall kann nicht mit einem bekannten Konflikt gleichgesetzt werden, da Streitigkeiten ausgeschlossen werden, von denen die Parteien noch nicht einmal ahnen konnten. Es kann daher nicht von den oben angesprochenen Möglichkeiten darauf geschlossen werden, ein dauerhafter Klageverzicht wäre konsequenter Weise ebenfalls zulässig. Aus denselben Gründen ergibt sich auch, dass es nicht möglich ist, den gesetzlich geregelten Erlass gem. § 423 BGB als Argument anzuführen. Die Parteien wollen ja gerade nicht den materiellen Anspruch erlassen, sondern sich nur der ordentlichen Gerichtsbarkeit entziehen. Im Übrigen hat auch der Erlass stets einen konkreten Anspruch bzw. ein konkretes Rechtsverhältnis vor Augen und nicht den Erlass aller zukünftigen Forderungen.[533]

Ein erheblicher Teil der Kommentare[534] stellt dagegen in einem Satz fest, dass die Klagbarkeit durch (Prozess-) Vertrag ausgeschlossen werden kann. Verwiesen wird in diesem Zusammenhang auf BGHZ 109, 19, 29, BGH NJW 1982, 2072 oder OLG Hamm 12 U 187/94[535]. Dies ist aber so pauschal falsch und zu kurz gegriffen, wie eine Analyse der zitierten Entscheidungen zeigt. BGHZ 109, 19, 28 f. etwa lautet: „Im Verfahrensrecht ist anerkannt, dass die Parteien eines (künftigen) Prozesses sich vertraglich zu jedem Verhalten verpflichten können, das möglich ist und weder gegen ein gesetzliches Verbot noch gegen die guten Sitten verstößt. Wirksam sind deshalb z.B. Abreden dahin, eine Klage oder ein Rechtsmittel zurückzunehmen, kein Rechtsmittel einzulegen, gewisse Beweismittel nicht zu verwenden oder von einer bestimmten Prozessart abzusehen [...]. Unbedenklich ist auch die vertragliche Verpflichtung, eine bestimmte Klage nicht zu erheben." Nach OLG Hamm Az. 12 U 187/94 ist „ein vertraglicher Ausschluß der Klagbarkeit grundsätzlich zulässig". „Danach können die Parteien eines Schuldverhältnisses vereinbaren, daß die gerichtliche Geltendmachung eines sich aus diesem Schuldverhältnis ergebenen Anspruches, soweit die Parteien über ihn verfügen können, ganz oder teilweise ausgeschlossen sein soll." In BGH NJW 1982, 2072 wird es grundsätzlich für zulässig erachtet, wenn „ein Ehegatte, gegen den ein Titel auf Zahlung von Trennungsunterhalt besteht, sich durch einen entsprechenden Prozeßvertrag verpflichtet, wegen des Wegfalls des titulierten Anspruchs durch die Ehescheidung keine Vollstreckungsabwehrklage gegen seine nacheheliche Inanspruchnahme aufgrund des bisherigen Titels zu erheben."

---

533 Vgl. MünchKommBGB/Bydlinski § 423 Rn.1 f.
534 Zöller/Greger, ZPO, 26. Auflage, Vor § 253 Rn. 19; Baumbach/Lauterbach, ZPO, Grundz § 253 Rn 25 ff., MünchKommZPO/Becker-Eberhard Vor §§ 253 ff. Rn.10.
535 Abgedruckt in Hamm OLGR 1997, 1 (red. Leitsatz und Gründe).

Alle drei Fälle haben aber einen entscheidenden Unterschied zum Ausschluss der Klagbarkeit im Allianzvertrag. Sie betreffen konkrete Sachverhalte, konkrete Ansprüche oder konkrete Klagearten, jedenfalls aber konkrete Ausgestaltungen. Sie haben aber gerade nicht Klauseln zum Inhalt, die alle erdenklichen Ansprüche aus einem Vertragsverhältnis, das so umfangreich ist wie ein Allianzvertrag, ausschließen. Diese weite Fassung des Klageverzichts in Allianz-verträgen ist der ausschlaggebende Unterschied.[536] Dann nämlich zieht das Argument, die Parteien könnten schließlich auch gem. § 397 BGB ganz auf den Anspruch verzichten,[537] nicht. Denn auch dort muss sich der Verzichtende seines konkreten Rechts oder zumindest doch der Möglichkeit eines solchen bewusst sein.[538] Die Kommentierungen sind daher ungenau, indem sie diesen, für den Allianzvertrag elementaren, Unterschied nicht aufzeigen. *Rosenberg/ Schwab/Gottwald* zumindest erkennt, dass zwar die Klagbarkeit durch Parteivereinbarung ausgeschlossen werden kann, allerdings nur soweit der Anspruch der Parteidisposition unterfällt, der Ausschluss sich auf ein bestimmtes Rechtsverhältnis bezieht und nicht auf einer Ungleichheit der Parteien beruht.[539]

Ergebnis

Es gibt daher erhebliche Bedenken gegen einen vertraglich vereinbarten dauerhaften Klageverzicht für alle zukünftig entstehenden Streitigkeiten. Zwar mag ein alternatives Streitentscheidungsverfahren durchaus zu gerechten und die wesentlichen Verfahrensgrundsätze beachtenden Verfahren in der Lage sein, aber es muss möglich sein, dies gerichtlich zu überprüfen. Insbesondere die schiedsgerichtlichen Schutzklauseln zeigen, dass der Gesetzgeber die Schiedsgerichtsbarkeit gerade nicht völlig zügellos gewähren wollte, sondern eine Überprüfung in besonderen Fällen für notwendig erachtet. Ebenso sprechen gute Gründe für den BGH, der aus dem Rechtsstaatsprinzip des Grundgesetzes die Gewährleistung eines wirkungsvollen Rechtsschutzes auch für bürgerlich-rechtliche Streitigkeiten ableitet.[540] Im Ergebnis kommt dies der Argumentation von Dütz sehr nahe, der die „Regelungen über Gerichtsschutzgarantie aus Gründen des öffentlichen Interesses zum zwingenden, keiner Parteivereinbarung zugänglichen

---

536 Vgl. auch BGHZ 109, 336, 338, der genau diesen Unterschied als wesentlich für die Wirksamkeit nennt.
537 So OLG Hamm Az. 12 U 187/94; BGHZ 109, 336; BGH NJW 1982, 2072; OLG Celle NJW 1971, 288; Stein/Jonas/Schumann, Vor § 253 Rdnr. 90.
538 RGZ 148, 257, 264; Palandt/Grüneberg § 397 Rdnr. 4; MünchKommBGB/Schlüter § 397 Rdnr. 3.
539 Rosenberg, Schwab, Gottwald; Zivilprozessrecht, 16. Auflage, 2004, § 89 III Rdnr. 24, ebenso Stein/Jonas/Schumann, Vor § 253 Rdnr. 90; /Greger, ZPO, 26.Aufl., Vor § 253 Rn. 19; Baumbach/Lauterbach, ZPO, Grundz § 253 Rn 25 ff.; MünchKommZPO/Becker-Eberhard Vor §§ 253 ff. Rn. 10, jeweils m.w.N.
540 BGHZ 106, 336, 338.

Recht" zählt.[541] Es ist nicht billig, dass sich private Parteien, auch wenn sie dies willentlich tun, einer privaten Streitentscheidung unterwerfen und z.B. im Falle der Willkür daran gebunden bleiben. Aus diesem Grund und der Beachtung der höchstrichterlichen Rechtsprechung erscheint ein umfassender und dauernder Verzicht auf die Klagbarkeit im Allianzvertrag als nicht möglich.[542]

b) Konsequenzen und Auswege

Zumindest wenn man einen rechtlich sicheren Weg nehmen will, muss man auf einen umfassenden Klageverzicht verzichten. Konsequenz dieser Entscheidung ist, dass, würde man nichts unternehmen, die Parteien nach einem Streitentscheidungsverfahren vor die ordentlichen Gerichte ziehen können. Genau dies wollen die Parteien aber nicht. Es steht im völligen Widerspruch zur Idee des Allianzvertrages. Es gilt zu untersuchen, ob es nicht möglich ist unter Beachtung der Rechtsprechung zu vertretbaren Ergebnissen zu kommen. Es erscheint für den Allianzvertrag durchaus als attraktive Lösung, das Streitbeilegungsverfahren mit einem Schiedsgerichtsverfahren zu kombinieren, wie dies die „final/last offer Arbitration"[543] macht oder an das Streitbeilegungsverfahren ein schiedsgerichtliches Verfahren anzuhängen. Ergebnis dieser beiden Wege wäre jeweils ein Schiedsspruch. Dieser kann in den vom Gesetz bestimmten Fällen wiederum in engen Grenzen vor den ordentlichen Gerichten überprüft werden gem. §§ 1029 Abs. 1, 1030, 1031, 1034 Abs. 2 ZPO.

Zwar wird so der Allianzvertrag rechtlich nicht in seiner Reinform umgesetzt, aber in der Praxis dürfte es zu den selben Ergebnissen kommen. Professionelle Schiedsrichter haben in aller Regel ein hohes Maß an juristischer Bildung und beachten daher die Grundmaximen der Verfahrensordnung. Es dürfte aufgrund dessen sehr schwer sein, die im schiedsgerichtlichen Verfahren getroffenen Entscheidungen erfolgreich vor den ordentlichen Gerichten anzugreifen, zumal dies nur in den engen Grenzen der §§ 1029 Abs. 1, 1030, 1031, 1034 Abs. 2 ZPO möglich ist. Die Wege der Verknüpfung mit einem schiedsgerichtlichen Verfahren erscheinen als bessere Alternativen, anstatt sich in die Rechtsunsicherheit zu begeben und zu hoffen, dass der BGH seine Rechtsprechung, die noch dazu von einem Großteil der Literatur gestützt wird, aufgibt.

---

541 Dütz, Wilhelm: Rechtsstaatlicher Gerichtsschutz im Privatrecht; 1970, S. 158.
542 So auch Herbert Roth in Stein/Jonas/Roth §vor § 253 Rdnr. 129, der einen gänzlichen Ausschluss der Gerichtsbarkeit für nicht möglich erachtet. Die Parteien können auf den Justizgewährungsanspruch nicht vollends verzichten. In Australien wurde diese Frage noch nicht entschieden. In den bisher zum Allianzvertrag entschiedenen Fällen, befanden die Gerichte stets, dass es in dem vorliegenden Einzelfall keiner Entscheidung dieser grundsätzlichen Frage bedurfte.
543 Diese wurde bereits in Kap. BVI4d)(1) dargestellt.

c) Problem der Bereichsausnahme für Vorsatz und Insolvenz

Der Allianzvertrag sieht eine Bereichsausnahme für Vorsatz und Insolvenz einer Partei vor. In diesen Fällen können in Australien die Parteien ihre Ansprüche direkt vor den ordentlichen Gerichten geltend machen. Allerdings ist dies für den Fall des Vorsatzes im deutschen Recht keineswegs notwendig. § 276 III BGB schließt nur Haftungsbeschränkungen für Vorsatz aus, eröffnet aber nicht den Weg zu den ordentlichen Gerichten. Vielmehr kann auch ein Anspruch, der auf einer vorsätzlichen Schädigung beruht auch vor den Schiedsgerichten durchgesetzt werden. Die Schiedsfähigkeit gem. § 1030 BGB ist nach wie vor gegeben, da es sich um einen vermögensrechtlichen Anspruch handelt.[544]

Die Zuweisung von Ansprüchen, die auf Vorsatz beruhen, birgt zudem die Problematik, dass die Parteien versuchen werden, über eine Ausdehnung des Vorsatzbegriffs zu den ordentlichen Gerichten zu gelangen, wenn es für sie vorteilhaft erscheint. Dies würde aber der Intention zuwiderlaufen, möglichst viele Konflikte vor dem effizienten und günstigen Streitentscheidungsverfahren zu lösen.

Auch die Bereichsausnahme für die Insolvenz einer Partei ist nach deutschem Recht nicht nötig. Die Insolvenzeröffnung auf Seiten einer Partei ist für eine Schiedsklausel unschädlich.[545] Sie führt nicht zum Erlöschen der Vereinbarung.

Denkbar ist daher Folgendes: Der Allianzvertrag sieht weiterhin einen sehr weiten materiell-rechtlichen Haftungsausschluss (bis auf Vorsatz und Insolvenz) vor. Prozessual werden alle Streitigkeiten im vertraglich vereinbarten Schiedsgerichtsverfahren gelöst. So wird das effizientere Schiedsgerichtsver-fahren ausgedehnt ohne den Rechtsschutz der Partei zu schwächen. Selbstverständlich kann auch ein ordentliches Gerichtsverfahren für die Bereiche des Vorsatzes und der Insolvenz angeordnet werden, wenn die Parteien dies wünschen. In diesem Fall sollte der Allianzvertrag eine genaue Definition enthalten, was unter Vorsatz zu verstehen ist.[546]

d) Ergebnis

Der Allianzvertrag kann in diesem Punkt nicht vollständig umgesetzt werden. Reine Allianzverträge mit einer „no blame – no dispute"-Klausel, die einen nahezu vollständigen Klageverzicht ohne alternatives Streitbeilegungsverfahren vorsehen, sind in Deutschland nicht möglich. Ein Klageverzicht ist nach Ansicht

---

544 Es existieren nur wenige Ausschlüsse; vgl. hierzu MünchKommZPO/Münch § 1030 Rdnr. 25 ff.
545 Jestaedt, Thomas: Schiedsverfahren und Konkurs, 1985; MünchKommZPO/Münch § 1029, Rdnr. 126.
546 Hierbei ist § 276 BGB zu beachten.

der höchstrichterlichen Rechtsprechung und einem Großteil der Literatur in diesem Ausmaß nicht zulässig. Jedenfalls wäre es mit erheblicher Rechtsunsicherheit verbunden, eine solche Klausel zu verwenden. Ein möglicher Ausweg ist die Verknüpfung des alternativen Streitentscheidungsverfahrens mit einem Schiedsgerichtsverfahren oder die Etablierung eines solchen, will man die ordentlichen Gerichte weitestmöglich zurückdrängen. Daher gilt es, das Streitentscheidungsverfahren dementsprechend auszugestalten, um den allianzvertraglichen Prinzipien weitestgehend gerecht zu werden.

4. Das Streitbeilegungsverfahren

a) Ersetzung des ordentlichen Gerichts- durch ein ADR-Verfahren

Soweit ein ADR-Verfahren die ordentlichen Gerichte ersetzen, also verdrängen soll, stellen sich ähnliche Fragen wie beim Klageverzicht. Allerdings hat diese Frage einen wesentlich stärkeren Grundrechtsbezug aufgrund der Art. 20 Abs. 3, Art. 92 und Art. 97 GG, die über § 138, 242 BGB auch Einfluss in das BGB finden. Der Justizgewährungsanspruch folgt nach herrschender Auffassung aus dem Rechtsstaatsprinzip Art. 20 Abs. 3 GG und den Einzelgrundrechten und ist ein unverzichtbares Recht.[547] Nicht einmal durch eine Verfassungsänderung könnte er abgeschafft werden, da Art. 20 Abs. 3 GG der „Ewigkeitsklausel" unterliegt. Aus diesem Grund kann das ordentliche Gerichtsverfahren nicht einfach ausgeschlossen werden oder durch ein alternatives Streitbeilegungsverfahren ersetzt werden, da dies einen Verstoß gegen den Justizgewährungsanspruch darstellen würde.[548] Dieser hat zur Folge, dass es mit dem Verfassungsrecht unvereinbar ist, juristische Konflikte zur endgültigen Entscheidung an einen Nicht-Richter zu übertragen.[549] Eine weitere Folge des Justizgewährungsanspruches ist es, dass an das alternative Streitentscheidungsverfahren keine allzu hohen Hürden geknüpft werden dürfen, damit so nicht mittelbar der Justizgewährungsanspruch ausgeschlossen wird.[550] Ebenfalls würde die Einsetzung eines „Nichtgerichts" das Rechtsprechungsmonopol aus Art. 92 GG verletzen.[551] Streitentscheidungsverfahren können daher keine für vollstreckbar erklärbaren Urteile

---

547 BVerfGE 3, 359, 364 = NJW 1954, 593.
548 BVerfGE 107, 395, 409 = NJW 2003, 1924.
549 Eberl, Walter/Friedrich, Fabian: Alternative Streitbeilegung im zivilen Baurecht; BauR 2002, S. 250.
550 Lembcke, Moritz: Die Influenz von Justizgewährungsanspruch, Rechtsprechungsmonopol des Staates und rechtlichem Gehör auf außergerichtliche Streitbeilegungsverfahren; NVwZ 2008, 42, 44.
551 Maunz/Dürig, GG, Art. 92 Rdnr. 157; Lembcke, Moritz: Die Influenz von Justizgewährungsanspruch, Rechtsprechungsmonopol des Staates und rechtlichem Gehör auf außergerichtliche Streitbeilegungsverfahren; NVwZ 2008, 42, 44.

fällen. Um dies gewährleisten zu können, würde es einer umfangreichen gesetzlichen Änderung bedürfen.[552] Außergerichtliche Streitbeilegungsverfahren können daher nur bis zu einem gewissen Grad gerichtliche Verfahren verdrängen. Es bleibt bei der Erkenntnis,[553] dass jedes, durch ein privates Streitentscheidungsverfahren hervorgegangene, Urteil zumindest einer gewissen Überprüfung durch die staatliche Gerichtsbarkeit zugänglich sein muss. Eine vollständige Ersetzung ist nicht möglich.

b) Streitentscheidungsverfahren bei „unreinen" Allianzverträgen

In „unreinen" Allianzverträgen werden die unterschiedlichsten ADR-Verfahren verwendet.[554] „Unreine" Allianzverträge enthalten nicht alle charakteristischen Klauseln oder wenn nur in abgeschwächter Form.[555] Der Konfliktbewältigung kommt im Allianzvertrag, wie bereits gesehen, eine entscheidende Rolle zu. Das allianzvertragliche Vergütungssystem, die „no blame – no dispute"-Klausel, das Einstimmigkeitsprinzip, die enge Kooperation der Parteien und insbesondere der nicht am Baupreis orientierte Auswahlprozess sollen zwar schon von vorneherein Konflikte vermeiden, dennoch ist es ohne Zweifel möglich, dass Konflikte entstehen können. Diese gilt es effizient und für alle Beteiligten akzeptabel zu lösen. Dabei spielen nicht nur finanzielle Aspekte eine Rolle, sondern die Parteien müssen sich danach auch wieder „in die Augen sehen können". Großprojekte sind davon gekennzeichnet, dass sie eine lange Vertragsdauer haben, Misstrauen unter den Parteien also zu erheblichen Problemen führen können.

Der Allianzvertrag sieht ein mehrstufiges Vorgehen bei Konflikten vor. Zunächst wird versucht, den Konflikt auf Ebene des AMT und später des ALT zu lösen. Dies geschieht in aller Regel ohne Hinzuziehung eines Dritten. Einer der fundamentalen Gedanken des Allianzvertrages ist es, dass bereits auf diesen Ebenen der Konflikt gemeinschaftlich gelöst werden soll.[556] In einigen Allianzverträgen, insbesondere den reinen Allianzverträgen, gibt es daher keine

---

552 Lembcke, Moritz: Die Influenz von Justizgewährungsanspruch, Rechtsprechungsmonopol des Staates und rechtlichem Gehör auf außergerichtliche Streitbeilegungsverfahren; NVwZ 2008, 42, 44.
553 Vgl. hierzu Kap. CII3a).
554 Vgl. dazu Kap. BVI4d).
555 Dies gilt insbesondere für die "no blame – no dispute" Klausel. Zum Unterschied zwischen reinen und unreinen Allianzverträgen siehe Kap. BVI2.
556 Myers, James: Alliancing Contracting: A Potpourri of proven Techniques for successful Contracting, S. 63.

weiteren Entscheidungsebenen.[557] Die Parteien sind gezwungen, spätestens im ALT eine Lösung zu finden.[558]

Insbesondere in den USA wird immer öfter, zumindest für einige Bereiche, ein ADR-Verfahren implementiert.[559] Dieses soll, wenn das ALT zu keiner Lösung kommt, den Streit endgültig und für alle Parteien bindend entscheiden. Üblicherweise sieht dort der Allianzvertrag keine weitere Möglichkeit mehr vor, vor die ordentlichen Gerichte zu ziehen. Einzige Ausnahme ist die vorsätzliche Schädigung, bei der es den Parteien stets möglich ist, vor Gericht zu ziehen.[560]

Der Allianzvertrag nutzt daher in den anglo-amerikanischen Ländern als Streitbeilegungsverfahren ausschließlich ADR-Verfahren.[561] Die hohe Flexibilität dieser Verfahren führt aber zu einer schier endlosen Zahl an möglichen Ausgestaltungen und Kombinationen. Eine Besprechung aller möglichen ADR-Verfahren kann hier nicht geleistet werden. Es gibt gerade bei internationalen Großprojekten vielversprechende Streitentscheidungsverfahren, wie z.B. die „Adjudication".[562] Ausgeklammert werden jedenfalls das Mediationsverfahren und das Top-Executive- Verfahren.[563] Die Mediation ist kein streitentscheidendes, sondern ein prozessorientiertes Verfahren. Es soll den Parteien helfen, selbst eine Lösung zu finden.[564] Im Top-Executive-Verfahren können zwar die Mitglieder des Gremiums, dieses setzt sich aus den höchsten Entscheidungsträgern der beteiligten Unternehmen zusammen,[565] bindende Entscheidungen treffen, es herrscht dort aber ebenfalls das Einstimmigkeitsprinzip. Bei nur einer Gegenstimme kommt es daher nicht zu einer Einigung.[566] Diese beiden Verfahren eigenen sich allerdings sehr gut, um sie vor einer bindenden Streitentschei-

---

557 Chew, Andrew: Alliancing in delivery of major infrastructure projects and outsorcing services in Australia – An overview of legal issues, The International Construction Law Review 2004, S. 323.
558 Myers, James: Alliancing Contracting: A Potpourri of proven Techniques for successful Contracting, S. 63.
559 Myers, James: Alliancing Contracting: A Potpourri of proven Techniques for successful Contracting, S. 63.
560 DTF, Project Alliance Practitioners Guide, Legal framework, S. 59.
561 Myers, James: Alliancing Contracting: A Potpourri of proven Techniques for successful Contracting, S. 63.
562 Vgl. hierzu: Risse, Jörg: Adjudication in Öffentlich-private Großprojekte, Hrsg. v. Nicklisch, 2005, S. 169 ff., Wiegand, Christian: Adjudication" – beschleunigte außergerichtliche Streiterledigungsverfahren im englischen Baurecht und im internationalen FIDIC-Standardvertragsrecht, RIW 2000, S. 197 ff.
563 Horvath, Günther: Juristische Schlüsselfragen bei Allianzverträgen, Top Executives, S. 36; vgl. auch Kap. BVI4d)(4).
564 Greger, Reinhard; Stubbe, Christian: Schiedsgutachten, Rdnr. 25.
565 Horvath, Günther: Juristische Schlüsselfragen bei Allianzverträgen, Top Executives, S. 36.
566 Ausführlicher zu diesem Verfahren, vgl. Kap. (4).

dung durch Dritte durchzuführen. So können viele Konflikte schon im Verhandlungswege ausgeräumt werden.

In Deutschland ist der Ausschluss der Klagbarkeit, also der Möglichkeit vor die ordentliche Gerichte zu ziehen, nicht ohne Weiteres möglich.[567] Wie bereits in Kap. BIII1 gezeigt, sind aber Bauprozesse vor den ordentlichen Gerichten mit Sicherheit die schlechteste Alternative der Konfliktlösung, wenn schnelle, kostengünstige und die Atmosphäre möglichst wenig belastende Verfahren gewünscht sind. Nicht nötig erscheint daher eine Besprechung der selbstverständlich möglichen, ordentlichen Gerichtsbarkeit. Dieses Verfahren dauert zu lange und stellt nicht die gemeinschaftliche Konfliktlösung in den Vordergrund, sondern ist ein kontradiktorisches Verfahren.[568] Es soll daher in dieser Arbeit nur auf das in Deutschland im Baurecht häufig verwendete Schiedsgutachten sowie auf die in Australien verbreiteten „Swing-man dispute resolution process" und „Dispute Boards" eingegangen werden. Untersucht werden soll ferner, wie sich das Problem der Unwirksamkeit eines Klageverzichts, des Justizgewährungsanspruchs[569] und des Rechtssprechungsmonopols[570] der Gerichte in Deutschland auswirkt und ob eine verfassungskonforme Lösung möglich ist.

c) Schiedsgutachten

Schiedsgutachten spielen in Deutschland, gemessen an internationalen Standards, sowohl was die rechtliche als auch die praktische Bedeutung anbelangt eine eher unbedeutende Rolle.[571] Eine ausdrückliche Regelung findet sich weder im BGB noch in der ZPO. Die rechtliche Grundlage für Schiedsgutachten stellen die Regelungen über die Bestimmung der Leistung durch Dritte in den §§ 317 ff. BGB im Kapitel über einseitige Leistungsbestimmungsrechte dar. Aus diesem Grund ist das Schiedsgutachten rechtlich nur rudimentär geregelt, was sicherlich nicht förderlich für dessen Verbreitung ist.[572]

(1) *Abgrenzung zum Schiedsgericht*

Das Schiedsgutachten ist klar von dem sprachlich ähnlichen Schiedsgerichtsverfahren der §§ 1025 ff. ZPO zu trennen. In beiden Fällen entscheiden zwar ein oder mehrere Dritte einen zwischen den Parteien bestehenden Streit, allerdings

---

567 Siehe dazu ausführlich Kap. CII3.
568 Ordentliche Gerichtsverfahren haben im Baurecht mit einer Vielzahl von Problemen zu kämpfen. Vgl. dazu Kap. BIII1.
569 BVerfGE 3, 359, 362 = NJW 1954, 593.
570 Folgt aus Art. 92, Art. 97 Abs. 1 und Art 20 Abs. 3 GG, vgl. Maunz/Dürig, GG Art 20 Abs 7, Rdnr. 135 m.w.N.
571 Borowsky, Martin: Das Schiedsgutachten im Common Law, 2001, S. 184 ff.
572 Greger/Stubbe nennen es ein gesetzgeberisches Versäumnis. Greger, Reinhard; Stubbe, Christian: Schiedsgutachten, Rdnr. 2.

herrschen große rechtliche Unterschiede in der Vollstreckbarkeit und der gerichtlichen Überprüfbarkeit. Zudem bestehen praktische Unterschiede, insbesondere in der Dauer und Kostenintensität des Verfahrens.[573]

Im Folgenden soll nun das „klassische" Schiedsgutachten dargestellt und untersucht werden, ob es ein für den Allianzvertrag taugliches Streitbeilegungsverfahren darstellt.

(2) Gestaltende und feststellende Rechtsgutachten

Bereits das Reichsgericht[574] hat 1919 herausgearbeitet, dass Schiedsgutachten sowohl auf die Ergänzung oder Anpassung eines Vertrages gerichtet sein können, als auch auf die Klärung eines Streitpunktes tatsächlicher Art.[575] Bei ersterem spricht man von rechtsgestaltenden Gutachten, da hier der Vertragsinhalt eine Änderung erfährt bzw. eine Lücke geschlossen wird. Bei rechtsgestaltenden Gutachten wird die vom Gutachter getroffene Bestimmung unmittelbar Vertragsinhalt und tritt an die Stelle der vertraglichen Vereinbarung bzw. ändert diese ab. Feststellende Schiedsgutachten klären eine Streitfrage bzw. einen streitigen Umstand, ohne dabei den Vertrag zu ändern. Beispielhaft hierfür wäre die Auslegung einer Willenserklärung oder Klärung einer Rechtsfrage.[576] Eine über diese Feststellung hinausgehende Wirkung kommt dem Schiedsgutachten nicht zu. Der Gutachter entscheidet daher nicht, ob der Schuldner tatsächlich zahlen muss oder aber Einwendungen vorbringen kann. Ebenso trifft er keine Entscheidung über Beseitigungsansprüche, Nacherfüllung, etc. Der Gutachter unterscheidet sich vom Schiedsrichter gerade dadurch, dass er keine Entscheidung über den Anspruch als solchen trifft, sondern nur streitige Tatsachen oder Rechtsfragen klärt.[577] Der Gutachter kann daher zwar Leistungsbestimmungen treffen, Vertragsänderungen festlegen, konkrete Vertragsinhalte bestimmen oder Tatbestandselemente feststellende Schiedsgutachten treffen, aber nicht über Ansprüche entscheiden.[578] Schiedsgutachten werden häufig benutzt, um Tatbestände zu klären. Insbesondere das Vorliegen eines Mangels lässt sich so überprüfen.

Das Gutachten besitzt allerdings keine Rechtskraftwirkung und ist nicht vollstreckbar.[579] Widersetzt sich die unterlegene Partei dem Gutachten, muss die andere Partei trotzdem den Rechtsweg beschreiten. Das Verfahren mag zwar eine gewisse faktische Bindung dadurch erlangen, dass es für die unterlegene

---

573 Eine detaillierte Abgrenzung und detaillierte Abgrenzungsfolgen finden sich bei MünchKommZPO/Münch Vor § 1025, Rdnr. 31 ff.
574 RGZ 96, 57, 60; ihm folgend BGH NJW 1991, 176.
575 Greger, Reinhard; Stubbe, Christian: Schiedsgutachten, Rdnr. 83.
576 Greger, Reinhard; Stubbe, Christian: Schiedsgutachten, Rdnr. 83, 87 und 129.
577 MünchKommBGB/Gottwald § 317 Rdnr 28 ff.
578 MünchKommBGB/Gottwald § 317 Rdnr 28 bis 32.
579 Greger, Reinhard; Stubbe, Christian: Schiedsgutachten, Rdnr. 156.

Partei ungemein schwierig sein wird, das erlassene Schiedsgutachten vor den ordentlichen Gerichten zu kippen, aber dies ändert nichts daran, dass eine schnelle für alle Parteien bindende Entscheidung nicht möglich ist.

Aus diesen Gründen ist das Schiedsgutachten für den Allianzvertrag nur bedingt geeignet. Der Allianzvertrag sieht grundsätzlich ein Streitbeilegungsverfahren vor, das endgültig und für alle Parteien bindend über jegliche Art von Streit entscheiden kann, ob dies nun Vertragsänderung/-anpassung, Feststellungen, Rechtsfragen oder auch Ansprüche sind. Dies ist beim Schiedsgutachten nicht gegeben.

d) swing-man dispute resolution process

Ein häufig in Allianzverträgen verwendetes Streitentscheidungsverfahren ist der „swing man dispute resolution process". Wird dieser mit einem Schiedsgerichtsverfahren kombiniert nennt man ihn „final-offer-arbitration"[580], „last-offer-arbitration"[581] oder „flip-flop-arbitration".[582] Die Kombination ist für den Allianzvertrag besonders interessant, da sie die Vorteile beider Verfahren verbindet. Im swing-man-Verfahren formulieren die streitenden Parteien jeweils einen Lösungsvorschlag und legen sie einem Dritten vor. Dieser entscheidet dann zwischen den beiden Vorschlägen, darf aber keine eigenen Lösungsvorschläge machen.[583] Die Entscheidung des Dritten ist für alle Parteien bindend. Dieses Verfahren wird gerne mit einem Mediationsverfahren zum so genannten MEDALOA (mediation and last offer arbitration) verbunden.[584]

Wird dieses Verfahren mit einem Schiedsgerichtsverfahren kombiniert, ist es möglich, den Schiedsspruch gem. § 1060 ZPO für vollstreckbar zu erklären. Der Entscheidungsspielraum des Schiedsrichters wird dabei auf die beiden vorgelegten Lösungsvorschläge reduziert. Die vom Schiedsrichter favorisierte Lösung ergeht in der Folge als Schiedsspruch. Kritisch ist hierbei, dass beide Vorschläge materiell-rechtlich falsch sein können und der Schiedsrichter daher gezwungen sein kann, einen materiell falschen Schiedsspruch zu erlassen. Ebenso darf er keine Teilforderung unter Klageabweisung im Übrigen zusprechen.

---

580 Eidenmüller, Horst: Hybride ADR-Verfahren bei internationalen Wirtschaftskonflikten, RIW 2002, S. 8.
581 Ebenfalls Eidenmüller, Horst: Hybride ADR-Verfahren bei internationalen Wirtschaftskonflikten, RIW 2002, S. 8.
582 Risse, Jörg; Neue Wege der Konfliktbewältigung: Last-Offer-Schiedsverfahren, High/Low-Arbitration und Michigan Mediation, BB-Beilage Mediation & Recht 2001, 16.
583 Ausführlicher hierzu Kap. BVI4d)(1).
584 Coulson, Robert: MEDALOA: A Practical Technique for Resolving International Business Disputes, Journal of International Arbitration, 1994, S. 111 ff.

Risse drückt es so aus: „Es gewinnt der rechtlich vernünftigere der beiden Vorschläge".[585]

Problematisch ist, wie die Bindung des Schiedsgerichts und der Parteien an dieses Verfahren erreicht wird. Grundsätzlich unterliegt das Schiedsverfahren gem. § 1042 Abs. 3 ZPO der privatautonomen Disposition, allerdings begrenzt durch zwingende Grundmaximen und ausdrückliche Zwangsregeln.[586] Die Parteien können daher durch Prozessvertrag bestimmen, dass der Schiedsrichter nur zwischen den ihm vorgelegten Vorschlägen entscheiden darf.[587] Der Schiedsrichter kann so auch zu einer materiell-rechtlich falschen Entscheidung gezwungen werden. Wie § 1051 Abs. 1 und Abs. 3 ZPO zeigen, kann die Bindung des Schiedsrichters an das Recht aufgehoben werden. Im Schiedsverfahren sind gem. § 1051 Abs. 3 ZPO sogar Billigkeitsentscheidungen erlaubt. Die Grundmaximen, wie Anspruch auf rechtliches Gehör und das Gebot der Gleichbehandlung müssen allerdings beachtet werden.[588]

Die Kombination aus swing-man-Verfahren und Schiedsgerichtsverfahren ist daher für den Allianzvertrag sehr interessant. Nach hier vertretener Ansicht sowie der von *Risse* und *Eidenmüller* ist diese Verknüpfung rechtlich möglich.[589] Der Allianzvertrag muss das Verfahren in den einzelnen Schritten regeln und die Begrenzung des richterlichen Entscheidungsspielraumes festschreiben. Grundsätzlich sind aber alle denkbaren allianzvertraglichen Streitigkeiten gem. § 1030 ZPO schiedsfähig. Eine solche Kombination vereint die einfache und schnelle Streitentscheidung des swing-man-Verfahrens und die Vorteile des Schiedsgerichtsverfahrens, wie die Möglichkeit, Urteile für vollstreckbar erklären zu lassen.

---

585 Risse, Jörg; Neue Wege der Konfliktbewältigung: Last-Offer-Schiedsverfahren, High/Low-Arbitration und Michigan Mediation, BB-Beilage Mediation & Recht 2001, 17.
586 MünchKommZPO/Münch § 1042 Rdnr. 6.
587 Im Ergebnis so Risse, Jörg; Neue Wege der Konfliktbewältigung: Last-Offer-Schiedsverfahren, High/Low-Arbitration und Michigan Mediation, BB-Beilage Mediation & Recht 2001, 18. Risse zeigt zudem einen Weg auf, wie auch durch Antragsgestaltung eine solche Bindung erreicht werden kann.
588 MünchKommZPO/Münch § 1042 Rdnr. 6.
589 Dieses Verfahren wird bisher in Deutschland kaum diskutiert. Zur Vertiefung siehe Risse, Jörg; Neue Wege der Konfliktbewältigung: Last-Offer-Schiedsverfahren, High/Low-Arbitration und Michigan Mediation, BB-Beilage Mediation & Recht 2001, 16 ff. und Eidenmüller, Horst: Hybride ADR-Verfahren bei internationalen Wirtschaftskonflikten, RIW 2002, S. 8.

e) Dispute Boards

Dispute Resolution Boards (DRBs) stellen ein meist mehrköpfiges Gremium dar, das im Konfliktfalle den Streit entscheiden soll.[590] Seit September 2004 gibt es für DRBs vom International Chamber of Commerce (ICC) entworfene Verfahrensregeln.[591] Die ICC beschreibt Dispute Boards wie folgt:[592]

> „Dispute Boards (DBs) are independent bodies normally set up at the outset of a contract and which remain in place for its duration. Comprising one or three members thoroughly acquainted with the contract, DBs can help parties resolve their disagreements and disputes by providing informal assistance and by issuing recommendations or decisions."

Ziel dieses Verfahrens ist es also, die während der Projektausführung auftretenden Streitigkeiten innerhalb kürzester Zeit bindend oder zumindest vorläufig bindend zu lösen. Solche Dispute Boards können im deutschen Recht aufgrund der Privatautonomie ebenfalls eingesetzt werden. Die Parteien haben die Möglichkeit, die ICC-Regeln durch Aufnahme der ICC-Standardklauseln in ihren Vertrag einzubeziehen.[593]

Auch DRBs sind für den Allianzvertrag sehr gut geeignet. Sie können bindende oder vorläufig bindende Entscheidungen treffen und sehr effizient arbeiten, da sie das Projekt durchgehend begleiten.[594] Im Falle von bindenden Entscheidungen spricht das ICC von Dispute adjudication Boards und nicht von Dispute resolution Boards, wobei diese begriffliche Einteilung keineswegs herrschend ist.[595] Durch die ständige Begleitung des Projekts haben DBs ein großes Maß an Verständnis für das Projekt und kennen dessen Probleme.[596]

---

590 Ausführlich zum DRB vgl. Kap. BVI4d)(2) und Greger, Reinhard; Stubbe, Christian: Schiedsgutachten, Rdnr. 32 ff. sowie 332; Eine kurze Zusammenfassung findet sich auch bei Horvath, Günther, Juristisches Konfliktmanagement in internationalen Großprojekten in Nicklisch (Hrsg.), Öffenlich-private Großprojekte, 2005, S. 148.
591 Siehe dazu www.iccwbo.org/court/english/rules/rules.asp; Harbst, Ragnar, Manken, Volker; Adjudication und Dispute Review Boards nach den neuen ICC Regeln, SchiedsVZ 2005, S. 34; Westphal, Lars, Busse, Daniel; Vorläufige Maßnahmen durch ein bei Großprojekten vereinbartes ständiges Schiedsgericht, SchiedsVZ 2006, S. 21 ff.
592 Dispute Board Rules; Article 2; http://www.iccwbo.org/uploadedFiles/Court/Arbitration/other/db_rules_2004.pdf.
593 Harbst, Ragnar, Manken, Volker; Adjudication und Dispute Review Boards nach den neuen ICC Regeln, SchiedsVZ 2005, S. 34.
594 Vgl. ausführlicher Kap. (2).
595 Dorgan, Carroll: The ICC's New Dispute Board Rules; ICLR 2005, S. 146; Horvath, Günther: Juristische Schlüsselfragen bei Allianzverträgen, Juristische Besonderheiten von Allianzverträgen, S. 38.
596 Zur Vertiefung siehe www.iccwbo.org/court/english/rules/rules.asp; Harbst, Ragnar, Manken, Volker; Adjudication und Dispute Review Boards nach den neuen ICC Regeln, SchiedsVZ 2005, S. 34 ff.

Die Entscheidungen oder Empfehlungen der Dispute Boards sind nicht vollstreckbar, können aber Bindungswirkung entfalten, wenn sich die Parteien verpflichten, die Entscheidung zu befolgen. Sofern eine Partei das Urteil für falsch hält, kann sie es (schieds-) gerichtlich überprüfen lassen.[597] Für diesen Fall kann der Allianzvertrag vorsehen, dass die Parteien bis zu einer (schieds-) gerichtlichen Entscheidung die Entscheidung des Dispute Boards befolgen müssen.[598]

f) Andere ADR-Verfahren

Die Zahl der ADR-Verfahren ist in den letzten Jahren extrem angestiegen. Insbesondere durch Kombinationen verschiedener ADR-Mechanismen und neuer Regularien der Gesetzgeber, aber auch anderer Organisationen wie dem ICC oder FIDIC existiert eine unüberschaubare Anzahl an Möglichkeiten für Vertragsparteien. Eine Besprechung aller ADR-Verfahren ist daher nicht möglich. Hinzuweisen ist noch auf ein relativ neues interessantes Verfahren. Die Dispute Adjudication[599], eingeführt erstmals in England durch den *Housing Grants, Construction and Regeneration Act 1996* (HGCRA) ist ein eigenständiges Streitentscheidungsverfahren, welches in hohem Maße zielführend und inquisitorisch ausgestattet ist.[600] Die Entscheidung des Adjudicators kann relativ schnell durch ein „summary Judgement"[601] für vollstreckbar erklärt werden, es sei denn es wurden grundlegende Verfahrensverstöße begangen.[602] Der adjudication-Spruch bleibt aber in einem späteren Gerichts- oder Schiedsgerichtsverfahren überprüfbar.[603] Auch dieses System ist für den Allianzvertrag aufgrund seiner Effizienz und der weitreichenden Entscheidungskompetenz interessant, ähnelt aber weitgehend den Dispute Boards.[604] Im Übrigen würde es einer Gesetzesänderung bedürfen, würde man die Entscheidung des Adjudicators

---

597 Harbst, Ragnar, Manken, Volker; Adjudication und Dispute Review Boards nach den neuen ICC Regeln, SchiedsVZ 2005, S .36; vgl. ebenfalls Kap. CII4a) zur Vollstreckbarkeit von ADR-Verfahren.
598 Harbst, Ragnar, Manken, Volker; Adjudication und Dispute Review Boards nach den neuen ICC Regeln, SchiedsVZ 2005, S. 36.
599 Durch den englischen Gesetzgeber mit dem Housing Grants, Construction and Regeneration Act 1996 verpflichtend eingeführt.
600 Lembcke, Moritz: Dispute Adjudication – Vorbild für die Konfliktbewältigung in Deutschland; NZBau 2007, S. 273 ff.
601 Das summary judgement ist eine dem englischen Recht eigene Art summarischen Verfahrens, vgl. Lembcke, ZZP 2007, 73, 83.
602 Lembcke, Moritz: Dispute Adjudication – Vorbild für die Konfliktbewältigung in Deutschland; NZBau 2007, S. 273, 274.
603 Lembcke, Moritz: Dispute Adjudication – Vorbild für die Konfliktbewältigung in Deutschland; NZBau 2007, S. 273, 274.
604 Dorgan, Carroll: The ICC's New Dispute Board Rules; ICLR 2005, S. 143.

auch in Deutschland in einem schnellen Verfahren für vollstreckbar erklären wollen.[605]

g) Öffentliche Hand als Vertragspartner

Bei Großprojekten ist oftmals die öffentliche Hand Auftraggeber bzw. Bauherr. Dies gilt in besonderem Maße bei Infrastrukturprojekten. Allerdings ändert sich dadurch nicht die zivilrechtliche Natur des Allianzvertrages. Allein wegen der Beteiligung der öffentlichen Hand fällt der Allianzvertrag jedenfalls nicht unter das Verwaltungsrecht.[606] Bei Allianzverträgen agieren die Parteien zudem auf gleicher Augenhöhe und nicht im Ober- und Unterordnungsverhältnis (Subordinationstheorie).[607] Ebenfalls sind streitentscheidende Normen nicht solche des öffentlichen Rechts, sondern des Zivilrechts, insbesondere des BGB (Subjektstheorie).[608] Der Allianzvertrag bleibt daher auch nach allen gängigen Theorien trotz Beteiligung der öffentlichen Hand ein zivilrechtlicher und kein öffentlich rechtlicher Vertrag.

Die öffentliche Hand kann sich grundsätzlich jederzeit zivilrechtlicher Verträge bedienen. Allerdings können in gewissen Fällen zivilrechtliche Verträge trotzdem der Verwaltungsgerichtsbarkeit gem. § 40 Abs. 1 VwGO unterworfen werden. Dies insbesondere dann, wenn eine „Flucht ins Privatrecht" vorliegt. Dies wäre der Fall, wenn sich der Staat, um der Verwaltungsgerichtsbarkeit zu entgehen, eines privatrechtlichen Vertrages bedienen würde. Der Allianzvertrag als Werk- und Gesellschaftsvertrag umgeht aber keine öffentlich-rechtlichen Vorschriften. Solche existieren auf diesem Gebiet nicht. Es bleibt daher für den Allianzvertrag auch bei Beteiligung der öffentlichen Hand bei der zivilrechtlichen Natur des Vertrages und der grundsätzlichen Zuständigkeit der ordentlichen Gerichtsbarkeit.

Auch aus Art. 19 Abs. 4 GG, der eine Garantie des Rechtswegs bei Rechtsverletzungen durch die öffentliche Hand gibt, ergeben sich keine Hindernisse. Wie bereits gesehen, handelt die öffentliche Hand, wenn sie einen Allianzvertrag eingeht, nicht in Erfüllung ihrer öffentlichen Aufgaben. Vielmehr ist die Verwaltung hier ein Nachfrager und Grundstückseigentümer wie jeder andere auch.[609] Problematisch wird dies allerdings soweit das Vergabeverfahren betroffen ist. Hier muss es anderen Bewerbern möglich sein, gegen eine fehlerhafte Auswahl vorgehen zu können. Dieser Rechtsstreit fiele wohl unter Art. 19 Abs.

---

605 Vgl. Zu den Problemen mit dem deutschen Grundgesetz Kap. CII3a).
606 Stumpf, Christoph, Alternative Streitbeilegung im Verwaltungsrecht, 2006, S. 23 ff.
607 BGHZ 97, 312, 314; 102, 280, 83; Schmitz in Stelkens/Bonk/Sachs, VwVfG, 7.Aufl. 2008, § 1 Rn. 95.
608 Schmitz in Stelkens/Bonk/Sachs, VwVfG, 7.Aufl. 2008, § 1 Rn. 97 mwN.
609 Schmidt-Aßmann in Maunz/Dürig, Komm. Z. GG, Art. 19 Abs. 4 Rdnr. 65.

4 GG.[610] Allerdings wäre dies dann kein Rechtsstreit zwischen den Vertragsparteien. Die allianzvertraglichen Streitbeilegungsabreden hätten daher keine Auswirkung.

Aus der Beteiligung der öffentlichen Hand ergeben sich keine Hindernisse, alternative Streitbeilegungsverfahren oder Schiedsgerichtsverfahren zu nutzen. Dies zum einen deswegen, weil der Allianzvertrag ein zivilrechtlicher Vertrag ist und zum anderen der Verwaltungsgerichtsweg nicht eröffnet ist. Im Übrigen ist es auch der öffentlichen Hand nicht verwehrt, Streitigkeiten im Wege der Schiedsgerichtsbarkeit zu lösen oder andere alternative Streitbeilegungsverfahren zu nutzen.[611]

h) Bindung an die Entscheidung im ADR-Verfahren

Die Bindungswirkung ist zunächst von der Vollstreckbarkeit zu trennen. Die Parteien können vereinbaren, dass die Entscheidungen, die im ADR-Verfahren ergehen, für sie bindend sein sollen. Die Parteien können aber nicht vereinbaren, dass die Entscheidung vollstreckbar ist.[612] Eine Auflistung vollstreckbarer Titel enthält § 794 ZPO. Entscheidungen im ADR-Verfahren sind daher grundsätzlich nicht vollstreckbar.

Endet das Streitentscheidungsverfahren in einem Schiedsspruch, so ist die Bindungswirkung unproblematisch. Der Schiedsspruch kann gem. § 1060 ZPO für vollstreckbar erklärt werden. Der überwiegende Teil der ADR-Verfahren endet jedoch nicht mit einem Schiedsspruch, sondern z.B. in einer Entscheidung oder Empfehlung des Dispute Boards oder Swing-mans.[613] Die Parteien sind dann nur durch die vertragliche Ausgestaltung des Allianzvertrags, insbesondere des Konfliktlösungssystems, an die Entscheidung gebunden. Eine Missachtung dieser Bindung z.B. durch vorzeitige Anrufung eines ordentlichen Gerichts oder Nichtbeachtung des Urteils würde einen vorsätzlichen Vertragsverstoß darstellen und die übrigen Parteien zur Kündigung und zum Schadensersatz berechtigen. Darüber hinaus wird eine Vereinbarung eines ADR-Verfahrens oftmals auch ein Prozessvertrag sein, der die Parteien zunächst an der Einreichung einer Klage hindert, bis eine Entscheidung ergangen ist. Reicht eine Partei trotzdem vor Abschluss des ADR-Verfahrens eine Klage ein, so muss diese ähnlich wie beim Schiedsgutachten, zumindest als zurzeit unbegründet abgewiesen werden.[614]

---

610 Schmidt-Aßmann in Maunz/Dürig, Komm. Z. GG, Art. 19 Abs. 4 Rdnr. 65a.
611 Stumpf, Christoph, Alternative Streitbeilegung im Verwaltungsrecht, 2006, S. 328.
612 Dies würde gegen das Rechtsprechungsmonopol der Richter verstoßen, vgl. Kap. CII4a).
613 Harbst, Ragnar, Manken, Volker; Adjudication und Dispute Review Boards nach den neuen ICC Regeln, SchiedsVZ 2005, S. 36.
614 Greger, Reinhard; Stubbe, Christian: Schiedsgutachten, Rdnr. 138.

Aber es zeigt auch das Problem nahezu aller ADR-Verfahren. Sie können zwar in vielen Fällen bindende, aber keine vollstreckbaren Titel schaffen. Entscheidungen des ADR-Verfahrens haben keine Rechtskraftwirkung. Befolgt eine Partei die Entscheidung nicht, muss erst durch ein ordentliches Gericht oder ein Schiedsgericht ein vollstreckbarer Titel geschaffen werden.[615]

Immerhin haben Entscheidungen, die in einem ADR-Verfahren ergehen, oft eine faktische Bindung zur Folge. Eine solche Entscheidung ergeht in den meisten Fällen nach einer Abwägung aller Für und Wider durch einen unabhängigen Dritten. Wird diese Entscheidung dennoch nicht befolgt oder angegriffen, muss vor dem ordentlichen oder dem Schiedsgericht eine hohe Hürde genommen werden, um zu erklären, warum die Entscheidung unbillig oder willkürlich war.[616]

Denkbar ist, das ADR-Verfahren so auszugestalten, dass den zur Entscheidung berufenen Personen die Möglichkeit eingeräumt wird, schon die materielle Rechtslage zu verändern. Dies kann durch Vertragsergänzungen oder –anpassungen geschehen. Eine solche Leistungsbestimmung wäre gem. § 317 ff. BGB möglich und nur in den engen Grenzen der Willkür und der offenbar unrichtigen Entscheidungen angreifbar.[617] Soweit allerdings dem ADR Ansprüche zur Entscheidungen vorgelegt werden, kann dies nicht mehr über § 317 BGB geschehen.[618]

Die ADR-Verfahren können je nach vertraglicher Ausgestaltung bindende Entscheidungen treffen. Dies heißt jedoch nicht, dass diese vollstreckbar sind. Das Vollstreckungsrecht ist der Parteidisposition weitgehend entzogen und daher zwingend.[619] Insbesondere vollstreckungserweiternde Verträge sind unzulässig. Parteien können nicht vereinbaren, dass ohne Titel und Klausel vollstreckt werden darf.[620] Notfalls muss daher immer der gerichtliche oder schiedsgerichtliche Weg angeschlossen werden. Allerdings kann die Überprüfbarkeit der im ADR-Verfahren getroffenen Entscheidung sehr stark eingegrenzt werden.[621] Dies wiederum ist eine Frage der verfassungsmäßigen Grenze des Justizgewährungsanspruchs und des Rechtsprechungsmonopols.

---

615 Harbst, Ragnar, Manken, Volker; Adjudication und Dispute Review Boards nach den neuen ICC Regeln, SchiedsVZ 2005, S. 36.
616 Harbst, Ragnar, Manken, Volker; Adjudication und Dispute Review Boards nach den neuen ICC Regeln, SchiedsVZ 2005, S. 40; Prüfungsmaßstab wird zumeist der § 319 BGB sein, dazu im folgenden Kapitel.
617 Zur Abdingbarkeit von § 319 BGB vgl. MünchKommBGB/Gottwald § 319 Rdnr. 3.
618 MünchKommBGB/Gottwald § 317 Rdnr. 6.
619 MünchKommZPO/Rauscher Einleitung Rdnr. 403.
620 OVG Münster NJW 1984, 2485.
621 Vgl. dazu Kommentierung in MünchKomm/Gottwald § 319 BGB und das folgende Kap. CII3.

i) Verfassungsrechtliche Grenzen

Die verfassungsrechtlichen Grenzen eines vertraglich vereinbarten ADR-Verfahrens finden sich im Justizgewährungsanspruch. „Mit dem Justizgewährungsanspruch, der durch das Sozialstaatsprinzip ergänzt und ausgestaltet wird, ist es unvereinbar, die Entscheidung von Rechtstreitigkeiten einzelner Bürger in private Hände zu legen, ohne wenigstens eine gerichtliche Missbrauchskontrolle zu vereinbaren."[622] Dies folgt auch aus der Normierung der § 1059 ZPO und § 319 BGB. Ein ADR-Verfahren kann daher stets gerichtlich überprüft werden, da es, wie bereits gezeigt, das ordentliche Gericht nicht ersetzen kann. Wie weit diese Überprüfbarkeit reicht, ist weitgehend der Disposition der Parteien überlassen. Allerdings kann auf den Justizgewährungsanspruch nicht verzichtet werden. Eine vergleichbare Situation liegt im Falle des Schiedsgerichts oder des Schiedsgutachters vor. Auch hier werden Konflikte privaten Entscheidungsgremien übertragen. Diese sind jedoch in engen Grenzen stets gerichtlich überprüfbar, wie die §§ 1059 ff. ZPO und § 319 BGB zeigen. Allianzvertragliche Gestaltungen müssen sich daher innerhalb dieser Grenzen bewegen und eine gerichtliche Überprüfung zulassen.[623]

j) Ergebnis

Allianzverträge können auf ein großes Repertoire an alternativen Streitbeilegungsmethoden zurückgreifen. Welches Verfahren im Einzelfall verwendet wird, ist eine Entscheidung der beteiligten Parteien. Das Streitbeilegungsverfahren sollte idealerweise dreistufig sein. Zunächst muss versucht werden, den Streit auf Ebene der allianzinternen Gremien AMT und ALT beizulegen (1. Stufe). Gelingt dies nicht, sollte eine zweite Stufe eingeschaltet werden. Diese kann entweder ein prozessorientiertes (Mediation) oder ergebnisorientiertes (Swingman; DRB) Verfahren sein. Da die Entscheidung auf Stufe zwei in der Regel nicht vollstreckbar ist, muss eine dritte Stufe notfalls für einen vollstreckbaren Titel sorgen (ordentliche oder Schiedsgerichtsbarkeit). In gewissem Maße ist es auch möglich, die zweite Stufe mit der dritten Stufe zu verbinden, so etwa bei der final/last offer arbitration oder der Verbindung eines Dispute Boards mit einem Schiedsgericht.

Wie bereits in Kap. CII4h) angesprochen hat aber die zweite Stufe, auch ohne schiedsgerichtliche Ausgestaltung, in vielen Fällen eine faktische Bindung

---

622 Lembcke, Moritz: Die Influenz von Justizgewährungsanspruch, Rechtsprechungsmonopol des Staates und rechtlichem Gehör auf außergerichtliche Streitbeilegungsverfahren; NVwZ 2008, 42, 45; Maunz/Dürig, GG, Art. 92 Rdnr. 167.
623 Lembcke, Moritz: Die Influenz von Justizgewährungsanspruch, Rechtsprechungsmonopol des Staates und rechtlichem Gehör auf außergerichtliche Streitbeilegungsverfahren; NVwZ 2008, 42, 45.

zur Folge. Auch wenn kein vollstreckbarer Titel aus ihr hervorgeht, werden sich die Parteien in der Regel an die Entscheidung halten, da sie diese nur in engen Grenzen angreifen können und sie zudem vor Gericht eine hohe argumentative Hürde überwinden müssen. ADR-Verfahren in der zweiten Stufe binden in aller Regel die Parteien an ihr Ergebnis, wenn sie zumeist auch keine vollstreckbaren Titel schaffen.

Eine weitere zum Teil schon praktizierte Lösung ist es, Konflikte von einem Dritten vorläufig bindend entscheiden zu lassen. Erst nach Fertigstellung des Projekts kann dann eine gerichtliche Auseinandersetzung erfolgen. Ein solcher dilatorischer oder verzögernder Klageverzicht ist nach allgemeiner Meinung möglich.[624]

Der Allianzvertrag sollte daher zunächst eine Konfliktlösung innerhalb der Gremien AMT und ALT vorsehen. Wird der Konflikt dort nicht oder nicht innerhalb einer gewissen Zeit gelöst, wird Stufe zwei des Streitbeilegungsverfahrens in Gang gesetzt. Favorisiert wird für diese Stufe eine „last/final offer arbitration" oder ein „Dispute Board". Ersteres endet in einem für alle Parteien verbindlichen Schiedsspruch, Letzteres kann, muss aber nicht, schiedsgerichtlich ausgestaltet sein. Jedenfalls sollte es mit einer verbindlichen Entscheidung enden. Je nach Projekt und Vorstellung der Parteien kann zwischen die allianzinterne Konfliktlösung und das Streitbeilegungsverfahren noch ein Mediations- oder Top-Executive-Verfahren geschaltet werden.

Es ist also durchaus möglich, den Allianzvertrag an das deutsche Recht in diesem Punkt anzupassen. Allerdings geht ein Teil der Wirkung einer „no blame – no dispute"-Klausel verloren. Ein umfassender Klageverzicht ist nicht möglich. Ebenfalls kann das ordentliche Gericht nicht vollständig durch ein ADR-Verfahren ersetzt werden. Entscheidungen im ADR-Verfahren oder eines Schiedsrichters bleiben stets zumindest auf Beachtung der Grundmaximen der ZPO und im Rahmen der Missbrauchskontrolle überprüfbar.

III. Die Bindungswirkung des Allianzvertrags

Gelegentlich wird die rechtliche Bindungswirkung von Allianzverträgen diskutiert.[625] Wird eine „no blame – no dispute"-Klausel in den Vertrag aufgenommen, so entziehen sich die Parteien, bis auf wenige Ausnahmen, der ordentlichen und der Schiedsgerichtsbarkeit. Daher könnte man zu der Auffassung kommen, der Vertrag wäre nicht bindend, da er letztlich auch nicht einklagbar

---

624 Kemper, Ralf/Wronna, Alexander: Alliance Contracting – Allianzvertrag, Der Bausachverständige 2007, S. 57; Dieses Model ist mit dem in Großbritannien verwandten gesetzlichen Streitbeilegungsmechanismus "Dispute Adjucation" vergleichbar.
625 Unter anderem in Trevor, Thomas: Alliance contracts: Utility and enforceability, 23 BCL 329, 331 (2007).

ist.[626] Allerdings ist eine solche Diskussion im deutschen Recht und nach dem oben Gesagten nicht mehr relevant. Das deutsche Recht unterscheidet zwischen dem materiell-rechtlichen Anspruch und der prozessualen Geltendmachung. Es ist sehr wohl möglich, die Klagbarkeit einzuschränken oder aufzuheben ohne den materiellen Anspruch aufzugeben. Dies zeigt schon die ausführliche Diskussion über die Aufhebung der Klagbarkeit im deutschen Recht.[627]

Anders scheint dies im australischen Recht zu sein. So haben *Rich, Dixon, Evatt* und *Mc Tiernan JJ* im Rechtsstreit Dobbs v. National Bank of Australasia Ltd entschieden[628]: "It is not possible for a contract to create rights and at the same time to deny to the other party in whom they vest the right to invoke the jurisdiction of the courts to enforce them." In die gleiche Richtung geht *Jordan CJ* in Murphy v Benson[629]: "A provision that an existing legal right shall not be determinable or enforceable by the appropriate Court is void for repugnancy to the right."

Auch *Wagner* lässt kurz Zweifel aufflammen, indem er sagt:[630] „Die Parteien eines Austauschvertrages werden sich kaum einmal auf den ersatzlosen Ausschluss jedweden Rechtsschutzes für die beiderseitigen Ansprüche verständigen können, weil damit die wechselseitig eingegangenen Verpflichtungen entwertet und der Vertragszweck selbst in Frage gestellt würde."

Gegen eine solche Sichtweise spricht, dass die Parteien selbst einen bindenden Vertrag wollen. Dies wird unterstrichen durch die Einführung eines Streitschlichtungs- und Entscheidungsmechanismus, an dessen Ergebnis sich die Parteien halten müssen. In Australien spricht zusätzlich die Bereichsausnahme der vorsätzlichen Pflichtverletzung gegen einen nichtbindenden Vertrag. Gerichte sind zudem sehr zurückhaltend, wenn es darum geht, kommerziellen Verträgen die Bindungswirkung abzusprechen.[631] Hierzu bedarf es mindestens einer unmissverständlichen und klaren Vereinbarung beider Parteien.

In Deutschland spricht gegen eine solche Sichtweise zudem die Trennung von materiellem Anspruch und dessen prozessualer Durchsetzung. Die Parteien können gem. § 423 BGB auf einen materiellen Anspruch verzichten bzw. ihn

---

626 Trevor, Thomas: Alliance contracts: Utility and enforceability, 23 BCL 329, 331 (2007).
627 Vgl. statt vieler Wagner, Gerhard: Prozeßverträge, 1998, S. 441 ff. und Dütz, Wilhelm: Rechtsstaatlicher Gerichtsschutz im Privatrecht; 1970, S. 158 ff.
628 (1935) 53 CLR 643 at 652. Besprochen auch in Chew, Andrew: Alliancing in delivery of major infrastructure projects and outsorcing services in Australia – An overview of legal issues, The International Construction Law Review 2004, S. 340.
629 (1942) 42 SR (NSW) 66 at 67 ebenfalls besprochen in Chew, Andrew: Alliancing in delivery of major infrastructure projects and outsourcing services in Australia – An overview of legal issues, The International Construction Law Review 2004, S. 340.
630 Wagner, Gerhard: Prozeßverträge, 1998, S. 452.
631 Trevor, Thomas: Alliance contracts: Utility and enforceability, 23 BCL 329, 332 (2007); Edwards v. Skyways Ltd [1964] 1 All ER 494.

erlassen. Eine dennoch erhobene Klage wäre aber nicht unzulässig, sondern unbegründet. Anders, wenn die Parteien auf die Klagbarkeit des Anspruches verzichtet haben, dann ist die Klage nach herrschender Meinung bereits unzulässig, da die Klagbarkeit zu den Prozessvoraussetzungen gehört.[632]

Hier zeigt sich ein fundamentaler Unterschied in den beiden Rechtsordnungen. Im common law System ist die Trennung von materiellem Anspruch und prozessualer Durchsetzung bei weitem nicht so dogmatisch analysiert wie im deutschen Recht.[633] Der Ausschluss der Klagbarkeit führt demnach im common law zu Problemen mit dem materiellen Anspruch selbst. Im deutschen Rechtssystem zeigt schon die ausführliche Diskussion um den Ausschluss der Klagbarkeit, dass dies kein Problem des materiellen, sondern des Prozessrechts ist.[634]

Die rechtliche Bindungswirkung des Allianzvertrages ist aus diesem Grund kein deutsches Problem. Insbesondere mit der Einrichtung eines bindenden Streitentscheidungsverfahrens zeigen die Parteien, dass sie an den Vertrag gebunden sein wollen. Nach hier vertretener Lösung, besteht zudem in engen Grenzen die Möglichkeit, vor den ordentlichen Gerichten die Entscheidung des ADR-Verfahrens prüfen zu lassen. Die rechtliche Bindungswirkung ist daher nicht ernsthaft anzuzweifeln.

IV. Vereinbarkeit mit dem Vergabeverfahren

Allianzverträge werden bisher in Australien oder England nahezu ausschließlich für Infrastrukturprojekte eingesetzt. Dies gilt insbesondere für den Straßenbau, die Trinkwasserversorgung, den Flughafenbau, den Eisenbahnbau und im Bereich der Energieversorgung.[635] Diese Infrastrukturvorhaben liegen in Deutschland zumeist in öffentlicher oder in der Hand von ihr kontrollierter Unternehmen. Jedoch hat die Privatisierung großer Versorger auch zu einer steigenden Anzahl an Privatunternehmen geführt, die nun auf dem Feld der Infrastrukturvorhaben tätig sind. Hierzu zählen die Deutsche Telekom im Bereich der Telekommunikation und in besonderem Maße die großen Energieversorger wie RWE und EON, die im Bereich der Gas- und Energieversorgung hohe Investitionen tätigen. Gerade die Energieversorger haben in letzter Zeit viel Geld in Windparks, Gasleitungen und Kraftwerke investiert.

---

632 So die hM: BGH NJW 1970, 1507; BGHZ 55, 334, 337f. = NJW 1971, 983; BGH NJW 1980, 520; 1984, 669, 670; Rosenberg, Schwab, Gottwald; Zivilprozessrecht, 16. Auflage, 2004, § 89 III Rdnr. 21 ff.; MünchKommZPO/Becker-Eberhardt Vor §§ 253ff. Rdnr. 10; Zöller/Greger, ZPO, 26.Aufl., Vor § 253 Rn. 19.
633 Für das U.S.-amerikanische Zivilprozessrecht vgl. Wagner, Gerhard: Prozeßverträge, 1998, S. 175 ff.
634 Siehe hierzu ausführlich Kap. CII3-
635 Siehe Aufzählung der bisherigen Allianzprojekte in Kap. BXI.

Öffentliche Auftraggeber sind bei der Auswahl ihres privaten Partners keineswegs frei. Vielmehr ist der Vertragspartner in einem förmlichen Vergabeverfahren zu bestimmen.[636] Es gilt daher zu untersuchen, wie sich das deutsche Vergaberecht auf den Allianzvertrag auswirkt.

1. Rechtlicher Rahmen

Das Vergaberecht ist heute von europarechtlichen Vorgaben dominiert. Die europäische Harmonisierung des Vergaberechts angefangen mit der Vergaberichtlinie aus dem Jahre 1969[637], wurde durch eine Vielzahl an Richtlinien in diesem Bereich herbeigeführt.[638] Ziel dieser Harmonisierung war und ist aber nicht ein einheitliches Vergaberecht, sondern vielmehr die nationalen Rechtstraditionen zu erhalten und (nur) einen europaweiten Beschaffungsmarkt zu eröffnen.[639]

Den rechtlichen Rahmen für das Vergaberecht stellt daher das Europarecht in Form des EG-Vertrages und der EG-Vergaberichtlinien.[640] Wie alle Richtlinien wurden auch diese in deutsches Recht umgesetzt. Das deutsche Vergaberecht hat seine gesetzlichen Grundlage in den §§ 97 bis 129 GWB und der darauf gem. § 97 Abs. 5 GWB gestützten Verordnung über die Vergabe öffentliche Aufträge (VgV) sowie den drei Verdingungsordnungen VOB/A, VOL/A und der VOF. Von Interesse sind für den Allianzvertrag hier insbesondere die a-Paragraphen der VOB/A, die der Umsetzung des Europarechts dienen.[641]

---

636 Vgl. statt vieler Knauff, Matthias: Im wettbewerblichen Dialog zur Public-Private Partnership?, NZBau 2005, 249.
637 Richtlinie zu öffentlichen Lieferaufträgen (RL 70/32/EWG vom 17.12.1969) und Richtlinie zu öffentlichen Bauaufträgen (RL 71/304/EWG und RL 71/305/EWG).
638 RL 89/665/EWG (RechtsmittelRL), ABl. 1989 L 395/33; RL 92/50/EWG (DienstleistungsRL), ABl. 1992 L 209/1; RL 93/36/EWG (LiefkoordinierungsRL), ABl. 1993 L 199/1; RL 93/37/EWG (BaukoordinierungsRL), ABl. 1993 L 199/54; RL 93/38/EWG (SektorenRL), ABl 1993 L 199/84.
639 Noch, Rainer: Vergaberecht kompakt, Handbuch für die Praxis; Köln, S. 15.
640 Dreher in Immenga/Mestmäcker, 4. Auflage, 2007, Vor §§ 97 ff. GWB, Rdnr. 28 ff.
641 Müller-Wrede in Ingenstau/Korbion VOB, 16. Auflage, 2007, § 1a VOB/A, Rdnr. 1 ff.

Zur Anwendung der VOB Teil A 2009

Der deutsche Vergabe- und Vertragsausschuss für Bauleistungen hat am 25. November 2008[642] eine neue Vergabe- und Vertragsordnung für Bauleistungen Teil A beschlossen. Diese ist zwar noch nicht verbindlich, da die Verweisungen in der VgV noch nicht angepasst wurden, dies wird aber spätestens mit In-Kraft-Treten des Gesetzes zur Modernisierung des Vergaberechts erwartet.[643] Das neue Regelwerk der Basisparagraphen wurde von 32 auf nun 22 Bestimmungen verkürzt, dies aber weniger aufgrund von Streichungen, sondern vielmehr aufgrund von Umgruppierungen und Zusammenfassungen. Neben dieser Neustrukturierung, die auch eine neue Nummerierung und Namensgebung mit sich bringt, sind auch einzelne Modifizierungen des bisherigen Rechts vorgenommen worden.[644] Allerdings sind diese Änderungen weitestgehend für die Vergabe von Allianzverträgen unerheblich. Da die Kommentare und die Literatur sich bisher auf die VOB 2006 beziehen, soll die Vergabe des Allianzvertrages auch anhand dieses, momentan noch verbindlichen, Regelwerkes überprüft werden. Sollte eine Modifizierung durch die VOB 2009 relevant sein, wird dies an der entsprechenden Stelle erwähnt werden.

Zunächst soll die Ausschreibung eines Allianzvertrages an den europarechtlichen Vorschriften und deren Umsetzungsgesetzen überprüft werden, bevor auf das deutsche Vergaberecht, insbesondere die Basisparagraphen der VOB/A, eingegangen werden soll.

2. Anwendungsbereich des deutschen Vergaberechts

Das deutsche Kartellvergaberecht[645] findet gem. § 97 Abs. 1 GWB auf alle „öffentlichen Auftraggeber" Anwendung. Diese beschaffen Waren, Bau- und Dienstleistungen nach Maßgabe der Vorschriften des GWB im Wettbewerb und im Wege transparenter Vergabeverfahren: § 97 Abs. 1 GWB. Dies gilt gem. § 100 Abs. 1 GWB nur für Aufträge, welche die Auftragswerte erreichen oder überschreiten, die durch Rechtsverordnung nach § 127 GWB festgelegt sind (Schwellenwerte). Unterhalb dieser Schwellenwerte haben die Mitgliedsstaaten

---

642 Diese kann derzeit als Vorabversion von http://www.bmvbs.de/Anlage/original_1059683/VOB-Teil-A-und-B-Vorabfassung.pdf heruntergeladen und eingesehen werden.
643 Gröning, Jochem: Die VOB/A 2009 – ein erster Überblick, VergabeR 2009, 117.
644 Gröning, Jochem: Die VOB/A 2009 – ein erster Überblick, VergabeR 2009, 117, 118.
645 Zum Begriff und dessen Herkunft siehe Dreher in Immenga/Mestmäcker, 4. Auflage, 2007, Vor §§ 97 ff. GWB, Rdnr. 43.

europarechtlich nur die Bestimmungen des EG-Vertrages, insbesondere die Grundfreiheiten zu beachten.[646]

3. Anwendung auf den Allianzvertrag

Das deutsche Vergaberecht der § 97 ff. GWB ist nur dann auf den Allianzvertrag anwendbar, wenn ein „öffentlicher Auftraggeber" einen „die Schwellenwerte" überschreitenden „Bauauftrag" im Sinne des GWB vergibt. Dies ist jeweils eine Einzelfallentscheidung und kann notwendigerweise nicht pauschal beantwortet werden. Für die folgende Überprüfung sollen daher die gängigsten Allianzverträge eine Einordnung finden.

a) Öffentlicher Auftraggeber

Der öffentliche Auftraggeberbegriff des GWB, wird in § 98 GWB legal definiert. Diese Norm bestimmt den persönlichen Anwendungsbereich des Kartellvergaberechts.[647] Der öffentliche Auftraggeberbegriff ist dabei kein institutioneller oder statischer Begriff. Vielmehr hat er sich durch den Einfluss des EU-Rechts zu einem funktionalen, also tätigkeitsbezogenen Begriff gewandelt.[648]

Die klassischen öffentlichen Auftraggeber, also die Gebietskörperschaften (Bund, Länder und Kommunen), die Anstalten und Stiftungen des öffentlichen Rechts und die Sondervermögen und Regiebetriebe fallen unter § 98 Nr. 1 GWB.[649]

Allerdings kann in Zeiten der Privatisierung[650] öffentlicher Aufgaben der klassische „öffentliche Auftraggeberbegriff" allein nicht mehr ausreichen. Daher gelten die §§ 97 ff. GWB gem. § 98 Nr. 2 GWB auch für „andere juristische Personen des öffentlichen und privaten Rechts", wenn sie der staatlichen Beherrschung oder Finanzierung unterliegen, die Erfüllung von im Allgemeininteresse liegenden Aufgaben wahrnehmen, nichtgewerblicher Art sind und einen besonderen Gründungszweck haben. Eine mittelbare Auftraggebereigenschaft, wie zum Beispiel bei Krankenkassen, Holding-Gesellschaften oder oft auch bei Grundstücksveräußerungen, wenn damit weitergehende Zwecke verbunden sind, befreit daher nicht von der Anwendung des GWB.[651] Dadurch verhindert das

---

646 Noch, Rainer: Vergaberecht kompakt, Handbuch für die Praxis; Köln, S. 16.
647 Dreher in Immenga/Mestmäcker, 4. Auflage, 2007, § 98 GWB, Rdnr. 3.
648 Aicher in Müller-Wrede, Malte: Kompendium des Vergaberechts, 1. Auflage, 2008, S. 80 f.; Dreher in Immenga/Mestmäcker, 4. Auflage, 2007, Vor §§ 97 ff. GWB, Rdnr. 71 f.
649 Dreher in Immenga/Mestmäcker, 4. Auflage, 2007, § 98 GWB, Rdnr. 15 ff.
650 Noch, Rainer: Vergaberecht kompakt, Handbuch für die Praxis; Köln, S. 58; Dreher in Immenga/Mestmäcker, 4. Auflage, 2007, § 99 GWB, Rdnr. 78 ff.
651 Noch, Rainer: Vergaberecht kompakt, Handbuch für die Praxis; Köln, S. 58.

GWB eine „Flucht ins Privatrecht".[652] Ziel dieser Regelung ist es auch, der öffentlichen Hand bei der Wahl des Trägers einer öffentlichen Aufgabe und seiner Rechtsform weitgehende Freiheiten einzuräumen.[653] Zu denken ist dabei in etwa an die Deutsche Bahn AG, die Deutsche Post AG, Förderbanken, Landesbanken, Messegesellschaften, Krankenhäuser, Stadtwerke, Wohnbaugesellschaften, etc.[654]

Unter den öffentlichen Auftraggeber fallen auch Zusammenschlüsse öffentlicher Auftraggeber, die unter § 98 Nr. 1 oder 2 fallen, also etwa Zweckverbände[655] wie Abwasser-, Abfall-, Wasserversorgungs- und Planungsverbände,[656] gem. § 98 Nr. 3 GWB.

Auch so genannte Sektorenunternehmen, die auf dem Gebiet der Trinkwasser- oder Energieversorgung oder des Verkehrs tätig sind, fallen gem. § 98 Nr. 4 GWB unter den öffentlichen Auftraggeberbegriff, wenn diese Tätigkeiten auf der Grundlage von besonderen oder ausschließlichen Rechten ausgeübt werden, die von einer zuständigen Behörde gewährt wurden oder wenn Auftraggeber, die unter Nummern 1 bis 3 fallen, auf diese Personen einzeln oder gemeinsam einen beherrschenden Einfluss ausüben können. Dies gilt für natürliche und juristische Personen des Privatrechts. Das Vergabekartellrecht erstreckt sich in diesen Bereichen auch auf private Auftraggeber in bestimmten Wirtschaftsbereichen, ohne dass der Staat hier besonderen Einfluss auf die Unternehmen haben muss.[657] Seit Februar 2006 ist die Telekommunikation auf Grund der erreichten Liberalisierungsfortschritte aus dem Anwendungsbereich der Sektorenkoordinierungsrichtlinie herausgenommen worden[658] und stattdessen die Postdienste aufgenommen worden.[659] Allerdings erfahren Sektorenunternehmen in der VgV eine gewisse Sonderstellung gem. § 7 VgV. Hierzu zählen insbesondere Befreiungen von kartellvergaberechtlichen Normen der VgV und der VOB/A. Auf Sektorenauftraggeber wird später noch gesondert eingegangen.[660]

Schließlich gilt das GWB auch für private Auftraggeber mit öffentlicher Finanzierung von mehr als 50% gem. § 98 Nr. 5 GWB und für die Baukonzessionsvergabe gem. § 98 Nr. 6 GWB. Unter Baukonzessionären versteht man na-

---

652 Dreher in Immenga/Mestmäcker, 4. Auflage, 2007, § 99 GWB, Rdnr. 78.
653 Dreher in Immenga/Mestmäcker, 4. Auflage, 2007, § 98 GWB, Rdnr. 19.
654 Dreher in Immenga/Mestmäcker, 4. Auflage, 2007, § 98 GWB, Rdnr. 111 ff.
655 VK Münster, Beschl. v. 8.6.2001 (VK 13/01), VergabE E-10e13/01 = Behörden Spiegel 12/2001, S. 24.
656 Dreher in Immenga/Mestmäcker, 4. Auflage, 2007, § 98 GWB, Rdnr. 155.
657 Dreher in Immenga/Mestmäcker, 4. Auflage, 2007, § 98 GWB, Rdnr. 157.
658 Vgl. EG 5 ff. SKR; zur Problematik der (noch) Nennung in § 98 Nr. 4 GWB aber Streichung in der VGV siehe Aicher in Müller-Wrede, Malte: Kompendium des Vergaberechts, 1.Auflage, 2008, S. 99 f.
659 Dreher in Immenga/Mestmäcker, 4. Auflage, 2007, § 98 GWB, Rdnr. 157, Art. 7 RL 97/67/EG und Art. 6 Abs. 2 lit. b, c RL 2004/17/EG.
660 Siehe dazu Kap. CIIV10b).

türliche oder juristische Personen des privaten Rechts, die mit Stellen, die unter § 98 Nr. 1 bis 3 GWB fallen, einen Vertrag über die Erbringung von Bauleistungen abgeschlossen haben, bei dem die Gegenleistung für die Bauarbeiten statt in einer Vergütung in dem Recht auf Nutzung der baulichen Anlage, ggf. zuzüglich der Zahlung eines Preises besteht, hinsichtlich der Aufträge an Dritte: § 98 Nr. 6 GWB.[661]

Allianzverträge haben in nahezu allen klassischen Anwendungsbereichen öffentliche Auftraggeber im Sinne des GWB, da diese entweder direkte öffentliche Auftraggeber wie im Bereich des Straßenbau (Bund für Autobahnen, Land für Staatsstraßen oder Kommunen für örtliche Straßen), indirekte nach § 98 Nr.2 GWB wie zum Beispiel Messegesellschaften[662] oder aber Sektorenunternehmen wie im Bereich der Trinkwasserversorgung oder der Energieversorgung sind. Wie bereits in Kap. BXI beschrieben, wird der Allianzvertrag, unter anderem aufgrund der hohen Implementierungskosten, nahezu ausschließlich bei Großprojekten eingesetzt. Diese sind wiederum zumeist direkt oder indirekt öffentliche Infrastrukturprojekte. Allerdings gibt es auch im rein privaten Anlagenbau Anwendungsbereiche. Zu denken wäre zum Beispiel an den Bau von Hochhäusern. Welche Vorschriften für Projekte gelten, für die die §§ 97 ff. GWB nicht anwendbar sind, soll im Anschluss an dieses Kapitel geklärt werden. Jedenfalls stammt der weitaus größte Teil der Aufträge für Allianzverträge von öffentlichen Auftraggebern im Sinne des GWB.[663]

b) Öffentlicher Auftrag

§ 99 Abs. 1 GWB enthält eine Legaldefinition des öffentlichen Auftrages. Öffentliche Aufträge sind demnach „entgeltliche Verträge von öffentlichen Auftraggebern mit Unternehmen über die Beschaffung von Leistungen, die Liefer-, Bau- oder Dienstleistungen zum Gegenstand haben, Baukonzessionen und Auslobungsverfahren, die zu Dienstleistungsaufträgen führen sollen". Der Allianzvertrag ist trotz seines innovativen Vergütungssystems ein entgeltlicher Vertrag, da eine Bezahlung jedenfalls der tatsächlichen Kosten erfolgt. Der Allianzvertrag stellt zudem nach Vergabekartellrecht einen Bauvertrag gem. § 99 Abs. 3 GWB dar, da diese als „Verträge über die Ausführung oder die gleichzeitige Planung und Ausführung eines Bauvorhabens oder eines Bauwerks für den öffentlichen Auftraggeber, das Ergebnis von Tief- oder Hochbauarbeiten ist und eine wirtschaftliche oder technische Funktion erfüllen soll, oder einer dem Auf-

---

661 Vgl. hierzu Dreher in Immenga/Mestmäcker, 4. Auflage, 2007, § 98 GWB, Rdnr. 199 ff.
662 Noch, Rainer: Vergaberecht kompakt, Handbuch für die Praxis; Köln, S. 58.
663 Im Folgenden wird von einem öffentlichen Auftraggeber im Sinne des § 98 GWB ausgegangen um die Anwendbarkeit des Allianzvertrages unter dem deutschen Kartellvergaberechts zu überprüfen.

traggeber unmittelbar wirtschaftlich zugutekommenden Bauleistung durch Dritte gemäß den vom Auftraggeber genannten Erfordernissen" definiert ist. Die rechtliche Ausgestaltung des Bauvertrages ist dabei unerheblich.[664] Eine kooperative Einbindung des Auftraggebers, wie beim Allianzvertrag, ist für die Qualifikation als öffentlicher Auftrag unerheblich. Entscheidend ist einzig und allein die Verwirklichung der in § 99 Abs. 3 GWB genannten Tatbestandsmerkmale, insbesondere des Beschaffungsziels.[665] Dass, wie bei Allianzverträgen üblich, die Planung und Ausführung gleichzeitig vergeben wird, ändert aufgrund der weiten Fassung von § 99 Abs. 3 GWB nichts an der Qualifizierung als Bauvertrag. Voraussetzung ist allerdings, dass eine inhaltliche Verknüpfung zwischen Planung und Ausführung besteht, was regelmäßig der Fall ist.[666]

Gleiche Einordnung gilt für Betreibermodelle wie Langzeit- oder strategische Allianzen, bei denen der Betrieb einer öffentlichen Infrastruktur durch Private übernommen wird.[667] Hier kann eine Abgrenzung zwischen Bauverträgen und Dienstleistungsverträgen notwendig sein, wenn beide Komponenten Vertragsinhalt sind. Diese Abgrenzung wird anhand von § 99 Abs. 7 und 8 GWB getroffen. Danach ist entscheidend, welche Leistung Haupt- und welche Nebenleistung ist.[668] Es gelten die Bestimmungen für die Tätigkeit, die den Hauptgegenstand darstellt. Lässt sich dies nicht ermitteln, gelten die Bestimmungen für Auftraggeber nach § 98 Nr. 1 bis 3. In der Rechtssache Aurox hat der EuGH entschieden, dass die von Subunternehmern zu erbringenden Leistungen einzubeziehen sind und diverse Dienstleistungen als bloße Elemente zur Fertigstellung eines Bauwerkes gehören.[669] Bei gewöhnlichen Langzeit- oder strategischen Allianzen, wie dem Bau und Betrieb von Bergwerken, Autobahnen, Eisenbahnen, Flughäfen etc., wird stets der Bau im Vordergrund stehen, der Vertrag daher als Bauvertrag zu qualifizieren sein.[670]

Der Allianzvertrag ist daher sowohl in Form der Projektallianz als auch in Form der Langzeit- oder strategischen Allianz ein Bauauftrag gem. § 99 Abs. 3 GWB. Für den Fall der Vergabe durch einen öffentlichen Auftraggeber ist er zudem ein öffentlicher Auftrag gem. § 99 Abs. 1 GWB.

---

664 Dreher in Immenga/Mestmäcker, 4. Auflage, 2007, § 99 GWB, Rdnr. 96.
665 Dreher in Immenga/Mestmäcker, 4. Auflage, 2007, § 99 GWB, Rdnr. 96; BayObLG v. 29.10.2004 – Verg 22/04 NZBau 2005, 234; OLG Dresden v. 2.11.2004 – WVerg 11/04 VergabeR 2005, 258.
666 Egger, Alexander: Europäisches Vergaberecht, 1.Auflage 2008, S. 184.
667 Dreher in Immenga/Mestmäcker, 4. Auflage, 2007, § 99 GWB, Rdnr. 110 ff.
668 Brauser-Jung, Gerrit: Öffentlich-Private-Partnerschaften und Vergaberecht – Ein Beitrag zu den vergaberechtlichen Rahmenbedingungen; NVwZ 2007, 884.
669 Rs C-220/05, Urteil v. 18.1.2007.
670 Diese Arbeit befasst sich hauptsächlich mit der Projektallianz und nicht mit der Langzeit- oder strategischen Allianz, weswegen dieser Punkt hier nur kurz angesprochen wird. In der Folge wird von einer Projektallianz als Bauvertrag im Sinne des GWB ausgegangen.

c) Schwellenwerte

Das GWB und damit auch die VgV gelten gem. § 100 Abs. 1 GWB und § 1 VgV nur für Aufträge, die die maßgeblichen Schwellenwerte übersteigen. Diese sind in § 2 VgV geregelt und werden nach den Vorgaben des § 3 VgV geschätzt.[671] Für die für Allianzver-träge maßgeblichen Bauaufträge gilt gem. § 2 Nr. 4 VgV ein Schwellenwert von 5.278.000 Euro. Oberhalb dieses Schwellenwertes sind das GWB und das VgV anzuwenden. Da Infrastrukturprojekte zumeist wesentlich höhere Auftragsvolumina haben,[672] sind auch aus diesem Grund die § 97 ff. GWB anzuwenden. Aufträge, die unter diesen Schwellenwerten liegen, werden später gesondert besprochen.

d) Ergebnis

Allianzverträge befinden sich klassischerweise im Anwendungsbereich des Vergaberechts der §§ 97 ff. GWB. Soweit dies nicht der Fall ist, wird dies später besprochen werden. Im folgenden Kapitel sollen nun die verschiedenen Vergabearten der §§ 97 ff. GWB i.V.m. der VgV dargestellt werden und untersucht werden, ob sowohl das Auswahlverfahren des Allianzvertrages als auch der Allianzvertrag als solcher mit den Vorschriften vereinbar ist.

4. Die Vergabearten des Kartellvergaberechts

Die Vergabe von öffentlichen Liefer-, Bau- und Dienstleistungsaufträgen erfolgt gem. § 101 Abs. 1 GWB im offenen Verfahren, im nichtoffenen Verfahren, im Verhandlungsverfahren oder im wettbewerblichen Dialog. Diese Aufzählung ist abschließend,[673] weswegen man auch vom Numerus Clausus der Verfahrensarten spricht.[674] Allerdings sind die Vergabearten keineswegs gleichrangig und der öffentliche Auftraggeber kann sich nicht einfach eines heraussuchen. Grundsätzlich ist gem. § 101 Abs. 7 Satz 1 GWB das offene Verfahren vorrangig. Diese Regelung dient der Umsetzung der Vergabekoordinierungsrichtlinie 2004/18/EG, die in Art. 28 ebenfalls einen Vorrang des offenen und des nichtoffenen Verfahrens vorsieht.[675] Eine Ausnahme stellen die Sektorenunternehmen dar, die gem. § 101 Abs. 7 Satz 2 GWB zwischen offenem, nichtoffenem und Verhand-

---

671 Ein tieferes Einsteigen in diese Materie ist für die Einordnung des Allianzvertrages nicht nötig. Zur Problematik vgl. Noch, Rainer: Vergaberecht kompakt, Handbuch für die Praxis; Köln, S. 116 ff.
672 vgl. dazu die Aufzählung in Kap. BXI.
673 Dreher in Immenga/Mestmäcker, 4. Auflage, 2007, § 101 GWB, Rdnr. 5.
674 Prieß, Hans-Joachim: Handbuch des Vergaberechts, 3. Auflage, 2005, S. 195.
675 Vergabekoordinierungsrichtlinie 2004/18/EG v. 31.3.2004, ABl. 2004 L 134/114.

lungsverfahren frei wählen dürfen. Es kommt daher im Sektorenbereich zu einer Aufspaltung des Vergaberechts.[676]

Eine weitere Sonderregelung wurde für die Berechtigten nach dem BundesbergG in § 11 VgV getroffen. Auftraggeber, die eine Berechtigung nach dem BundesbergG zur Aufsuchung oder Gewinnung von Erdöl, Gas, Kohle oder anderen Festbrennstoffen erhalten haben, haben „bei der Vergabe von Aufträgen zum Zwecke der Durchführung der zuvor bezeichneten Tätigkeit den Grundsatz der Nichtdiskriminierung und der wettbewerbsorientierten Auftragsvergabe zu beachten": § 11 VgV. Hintergrund dieser Regelung ist die Entscheidung 2004/ 73/EWG, die den Bergbau in Deutschland von der Sektorenrichtlinie ausnimmt, da nach Ansicht der Kommission in diesem Bereich ein ausreichender Wettbewerb gesichert ist.[677]

Eine ganz zentrale Frage ist daher, welche Vergabeart für den Allianzvertrag im Einzelfall zulässig ist und ob der Allianzvertrag mit dieser Vergabeart zu vereinbaren ist. Entscheidend ist dabei, dass nicht jeder Auftraggeber für jeden Auftrag unter den Verfahren frei wählen darf.[678]

a) Das offene Verfahren

Im offenen Verfahren können sich eine unbeschränkte Anzahl von Unternehmen an der Ausschreibung beteiligen: § 101 Abs. 2 GWB. Ziel ist ein unbeschränkter Wettbewerb unter allen Bewerbern. Dies ist beim offenen Verfahren am sichersten gewährleistet, weswegen es gem. § 101 Abs. 6 GWB vorrangig ist. Die Verdingungsunterlagen können von jedem Unternehmen angefordert werden. Nach Abgabe der Unterlagen gelangt jedes Unternehmen in die Prüfung und Bewertung.[679]

b) Das nichtoffene Verfahren

Im nichtoffenen Verfahren fordert der öffentliche Auftraggeber geeignete Unternehmen zur Angebotsabgabe auf: § 101 Abs. 3 GWB. Dies ist allerdings nur in begründeten Fällen möglich. Ein nichtoffenes Verfahren darf nur durchgeführt werden, wenn[680]

- eine außergewöhnliche Leistungsfähigkeit des Bieters erforderlich ist (§ 3 Nr. 3 II a VOB/A).

---

676 Dreher in Immenga/Mestmäcker, 4. Auflage, 2007, § 98 GWB, Rdnr. 8.
677 Dreher in Immenga/Mestmäcker, 4. Auflage, 2007, § 98 GWB, Rdnr. 9 ff.
678 Noch, Rainer: Vergaberecht kompakt, Handbuch für die Praxis; Köln, S. 99.
679 Noch, Rainer: Vergaberecht kompakt, Handbuch für die Praxis; Köln, S. 100.
680 Zusammenfassung aus Noch, Rainer: Vergaberecht kompakt, Handbuch für die Praxis; Köln, S. 403.

- eine öffentliche Ausschreibung kein annehmbares Ergebnis erbracht hat (§ 3 Nr.3 I b VOB/A).
- der zur Angebotsprüfung notwendige Aufwand beim öffentlichen Auftraggeber unvertretbar groß wäre (§ 3 Nr.3 II b VOB/A).
- die öffentliche Ausschreibung z.b. aus Gründen der Dringlichkeit oder der Geheimhaltung unzweckmäßig ist (§ 3 Nr.3 I c VOB/A).

Das nichtoffene Verfahren eignet sich daher schon aus diesen Gründen für den Allianzvertrag nicht. Es ist nicht ersichtlich, dass typische Allianzverträge in eine diese Kategorien fallen könnten.[681]

c) Der wettbewerbliche Dialog

Ein wettbewerblicher Dialog ist ein Verfahren zur Vergabe besonders komplexer Aufträge durch Auftraggeber nach § 98 Nr. 1 bis 3, soweit sie nicht auf dem Gebiet der Trinkwasser- oder Energieversorgung oder des Verkehrs tätig sind, und § 98 Nr. 5. In diesem Verfahren erfolgen eine Aufforderung zur Teilnahme und anschließend Verhandlungen mit ausgewählten Unternehmen über alle Einzelheiten des Auftrags.[682]

d) Das Verhandlungsverfahren

Verhandlungsverfahren sind gem. § 101 Abs. 5 GWB Verfahren, bei denen sich der Auftraggeber mit oder ohne vorherige öffentliche Aufforderung zur Teilnahme an ausgewählte Unternehmen wendet, um mit einem oder mehreren über die Auftragsbedingungen zu verhandeln.[683]

e) Verweise auf die Verdingungsordnungen

Im GWB und der VgV sind die Vergabearten allerdings nur definiert und mit Ausnahme des wettbewerblichen Dialogs nur sehr rudimentär beschrieben. Diese Aufgabe übernimmt die VOB/A, auf die in § 6 VgV für Bauleistungen hingewiesen wird. Insofern ist die Beachtung der VOB/A zwingend. Dabei beachtet die Verweisung in § 7 VgV auch die Privilegierungen der Sektorenunternehmen.

Der VgV kommt daher „nur" eine Scharnierfunktion[684] zu, die für die verschiedenen „öffentlichen Auftraggeber" unterschiedliche Abschnitte der VOB/A für anwendbar erklärt. Für den Allianzvertrag, der prinzipiell von jedem öffent-

---

681 Vgl. vertiefend Noch, Rainer: Vergaberecht kompakt, Handbuch für die Praxis; Köln, S. 409 ff.
682 Auf dieses Verfahren wird in den folgenden Kapiteln ausführlich eingegangen.
683 Auf dieses Verfahren wird in den folgenden Kapiteln ausführlich eingegangen.
684 Dreher in Immenga/Mestmäcker, 4. Auflage, 2007, Vor §§ 97 ff. GWB Rdnr. 46.

lichen Auftraggeber angewendet werden kann, ist es daher entscheidend, welche Vergabearten passend sind und unter welchen Voraussetzungen die passenden Vergabearten nach VgV und VOB/A anwendbar sind.

5. Vergabeart(en) für den Allianzvertrag

Das Vergabeverfahren des Allianzvertrages in Australien wurde bereits ausführlich in Kap. BIX über die Auswahl des Vertragspartners beschrieben. Wichtigstes Element des Auswahlverfahrens ist es dabei, keinen oder zumindest keinen reinen Preiswettbewerb zu führen. Der Auftraggeber soll vielmehr durch Workshops und Interviews den oder die passenden Vertragspartner finden. Ein reiner Preiswettbewerb stünde den Prinzipien des Allianzvertrages entgegen, da es dadurch wieder zu einer Preisspirale und zu ungerechter Risikoverteilung kommen kann. Verhandlungen während der laufenden Ausschreibung sind daher für den Allianzvertrag ein elementarer Gedanke.

Das offene Verfahren und das nichtoffene Verfahren scheiden schon aus diesem Grunde als Vergabearten aus. Beide Vergabearten unterliegen, anders als das Verhandlungsverfahren und der wettbewerbliche Dialog,[685] gem. § 24 VOB/A einem Verhandlungsverbot. Ein solches wird aber dem kooperativen Gedanken des Allianzvertrages, der eine Risiko- und Verantwortungsteilung durch sorgfältige Vertragsaushandlung erreichen will, nicht gerecht. Ebenso ist der Allianzvertrag, wie die Gründe für die Wahl eines Allianzvertrages zeigen,[686] gerade für Projekte interessant, die noch nicht endgültig berechnet werden können und/oder deren Risiken noch nicht vollends absehbar sind. Der typische Allianzvertrag lässt sich daher nicht durch Versendung von Vertragsunterlagen und Rücksendung von Angeboten und allenfalls Aufklärungsgesprächen vergeben.[687] Hierzu sind die Verhandlungen und insbesondere der möglichst geringe Preiswettbewerb als Basis für den Allianzvertrag viel zu wichtig. Ebenfalls stark gegen diese beiden Verfahren spricht die Individualität des Allianzvertrages. Auch gibt es keinen Standardvertrag, sondern der Allianzvertrag wird im Rahmen von Workshops und Interviews erst gemeinsam erarbeitet. Es entspricht nicht dem Wesen des Allianzvertrages, dass alle Parameter vom Auftraggeber vorgegeben werden. Vielmehr soll eine (möglichst innovative) Lösung gemeinsam erarbeitet werden.

Für den Allianzvertrag sind aus eben diesen Gründen die Vergabearten des Verhandlungsverfahrens und des wettbewerblichen Dialogs interessant. Beides

---

685 Knauff, Matthias: Neues europäisches Vergabeverfahrensrecht: Der wettbewerbliche Dialog, VergabeR 2004, 287, 290; Müller, Hermann/Veil, Winfried: wettbewerblicher Dialog und Verhandlungsverfahren im Vergleich, VergabeR 2007, 298, 302.
686 Vgl. hierzu Kap. BXI.
687 Vgl. für PPP-Projekte: Ziekow, Jan; Windoffer, Alexander: Public Private Partnership, Struktur und Erfolgsbedingungen von Kooperationsarenen, 2008, S. 114.

sind dynamische Prozesse, die den Parteien Verhandlungsspielräume gewähren.[688] Problematisch sind die Überschneidung der Anwendungsbereiche des wettbewerblichen Dialogs und des Verhandlungsverfahrens, sowie deren einzelnen Voraussetzungen. Durch die Vorrangstellung des offenen Verfahrens gem. § 101 Abs. 7 GWB können öffentliche Auftraggeber aber nicht einfach zwischen den Verfahren frei wählen. Vielmehr muss der Anwendungsbereich des wettbewerblichen Dialogs bzw. des Verhandlungsverfahrens eröffnet sein. Denn nur, wenn das Gesetz dies vorsieht, kann gem. § 101 Abs. 7 GWB vom Vorrang des offenen Verfahrens abgesehen werden.

6. Anwendungsbereich des wettbewerblichen Dialogs

Der wettbewerbliche Dialog wurde als vierte Vergabeart neben dem offenen, dem nichtoffenen und dem Verhandlungsverfahren, durch das ÖPP-Beschleunigungsgesetz[689] vom 1.9.2005 eingeführt. Das Gesetz diente zumindest teilweise,[690] der Umsetzung der Vergabekoordinierungsrichtlinie 2004/18/EG (VKR).[691] Der wettbewerbliche Dialog ist gem. § 101 Abs. 4 GWB ein Verfahren zur Vergabe besonders komplexer Aufträge durch Auftraggeber nach § 98 Nr. 1 bis 3 GWB, soweit sie nicht auf dem Gebiet der Trinkwasser- oder Energieversorgung oder des Verkehrs tätig sind und der Auftraggeber gem. § 98 Nr. 5 GWB. Entscheidend ist daher, dass nicht allen öffentlichen Auftraggebern, der wettbewerbliche Dialog zur Verfügung steht, sowie die Klärung des Tatbestandsmerkmals „komplexer Auftrag". Ebenfalls muss das Konkurrenzverhältnis zu den anderen Vergabearten, insbesondere zum Verhandlungsverfahren, geklärt werden. Erst anschließend kann eine Einordnung des Allianzvertrages stattfinden.

a) Staatlicher Auftraggeber

Bisher war im GWB vorgesehen, dass der wettbewerbliche Dialog nur „staatlichen Auftraggebern" zur Verfügung stand. Gleiches galt für die VgV und die VOB/A. Dies war insofern problematisch, da das Vergabekartellrecht sowohl den Begriff „öffentliche Auftraggeber" als auch den Begriff „staatlicher Auf-

---

688 Müller, Hermann/Veil, Winfried: wettbewerblicher Dialog und Verhandlungsverfahren im Vergleich, VergabeR 2007, 298, 302.
689 Gesetz zur Beschleunigung der Umsetzung von öffentlich-privaten Partnerschaften und zur Verbesserung gesetzlicher Rahmenbedingungen für öffentliche Partnerschaften v. 1.9.2005, BGBl. 2005 I, 276, in Kraft getreten am 8.9.2005.
690 Opitz, Marc: Wie funktioniert der wettbewerbliche Dialog? – Rechtliche und praktische Probleme; VergabeR 2006; 451, 451.
691 RL 2004/18/EG v. 31.3.2004, ABl. 2004 L 134/114.

traggeber" verwendete.[692] Mit der neuen Fassung des § 101 Abs. 4 GWB durch das Gesetz zur Modernisierung des Vergaberechts[693] wurde dies nun geändert. Der missverständliche Begriff des „staatlichen Auftraggebers" wurde entfernt. Nun steht der wettbewerbliche Dialog Auftraggebern nach § 98 Nr. 1 bis 3 GWB, soweit sie nicht auf dem Gebiet der Trinkwasser- oder Energieversorgung oder des Verkehrs tätig sind und den Auftraggeber gem. § 98 Nr. 5 GWB zur Verfügung.

Klargestellt wird zudem in § 101 Abs. 5 Satz 2 GWB, dass Auftraggebern, soweit sie auf dem Gebiet der Trinkwasser- oder Energieversorgung oder des Verkehrs tätig sind, das offene Verfahren, das nicht offene Verfahren und das Verhandlungsverfahren nach ihrer Wahl zur Verfügung stehen. Mit dieser Klarstellung wurde ein weiterer Streitpunkt entfernt. Die frühere Fassung des GWB sah in § 101 Abs. 6 S. 2 GWB vor, dass der wettbewerbliche Dialog den Auftraggebern, die nur unter gem. § 98 Nr. 4 fallen, nicht zur Verfügung steht. Problematisch waren also staatliche Auftraggeber § 98 Nr. 1-3 GWB, die zugleich Sektorenauftraggeber waren. Dieser Streit wurde durch die Neufassung und Streichung des Wortes „nur" beendet. Seit der Neufassung des § 101 GWB durch das Gesetz zur Modernisierung des Vergaberechts[694] ist eine andere Auffassung des „staatlichen Auftraggeberbegriffs" wohl nicht mehr vertretbar.

Den Sektorenauftraggebern soll es jedoch, ausweislich der deutschen Gesetzesbegründung, freistehen, das Verhandlungsverfahren als wettbewerblichen Dialog auszugestalten.[695]

b) Besonders komplexer Auftrag

Der wettbewerbliche Dialog steht nach Art. 28 S. 3 und Art 29 Abs. 1 VKR bzw. § 3a Nr. 1 lit. c VOB/A nur dann zur Verfügung, wenn der öffentliche Auftrag *besonders komplex* ist. Der europäische Gesetzgeber hat schon bei Erlass der Richtlinie die Schwierigkeit erkannt, besonders komplexe Aufträge von einfach komplexen zu unterscheiden. Aus diesem Grund hat er den Begriff der besonderen Komplexität in Art. 1 Abs. 11 VKR näher bestimmt. Besondere Komplexität hat ein öffentlicher Auftrag nur dann, „wenn der öffentliche Auftraggeber

---

692 Schröder, Holger: Voraussetzungen, Strukturen und Verfahrensabläufe des wettbewerblichen Dialogs in der Vergabepraxis, NZBau 2007, 217, 218.
693 Gesetz vom 20.4.2009, abgedruckt in BGBL 2009 I, S. 790 ff.
694 Gesetz vom 20.4.2009, abgedruckt in BGBL 2009 I, S. 790 ff.
695 BT-Dr 15/5668, S. 11; krit. dazu Müller, Martin/Brauser-Jung, Gerrit: Öffentlich-Private-Partnerschaften und Vergaberecht – Ein Beitrag zu den vergaberechtlichen Rahmenbedingungen, NVwZ 2007, 884, 889.

- objektiv nicht in der Lage ist, die technischen Mittel gemäß Artikel 23 Absatz 3 Buchstaben b, c oder d anzugeben, mit denen seine Bedürfnisse und seine Ziele erfüllt werden können und/oder
- objektiv nicht in der Lage ist, die rechtlichen und/oder finanziellen Konditionen eines Vorhabens anzugeben."[696]

Diese zugleich abschließende und dennoch wenig aussagekräftige Definition[697] hat der deutsche Gesetzgeber nahezu wortgetreu in § 6a Abs. 1 VgV und in § 3a Nr. 4 Abs. 1 VOB/A übernommen.[698]

In der Literatur wird das „objektiv nicht in der Lage sein" häufig mit „objektiver Unmöglichkeit" gleichgesetzt.[699] Richtigerweise kann es sich jedoch „nur" um objektives *Unvermögen* handeln. Der Auftraggeber ist dann „objektiv nicht in der Lage", wenn er bei objektiver Würdigung aller Umstände auf Grund *seiner* Leistungsfähigkeit dazu außer Stande ist, die technischen Mittel oder die rechtlichen und/oder finanziellen Konditionen anzugeben.[700] Eine andere Ansicht würde die Anwendungsmöglichkeiten des wettbewerblichen Dialogs auf nahezu Null reduzieren, da sich durch Heranziehung externer Sachverständiger wohl fast immer technische, finanzielle oder rechtliche Unklarheiten klären ließen.[701] „Objektiv nicht in der Lage sein" bedeutet auch, dass die Gründe für die Wahl des wettbewerblichen Dialogs objektiv nachprüfbar sein müssen.[702] Es handelt sich nicht um Unmöglichkeit im zivilrechtlichen Sinne gem. § 275 Abs. 1 BGB, sondern vielmehr um eine subjektive Unmöglichkeit, also ein Unvermögen des Auftraggebers. Ein wettbewerblicher Dialog darf demnach dann

---

696 Art. 1 Abs. 11 (VergabeRL) RL 2004/18/EG v. 31.3.2004, ABl. 2004 L 134/114.
697 Knauff, Matthias: Im wettbewerblichen Dialog zur Public-Private Partnership?, NZBau 2005, 249, 251.
698 Müller, Hermann/Veil, Winfried: wettbewerblicher Dialog und Verhandlungsverfahren im Vergleich, VergabeR 2007, 298, 300.
699 So z.B. Drömann, Dietrich: wettbewerblicher Dialog und ÖPP-Beschaffungen – Zur „besonderen Komplexität" so genannter Betreibermodelle, NZBau 2007, 751; Müller, Martin/Brauser-Jung, Gerrit: Öffentlich-Private-Partnerschaften und Vergaberecht – Ein Beitrag zu den vergaberechtlichen Rahmenbedingungen, NVwZ 2007, 884, 887, Leinemann, Ralf/Maibaum, Thomas: Die neue europäische einheitliche Vergabekoordinierungsrichtlinie für Lieferaufträge, Dienstleistungsaufträge und Bauaufträge – ein Optionsmodell, VergabeR 2004, S. 275.
700 Müller, Hermann/Veil, Winfried: wettbewerblicher Dialog und Verhandlungsverfahren im Vergleich, VergabeR 2007, 298, 300.
701 Pünder, Hermann/Franzius, Ingo: Auftragsvergabe im wettbewerblichen Dialog, ZfBR 2006, 20, 22; Schröder, Holger: Voraussetzungen, Strukturen und Verfahrensabläufe des wettbewerblichen Dialogs in der Vergabepraxis, NZBau 2007, 217, 218, Fritz, Aline: Erfahrungen mit dem wettbewerblichen Dialog in Deutschland, VergabeR Sonderheft 2a 2008, 379, 382.
702 Pünder, Hermann/Franzius, Ingo: Auftragsvergabe im wettbewerblichen Dialog, ZfBR 2006, 20, 22; Knauff, Matthias: Im wettbewerblichen Dialog zur Public-Private Partnership?, NZBau 2005, 249, 251.

nicht angewendet werden, wenn der öffentliche Auftraggeber mit zumutbarem Aufwand in der Lage ist, die erforderlichen technischen Mittel bzw. die rechtlichen oder finanziellen Konditionen festzulegen.[703] Diese Einschätzung des Auftraggebers ist, aufgrund des objektiven Maßstabes, in vollem Umfang einer Kontrolle zugänglich.[704] Den öffentlichen Auftraggeber trifft dabei eine Darlegungslast.[705] Er muss die Gründe für die Wahl des wettbewerblichen Dialogs im Vergabevermerk angeben; vgl. § 30a lit. i VOB/A.

Nach Ansicht des deutschen und des europäischen Gesetzgebers steht dem öffentlichen Auftraggeber bei der Beurteilung der besonderen Komplexität aber ein Einschätzungs- und Beurteilungsspielraum zu.[706] Auch die wohl herrschende Literatur ist der Ansicht, dass an die Bewertung der Lage keine überhöhten Anforderungen gestellt werden dürfen.[707]

Entscheidend für die Wahl des wettbewerblichen Dialogs ist daher die Voraussetzung der technischen, finanziellen oder rechtlichen Komplexität.

Technische Komplexität

Die EU Kommission hält in Zusammenhang mit der technischen Komplexität zwei Sachverhaltsgestaltungen für denkbar. Entweder ist der Auftraggeber objektiv nicht in der Lage, die technischen Mittel zu spezifizieren[708] oder es ist ihm objektiv unmöglich, die für seine Bedürfnisse und Ziele beste Lösung zu identifizieren.[709]

In der Literatur sind die Einzelheiten stark umstritten. Heiermann[710] sieht „Tunnelbauwerke in unerforschtem Gestein oder mit bislang unerforschter Län-

---

703 Dreher in Immenga/Mestmäcker, 4. Auflage, 2007, § 101 GWB Rdnr. 34.
704 VK BR Düsseldorf v. 11.8.2006 – VK 30/2006-L; Pünder, Hermann/Franzius, Ingo: Auftragsvergabe im wettbewerblichen Dialog, ZfBR 2006, 20, 22; Dreher in Immenga/Mestmäcker, 4. Auflage, 2007, § 101 GWB Rdnr. 34; Knauff, Matthias: Neues europäisches Vergabeverfahrensrecht: Der wettbewerbliche Dialog, VergabeR 2004, 287, 290; Kaeble, Hendrik in Müller-Wrede: Kompendium des Vergaberechts, Kap. 15 Der wettbewerbliche Dialog, S. 44.
705 Müller-Wrede, Malte in Ingenstau/Korbion VOB, 16. Auflage, 2007, § 3a VOB/A, Rdnr. 24.
706 In BT-Dr. 15/5668 S.12 heißt es: „Die Auftraggeber müssen ihren Beurteilungsspielraum anhand der Grundsätze des Wettbewerbs, der Transparenz und der Gleichbehandlung ausüben und die Gründe für die Entscheidung zur Wahl des wettbewerblichen Dialogs ausreichend dokumentieren." Ähnlich EG-Kommission, Erläuterungen – wettbewerblicher Dialog – Klassische Richtlinie vom 5.10.2005 CC/2005/04_rev1 Punkt 2.1.
707 Heiermann, Wolfgang: Der wettbewerbliche Dialog, ZfBR 2005, 766, 770; Knauff, Matthias: Neues europäisches Vergabeverfahrensrecht: Der wettbewerbliche Dialog, VergabeR 2004, 287, 290.
708 Art. 23 Abs. 3 lit. b, c und d der Richtlinie 2004/18/EG, Abl. EG Nr. L 134 S. 133 v. 20.4.2004.
709 Europäische Kommission, CC/2005/04 v. 5.10.2005, S.3.
710 Heiermann, Wolfgang: Der wettbewerbliche Dialog, ZfBR 2005, 766, 768 f.

ge, Brückenbauwerke mit besonderen unerforschten Eigenschaften an Länge, Konstruktion oder Untergrund und Hochbauprojekte, deren Zweck zwar bekannt, die Konstruktionsmerkmale aber unerforscht sind" als „regelmäßig" technisch komplexe Bauwerke an. Dieser Ansicht widerspricht Schröder,[711] der insbesondere integrierte Verkehrsinfrastrukturprojekte als technisch komplex verstanden wissen will. Als Beispiel führt er ein flächendeckendes, satellitengestütztes Mauterfassungssystem für Landfahrzeuge an. Dörmann[712] wiederum nennt die Querung über den Fehmarnbelt, die seiner Ansicht nach beispielhaft für die technische Komplexität eines Vorhabens ist. Die EU Kommission selbst nennt in Erwägungsgrund Nr. 31 der Vergabekoordinierungsrichtlinie beispielhaft die Durchführung bedeutender, integrierter Verkehrsinfrastrukturprojekte oder großer Computernetzwerke.

Die Bestimmung der technischen Komplexität anhand von Regelbeispielen und Realisationstypen greift indes zu kurz und ist stets von der Zuordnung des einzelnen Projekts abhängig. Vielversprechender scheint dagegen eine Bestimmung anhand einer Subsumption der Tatbestandsmerkmale „technische Mittel", „angeben", „Bedürfnisse und Ziele" und „objektiv nicht in der Lage sein".[713] Es ist in der Folge stets eine Einzelfallentscheidung notwendig, um das konkrete Projekt als technisch Komplex auszuweisen.[714]

Rechtlich/finanzielle Komplexität

Wie bei der technischen Komplexität hat der Gesetz- bzw. Verordnungsgeber auch hier keine nähere Begriffsbestimmung getroffen. Nach der Gesetzesintention soll dem wettbewerblichen Dialog allerdings bei der Vergabe von ÖPP-Projekten eine entscheidende Rolle zukommen und für diese besonders geeignet sein.[715] Nicht jedes ÖPP-Modell und Projekt ist aber zwangsläufig rechtlich oder finanziell *besonders komplex*, so dass ein wettbewerblicher Dialog zulässig ist. Auch bei ÖPP-Projekten muss daher im Einzelfall die *besondere Komplexität* festgestellt werden.[716]

---

711 Schröder, Holger: Voraussetzungen, Strukturen und Verfahrensabläufe des wettbewerblichen Dialogs in der Vergabepraxis, NZBau 2007, 217, 219.
712 Drömann, Dietrich: wettbewerblicher Dialog und ÖPP-Beschaffungen – Zur „besonderen Komplexität" so genannter Betreibermodelle, NZBau 2007, 751, 752.
713 Drömann, Dietrich: wettbewerblicher Dialog und ÖPP-Beschaffungen – Zur „besonderen Komplexität" so genannter Betreibermodelle, NZBau 2007, 751, 752.
714 Schröder, Holger: Voraussetzungen, Strukturen und Verfahrensabläufe des wettbewerblichen Dialogs in der Vergabepraxis, NZBau 2007, 217, 219.
715 BT-Dr. 15/5668 S.1,EU-Kommission in CC/2005/04 v. 5.10.2005, S.3.
716 So auch die Europäische Kommission in CC/2005/04 v. 5.10.2005, S.3; ebenso Knauff: Im wettbewerblichen Dialog zur Public Private Partnership, NZBau 2005, 249, 254 f.

Letztlich ist festzustellen, dass bisher weder das europäische noch das deutsche Vergaberecht hinreichend deutliche Anhaltspunkte für die Abgrenzung zwischen „einfacher" und „besonderer" Komplexität enthält. Aufgrund der Ausnahmestellung des wettbewerblichen Dialogs ist allerdings eine enge Auslegung geboten.[717]

Der Allianzvertrag als „besonders komplexer" Auftrag

Allianzverträge sind in hohem Maße auf das individuelle Projekt zugeschnitten. Eine Pauschalisierung bzw. Standardisierung der Verträge kommt daher nur in sehr geringem Maße in Betracht. Die wichtigsten Klauseln des Allianzvertrages sind sehr individuell, wie das Vergütungssystem, das Streitbeilegungsverfahren und die Kompetenzregelungen zeigen. In rechtlicher und wirtschaftlicher Hinsicht sind Allianzverträge schon aus vertragsrechtlichen Gesichtspunkten im Vergleich zu „normalen" Aufträgen „besonders" komplex. Allein die Einbindung aller am Projekt direkt beteiligten Unternehmen erfordert wesentlich komplexere Verträge als dies bei gewöhnlichen Bauverträgen der Fall ist. Allianzverträge sind daher keine Verträge, die in derselben Gestalt wiederkehren und untereinander vergleichbar sind. Sie sind in einem besonders hohen Maße individuell.

Auch aus technischer und finanzieller Sicht sind Allianzverträge in der Regel keine einfach komplexen Verträge. Wie bereits mehrfach erwähnt, kommen Allianzverträge hauptsächlich bei großen Infrastrukturprojekten zur Anwendung, deren Risiken nicht oder noch nicht erkennbar sind, die nicht abschließend berechnet werden können oder bei denen ein hohes Maß an Innovation nötig ist.[718] Genau diese Projekte hatte der deutsche und europäische Gesetzgeber im Sinn, als er den wettbewerblichen Dialog einführte.[719] Ebenso werden Allianzverträge oft nur funktional beschrieben (Straßenverbindung von A nach B), ohne dass die näheren Spezifikationen genannt werden. Es ist dann Aufgabe der Teilnehmer am Wettbewerb, sich für Brücken, Tunnels oder andere Wegführungen zu entscheiden. Ein solches Projekt könnte im wettbewerblichen Dialog vergeben werden.[720]

Nach Ansicht der Kommission haben öffentlich-private Partnerschaften „sehr, sehr häufig" eine besondere Komplexität.[721] Zwar hatte der europäische Gesetzgeber hier die klassischen ÖPP'en im Blick, der Allianzvertrag stellt jedoch im weitesten Sinne auch eine Partnerschaft zwischen der öffentlichen Hand und privaten Unternehmen dar. Nur ist hier die besondere Komplexität nicht auf

---

717 Knauff: Im wettbewerblichen Dialog zur Public Private Partnership, NZBau 2005, 249, 254.
718 Vgl. hierzu XI.
719 Vgl. BT-Dr. 15/5668 S.11,EU-Kommission in CC/2005/04 v. 5.10.2005, S. 3 f.
720 So explizit die EU-Kommission in CC/2005/04 v. 5.10.2005, S. 3 f.
721 EU-Kommission in CC/2005/04 v. 5.10.2005, S. 3.

die finanzielle Seite beschränkt, sondern der Allianzvertrag geht weit darüber hinaus, indem er rechtlich völlig neue Strukturen schafft. Es kommt daher stets auf den Einzelfall an. Jedoch spricht eine sehr hohe Wahrscheinlichkeit dafür, dass bei Projekten, bei denen Allianzverträge interessant werden, auch eine „besondere Komplexität" des Auftrages vorliegt. Bei einfachen oder klar strukturierten Projekten findet der Allianzvertrag schon aus finanziellen Erwägungen keine Anwendung.[722]

c) Abgrenzung zum Verhandlungsverfahren

Im Falle der Komplexität des Auftrags und der Unmöglichkeit eindeutig beschreibbarer Leistungsbeschreibungen sind oftmals sowohl der Anwendungsbereich des Verhandlungsverfahrens gem. § 3a Nr.5 c VOB/A als auch der Anwendungsbereich des wettbewerblichen Dialogs gem. § 3a Nr.4 Abs. 1 VOB/A eröffnet.

(1) Unterschied Verhandlungsverfahren/ wettbewerblicher Dialog

Der wettbewerbliche Dialog und das Verhandlungsverfahren sind beide gesetzlich nicht abschließend geregelt.[723] Zwar unterliegen beide Verfahren strengen Anwendbarkeitsvoraussetzungen in § 6a VgV und § 3a Nr. 4 Abs. 1 VOB/A, die Verfahrensregelungen sind aber weitaus weniger streng als beim offenen und beim nichtoffenen Verfahren.[724] Selbstverständlich gelten aber für beide Verfahren die allgemeinen Vergabeprinzipien gem. § 97 GWB. Das Vergabeverfahren hat diskriminierungsfrei, transparent und im Wettbewerb stattzufinden. Der Zuschlag darf nur auf das wirtschaftlichste Gebot entfallen.[725]

Gemeinsam ist den beiden Verfahren ferner, dass der Leistungsgegenstand in der Ausschreibung nicht in allen Einzelheiten beschrieben ist, sondern vielmehr im Rahmen von Verhandlungen während des Verfahrens konkretisiert wird.[726]

---

722 Vgl. zum Anwendungsbereich Kap. BXI.
723 Werner, Michael Jürgen in Byok/Jäger: Kommentar zum Vergaberecht, Rdnr. 638 zum Verhandlungsverfahren.
724 Müller, Hermann/Veil, Winfried: wettbewerblicher Dialog und Verhandlungsverfahren im Vergleich, VergabeR 2007, 298, 302.
725 Pünder, Hermann/Franzius, Ingo: Auftragsvergabe im wettbewerblichen Dialog, ZfBR 2006, 20, 24.
726 Pünder, Hermann/Franzius, Ingo: Auftragsvergabe im wettbewerblichen Dialog, ZfBR 2006, 20, 24; Müller, Hermann/Veil, Winfried: wettbewerblicher Dialog und Verhandlungsverfahren im Vergleich, VergabeR 2007, 298, 302.

Gerade darin liegt der Sinn und Zweck dieser Verfahren.[727] Dennoch gibt es einen wesentlichen Unterschied zwischen den beiden Verfahrensarten. Während beim Verhandlungsverfahren sich die Angebote auf einheitliche Verdingungsunterlagen beziehen, bilden beim wettbewerblichen Dialog alternative Auftragsgegenstände die Grundlage für die Verhandlungsgespräche. Die im wettbewerblichen Dialog abgegebenen Angebote beziehen sich auf unterschiedliche, individuell ausgehandelte Vertragsbedingungen.[728] Aus diesem grundlegenden Unterschied erklärt sich auch, warum der Verhandlungsspielraum in den beiden Verfahren unterschiedlich gewährt wird.

Das Verhandlungsverfahren ist bis zur Einreichung des Angebots ähnlich starr wie das offene/nichtoffene Verfahren. Die Leistungsbeschreibung muss wesentlich detaillierter sein, als dies beim wettbewerblichen Dialog der Fall ist.[729] Die eigentlichen Verhandlungen und damit auch die Dynamik des Verfahrens entstehen erst in der Wertungsphase, also nach Abgabe eines Angebots. Der Auftraggeber muss also vorher zumindest eine funktionale Leistungsbeschreibung erstellt haben, auf deren Basis Angebote abgegeben werden können.[730] Damit verbunden ist die Voraussetzung, dass der Leistungsgegenstand feststehen muss. Anders stellt sich dies beim wettbewerblichen Dialog dar. Hier entsteht die Dynamik wesentlich früher in der Phase zwischen Veröffentlichung der Vergabebekanntmachung und der Aufforderung zur Abgabe eines Angebots. Verhandelt wird hier nicht auf der zum Zuschlag führenden Verfahrensstufe, sondern schon in der Konzeptionierungsphase des Auftrags. Dies führt zu einem größeren und früher gewährleisteten Verhandlungsspielraum.[731]

Der Zweck der Verhandlungen ist daher in den beiden Verfahren unterschiedlich. Während es beim Verhandlungsverfahren für den Auftraggeber in den Verhandlungen darum geht, für ihn möglichst günstige Zuschlagsbedingungen zu erreichen, nutzt im wettbewerblichen Dialog der Auftraggeber die Ressourcen der Unternehmen im Bereich der Beratung und Gestaltung der Pro-

---

727 Für den wettbewerblichen Dialog siehe EU-Kommission in CC/2005/04 v. 5.10.2005, S.7; für das Verhandlungsverfahren siehe Pünder, Hermann/Franzius, Ingo: Auftragsvergabe im wettbewerblichen Dialog, ZfBR 2006, 20, 24; Müller, Hermann/Veil, Winfried: wettbewerblicher Dialog und Verhandlungsverfahren im Vergleich, VergabeR 2007, 298, 302.
728 Pünder, Hermann/Franzius, Ingo: Auftragsvergabe im wettbewerblichen Dialog, ZfBR 2006, 20, 24; Müller, Hermann/Veil, Winfried: wettbewerblicher Dialog und Verhandlungsverfahren im Vergleich, VergabeR 2007, 298, 302.
729 Uechtritz, Michael/Otting, Olaf: Das „ÖPP-Beschleunigungsgesetz": Neuer Name, neuer Schwung für „öffentlich-private Partnerschaften"?, NVwZ 2005, 1105, 1108.
730 Fritz, Aline: Erfahrungen mit dem wettbewerblichen Dialog in Deutschland, VergabeR Sonderheft 2a 2008, 379, 380.
731 Müller, Hermann/Veil, Winfried: wettbewerblicher Dialog und Verhandlungsverfahren im Vergleich, VergabeR 2007, 298, 303.

jektkonzipierung.[732] Der wettbewerbliche Dialog erstreckt sich daher nicht nur auf die technischen und wirtschaftlichen (Preis, Kosten, Einkünfte usw.) oder rechtlichen Aspekte (Risikoverteilung und -begrenzung, Garantien, mögliche Schaffung von Zweckgesellschaften usw.)[733], sondern auch auf die nähere Bestimmung des Auftragsgegenstandes.[734]

Beide Verfahren dürfen aber trotz Verhandlungsmöglichkeiten nicht dazu führen, dass andere Leistungen beschafft werden, als mit der Ausschreibung angekündigt.[735] Im Übrigen ist es möglich, die Verhandlungsphase des Verhandlungsverfahrens wie einen wettbewerblichen Dialog auszugestalten.[736] Es bleibt nur bei der unterschiedlichen Gewährleistung der Verhandlungsspielräume. Die Verhandlungsphasen selbst können weitgehend ähnlich ausgestaltet werden.[737]

(2) Verhältnis Verhandlungsverfahren/wettbewerblicher Dialog

Das Verhandlungsverfahren und der wettbewerbliche Dialog sind beide gegenüber dem offenen und nichtoffenen Verfahren subsidiär.[738] Bisher war das Verhältnis von Verhandlungsverfahren und wettbewerblichem Dialog zueinander ungeklärt.[739]

Knauff [740] räumte dem wettbewerblichen Dialog einen Vorrang als *lex specialis* gegenüber dem Verhandlungsverfahren ein. *Pünder/Franzius*[741] wiederum war der Ansicht die beiden Verfahren stünden in einem Aliudverhältnis. Je mehr Informationen der Auftraggeber zur Ausgestaltung der Vertragsbedingun-

---

732 Müller, Hermann/Veil, Winfried: wettbewerblicher Dialog und Verhandlungsverfahren im Vergleich, VergabeR 2007, 298, 304.
733 EU-Kommission in CC/2005/04 v. 5.10.2005, S. 7.
734 Pünder, Hermann/Franzius, Ingo: Auftragsvergabe im wettbewerblichen Dialog, ZfBR 2006, 20, 24.
735 Für den wettbewerblichen Dialog ergibt sich dies aus Art. 29 Abs. 6 Unterabs. 2 letzter Satz, Art. 7 Unterabs. 2 letzter Satz der Vergabekoordinierungsrichtlinie sowie § 6a Abs. 5 Satz 5 und Abs. 6 Satz 3 VgV; für das Verhandlungsverfahren vgl. nur OLG Dresden, Beschluss v. 3.12.2003 – W Verg 15/03 -, NZBau 2005, 118 oder Müller-Wrede, Malte in Ingenstau/Korbion, VOB-Kommentar, 16. Auflage, § 3a Rdnr. 31.
736 Stoye, Jörg/Kriener, Franziska: wettbewerblicher Dialog auch für staatliche Sektorenauftraggeber möglich!, IBR 2009, 189.
737 Franzius, Ingo: Verhandlungen im Verfahren der Auftragsvergabe, Schriften der Bucerius Law Scholl Band II/7, S. 203 ff.
738 Vgl. hierzu bereits Kap. CIV2.
739 Müller, Hermann/Veil, Winfried: wettbewerblicher Dialog und Verhandlungsverfahren im Vergleich, VergabeR 2007, 298, 304.
740 Knauff, Matthias: Neues europäisches Vergabeverfahrensrecht: Der wettbewerbliche Dialog, VergabeR 2004, 287, 289 ders.: Im wettbewerblichen Dialog zur Public Private Partnership, NZBau 2005, 249, 255.
741 Pünder, Hermann/Franzius, Ingo: Auftragsvergabe im wettbewerblichen Dialog, ZfBR 2006, 20, 24.

gen hat, desto eher müsse er auf das Verhandlungsverfahren zurückgreifen. *Leinemann/Maibaum*[742] sah in dem „ausgesprochen aufwändigen und strapaziösen Verfahren" (wettbewerblicher Dialog) mehr eine Ultima Ratio gegenüber den anderen Vergabeverfahren. Des Weiteren wurde vertreten, dass sich die Anwendungsbereiche überschneiden bzw. die Verfahren nebeneinander anwendbar bleiben.[743] Die Europäische Kommission wiederum hielt im Rahmen von ÖPP Verfahren den wettbewerblichen Dialog für „ganz besonders geeignet".[744]

Durch die Vergaberechtsreform 2009[745] wurde nun in § 101 Abs. 4 und 5 GWB klargestellt, dass zwischen Verhandlungsverfahren und wettbewerblichem Dialog keine Hierarchie besteht.[746]

Für den Allianzvertrag bedeutet dies, dass der staatliche Auftraggeber, wenn beide Anwendungsvoraussetzungen erfüllt sind, die freie Wahl zwischen Verhandlungsverfahren und wettbewerblichem Dialog hat.

d) Allianzverträge im Anwendungsbereich wettbewerblichen Dialogs

Der wettbewerbliche Dialog passt nach den eben angestellten Erwägungen für viele Projekte wesentlich besser zum Allianzvertrag als das Verhandlungsverfahren. Der wettbewerbliche Dialog bietet mehr Freiheiten bei der Bestimmung des Leistungsgegenstandes und erfordert eine Angebotsabgabe erst nach den Verhandlungen. Dies benötigt der Allianzvertrag zumeist auch, da Risiken, Strukturen, technische Umsetzungen, innovative Ansätze und insbesondere unterschiedliche Lösungskonzepte sinnvollerweise vor Angebotsabgabe diskutiert werden. Das hohe Maß an Individualität des Allianzvertrages kann in vielen Fällen nur gewährleistet werden, wenn ein Maximum an Verhandlungsspielraum besteht. Auch dies gewährleistet der wettbewerbliche Dialog.[747]

Beim Allianzvertrag kommt hinzu, dass die Vergabe nicht nur auf einem Preiswettbewerb, sondern maßgeblich in einem Eignungs- und Ideenwettbewerb erfolgt. Ein solcher lässt sich wesentlich besser vor Abgabe eines Angebots

---

742 Leinemann, Ralf/Maibaum, Thomas: Die neue europäische einheitliche Vergabekoordinierungsrichtlinie für Lieferaufträge, Dienstleistungsaufträge und Bauaufträge – ein Optionsmodell, VergabeR 2004, S. 275, 279 f.
743 Ollmann, Horst: wettbewerblicher Dialog eingeführt – Änderungen des Vergaberechts durch das ÖPP-Beschleunigungsgesetz, VergabeR, 685, 688.
744 Müller, Hermann/Veil, Winfried: wettbewerblicher Dialog und Verhandlungsverfahren im Vergleich, VergabeR 2007, 298, 310; EU-Kommission in CC/2005/04 v. 5.10.2005.
745 Gesetz zur Modernisierung des Vergaberecht v. 20.April 2009, BGBl. I S. 790.
746 Gabriel, Marc: Die Vergaberechtsreform 2009 und die Neufassung des vierten Teils des GWB, NJW 2009, 2011, 2014.
747 Das Verhandlungsverfahren dagegen ist durch die Rechtsprechung stark formalisiert worden. Vgl. BGH – X ZR 115/04 – Urteil v. 1.8.2006 oder Müller-Wrede, Malte in Ingenstau/Korbion, VOB-Kommentar, 16. Auflage, § 3a Rdnr. 31.

durchführen. Ebenfalls dient der Allianzvertrag dazu, komplexe Projekte durchzuführen und die Ressourcen der Planer, Architekten, Statiker, Bauunternehmen und Auftraggeber zu bündeln und so frühzeitig Synergien auszuschöpfen. Dies gelingt in besonderem Maße, wenn die beteiligten Parteien schon sehr früh an einen Tisch kommen.

Ein Verhandlungsverfahren eignet sich dagegen dort, wo kein Ideenwettbewerb oder kein Wettbewerb unterschiedlicher Lösungskonzepte gewollt ist. Auch in diesem Bereich sind Allianzverträge denkbar. Jedoch sehen Allianzverträge selten bloße Bauabwicklungen vor, sondern schließen zumeist Design und Planung mit ein. Dann wiederum ist aber ein Wettbewerb schon vor Abgabe eines Angebots sinnvoll.

Die Eröffnung des Anwendungsbereichs des wettbewerblichen Dialogs ist zwar im Einzelfall zu prüfen, dennoch wird man sagen können, dass dies, dort wo an den Einsatz von Allianzverträgen zu denken ist, fast immer der Fall sein wird. Wie aus den Beispielfällen, in denen der Allianzvertrag bisher angewandt wurde und den Erwägungen dazu ersichtlich ist,[748] eignet sich der Allianzvertrag insbesondere im Bereich großer und komplexer bzw. riskanter Projekte. Genau für solche Verfahren wurde der wettbewerbliche Dialog geschaffen.[749] Die EU-Kommission hat mehrfach betont, dass sich der wettbewerbliche Dialog insbesondere für öffentlich-private Partnerschaften eignet.[750] Der Allianzvertrag ist zwar keine klassische ÖPP, die hauptsächlich von Finanzierungserwägungen getragen wird,[751] aber er ist eben auch eine Partnerschaft zwischen privaten Unternehmen und der öffentlichen Hand. Der Anwendungsbereich des wettbewerblichen Dialogs ist daher für Allianzverträge in den Regelfällen eröffnet.

Im Folgenden soll daher überprüft werden, ob auch der Ablauf der Ausschreibung, wie sie der Allianzvertrag vorsieht, mit den gesetzlichen Bestimmungen über den Ablauf des wettbewerblichen Dialogs übereinstimmt bzw. welche Anpassungen nötig sind.[752]

7. Ablauf des wettbewerblichen Dialogs

Die Auswahl der Vertragspartner bei Allianzverträgen läuft in streng voneinander zu trennenden Phasen ab. Zunächst wird das Projekt ausgeschrieben und interessierte Unternehmen werden gebeten, ihre Ausschreibungsunterlagen einzu-

---

748 Vgl dazu Kap. BXI.
749 Vgl. BT-Dr. 15/5668 S.11, EU-Kommission in CC/2005/04 v. 5.10.2005, S. 3 f.
750 Vgl. BT-Dr. 15/5668 S.11, EU-Kommission in CC/2005/04 v. 5.10.2005, S. 3 f.
751 Vgl. Kap. CI3b)(3).
752 Die Voraussetzungen und Grundsätze im Verhandlungsverfahren sind nahezu dieselben, weswegen insbesondere die Ausgestaltung des Verhandlungsverfahrens/Dialogs sich nicht wesentlich unterscheiden. Der Unterschied liegt vielmehr im unterschiedlichen Zeitraum, zu dem Verhandlungen möglich sind.

reichen. Dabei müssen sie Nachweise über die grundsätzliche Eignung für den Allianzvertrag sowie Konzepte für das Projekt im Speziellen vorlegen. In der folgenden Phase finden mit geeigneten und anhand festgelegter Kriterien ausgewählten Kandidaten Interviews und Workshops statt, um den Bieterkreis auf einen „bevorzugten" und mindestens einen weiteren Kandidaten zu reduzieren. Parallel dazu können erste Vertragsverhandlungen stattfinden, um den Allianzvertrag zu entwickeln. Im Anschluss an diese Phase werden mit dem „bevorzugten Kandidaten" dann endgültige Vertragsverhandlungen geführt. Nach Unterzeichnung entweder eines endgültigen oder Interimsallianzvertrages[753] beginnt die Planungs- und Entwicklungsphase. Im Abschluss an die Planungs- und Entwicklungsphase wird das Projekt gebaut/durchgeführt.[754]

Der wettbewerbliche Dialog ist ein dreigliedriges Verfahren und wird in den Teilnahmewettbewerb, die Dialoggespräche und die Angebotsphase unterteilt.[755] Es gilt daher, die Auswahlphasen des Allianzvertrages in diese Phasen einzubetten. Hierbei spielen die europarechtlichen Vorgaben und deren deutsche Umsetzung eine entscheidende Rolle.

a) Der Teilnahmewettbewerb

Am Beginn des wettbewerblichen Dialogs steht ein durch Vergabebekanntmachung eingeleiteter Teilnahmewettbewerb gem. § 6a Abs. 2 VgV bzw. § 3a Nr. 4 Abs. 2 VOB/A. Der Auftraggeber hat in diesen Vergabebekanntmachungen zwingende Vorschriften zu beachten. In Australien bestehen die Vergabebekanntmachungen üblicherweise aus folgenden Dokumenten:[756]

- Projektbeschreibung (inkl. Erläuterungen zum Projekt und den KRA, Begründung warum ein Allianzvertrag gewählt wurde, Auflistung der Auswahlkriterien, etc.).
- Beschreibung der Auswahlkriterien.
- Grober Vertragsentwurf eines Allianzvertrages.
- Entwurf einer „Value for money"-Strategie.

---

753 Zur Unterscheidung siehe Kap. BIV.
754 Ausführlicher Kap. BIX2 und DTF, Project Alliance Practitioners Guide, Establishing a project alliance, S.67 ff.
755 Müller-Wrede in Ingenstau/Korbion: VOB-Kommentar, 16. Auflage, 2006, § 3a Rdnr. 16; Kaeble, Hendrik in Müller-Wrede: Kompendium des Vergaberechts, Kap. 15 Der wettbewerbliche Dialog, Rdnr. 26; Franzius, Ingo: Verhandlungen im Verfahren der Auftragsvergabe, Schriften der Bucerius Law Scholl Band II/7, S. 203, der die Phase des Teilnahmewettbewerbs Vorbereitungsphase nennt, a.A. Schröder, Holger: Voraussetzungen, Strukturen und Verfahrensabläufe des wettbewerblichen Dialogs in der Vergabepraxis, NZBau 2007, 217, 218.
756 DTF, Project Alliance Practitioners Guide, Establishing a project alliance, S. 73.

Sodann werden die Teilnehmer üblicherweise gebeten über folgende Punkte Auskunft zu geben:[757]

- Unternehmensdaten im Allgemeinen.
- Nachweis darüber, dass das Unternehmen über alle geforderten Ressourcen verfügt, um das Projekt durchzuführen. Insbesondere auch personelle Vorschläge für die Besetzung von ALT, AMT und weiteren leitenden Gremien.
- Nachweis über die Durchführung gleichwertiger Projekte (bzgl. Größe, Umweltbilanz, Erfolg).
- Angaben darüber, wie das Unternehmen gedenkt, die Schlüsselziele (KRA) zu erreichen.
- Ablaufplan über die zeitliche Bauabwicklung.
- Verständnis der Grundprinzipien des Allianzvertrages und der „Value for money Strategie".
- Kritik an der Ausschreibung und dem TCE Development Plan.

Anhand dieser Kriterien werden dann, wenn genügend Bieter vorliegen, die geeigneten, in der Regel zwei oder drei, für die nächste Phase der Interviews und Workshops ausgewählt. Die deutschen und europäischen Vergabevorschriften enthalten Verpflichtungen für den Auftraggeber Informationen über die Ausschreibung bekannt zu machen.

(1) Bekanntmachungspflicht

Die Vergabebekanntmachung markiert den eigentlichen Beginn des Vergabeverfahrens.[758] Zwar können Bauaufträge schon vorab gem. Art. 35 lit. c VKR veröffentlicht werden, sobald die zugrunde liegende Planung genehmigt wurde,[759] aber erst mit der Vergabebekanntmachung fordert der Auftraggeber interessierte Bieter zur Teilnahme am Verfahren auf. Der wettbewerbliche Dialog ist gem. § 6a Abs. 2 VgV bzw. § 3a Nr.4 Abs. 2 VOB/A europaweit bekannt zu machen. Die Erläuterung der Anforderungen erfolgt gem. § 6a Abs. 2, Halbs. 2 VgV in der Bekanntmachung oder in einer Beschreibung. Für die Bekanntmachung hat

---

757 Zusammenfassung aus DTF, Project Alliance Practitioners Guide, Establishing a project alliance, S. 67 ff.
758 Franzius, Ingo: Verhandlungen im Verfahren der Auftragsvergabe, Schriften der Bucerius Law Scholl Band II/7, S. 204.
759 Zwingend ist dies nur, wenn der Auftraggeber die Möglichkeit wahrnehmen will, die Frist für den Eingang der Angebote zu verkürzen, vgl. § 17a Nr.1 Abs. 2 VOB/A.

der Auftraggeber gem. § 17a Nr.4 Abs. 1 VOB/A das so genannte „Standardformular 2 Bekanntmachung" zu verwenden.[760]

(2) *Inhalt der Bekanntmachung*

Auftraggeber haben gem. § 6a Abs. 2 VgV mit der Bekanntmachung „nur" ihre Anforderungen und Bedürfnisse zu benennen, da eine detaillierte Spezifizierung aufgrund der Natur des wettbewerblichen Dialogs zu diesem Zeitpunkt nicht erfolgen kann. Diese soll vielmehr erst im Dialog erarbeitet werden.[761] Eine Begriffsbestimmung oder weitere Angaben, was unter Anforderungen und Bedürfnissen zu verstehen ist, enthält § 6a VgV nicht. Der notwendige Inhalt bestimmt sich aber gem. Art. 36 Abs. 1 VKR nach Anhang VII Teil A zu § 36 Abs. 1 VKR. Dessen Inhalt wurde in Anhang II der Verordnung (EG) Nr. 1564/2005 in Standardformulare gegossen, welche gem. § 17a Nr. 4 Abs. 2 VOB/A bzw. Art. 2 der Verordnung (EG) Nr. 1564/2005 verpflichtend zu verwenden sind. Die Auftraggeber sind zudem gem. § 14 VgV verpflichtet, das einheitliche Gemeinschaftsvokabular (CPV) zu verwenden.[762]

Die Vergabestellen müssen in der Bekanntmachung Angaben zur Person, zum Auftragsgegenstand, zu den Bedingungen für die Teilnahme sowie zum Verfahren machen. Insbesondere zählen hierzu auch Angaben über die Frist,[763] die Verfahrensart sowie Eignungs- und Zuschlagskriterien. Eine Vergabestelle, die die Anzahl der Verhandlungsteilnehmer schrittweise reduzieren will, hat bereits in der Vergabebekanntmachung die hierfür maßgeblichen objektiven Kriterien, sowie die Mindestanzahl der teilnehmenden Unternehmen zu veröffentlichen.[764]

Grundsätzlich bieten sich dem Auftraggeber mehrere Möglichkeiten, die Anzahl der Bieter zu reduzieren. Zum einen kann er dies schon anhand von Eignungskriterien in der Eignungsprüfung tun, zum anderen zu Beginn oder während der Dialogphase.

---

760 Siehe Verordnung (EG) Nr. 1564/2005 vom 7.9.2005 zur Einführung von Standardformularen für die Veröffentlichung von Vergabebekanntmachungen im Rahmen von Verfahren zur Vergabe öffentlicher Aufträge gemäß der Richtlinie 2004/17/EG und der Richtlinie 2004/18/EG des Europäischen Parlaments und des Rates. § 17a Nr.2 Abs. 2 VOB/A.
761 Vgl. Kap. CIV6c)und Franzius, Ingo: Verhandlungen im Verfahren der Auftragsvergabe, Schriften der Bucerius Law Scholl Band II/7, S. 206.
762 Siehe Verordnung (EG) Nr. 2151/2003 der Kommission vom 16.12.2003, Abl. EG Nr. L 329 vom 17.2.2003, S.1 ff.
763 Gem. Art. 38 Abs. 3 und Abs. 5 VKR für die Teilnahme am wettbewerblichen Dialog mindestens 37 Tage. Diese Frist kann durch Verwendung der elektronischen Bekanntgabe um 7 Tage gekürzt werden.
764 Franzius, Ingo: Verhandlungen im Verfahren der Auftragsvergabe, Schriften der Bucerius Law Scholl Band II/7, S. 204, sowie 39. und 40 Erwägungsgrund der VKR 2004.

Für den Allianzvertrag problematisch kann sich dabei die Vorschrift erweisen, zu den Eignungs- und Zuschlagskriterien gem. Art. 29 Abs. 4 VKR schon in der Bekanntmachung oder der Beschreibung Angaben machen zu müssen. Wesentliches Merkmal des Allianzvertrages ist es, dass der Auftragsgegenstand in seinen Details noch nicht feststeht. Insbesondere die Zuschlagskriterien sind daher in diesem Verfahrensabschnitt schwer zu konkretisieren und zu gewichten.

Sonderfall Beschreibung

Die Beschreibung gem. Art. 29 Abs. 2 VKR, bzw. § 6a Abs. 2 VGV, bzw. § 3a Abs. 2 Halbs. 2 VOB/A entspricht in ihrer Funktion den Verdingungsunterlagen. Sie muss aber weniger detailliert und präskriptiv sein, da die endgültige Beschreibung des Leistungsgegenstandes notwendigerweise erst in der Dialogphase gemeinsam durch die Bewerber und den Auftraggeber erfolgt.[765] Die Beschreibung ist daher keine Leistungsbeschreibung im Sinne von § 9 VOB/A, weswegen diese Vorschrift auch nicht auf den wettbewerblichen Dialog direkt anwendbar ist. Soweit sie aber allgemeine vergaberechtliche Grundsätze betrifft, die auch für den wettbewerblichen Dialog gelten,[766] ist die Vorschrift analog anzuwenden.[767] Den Zeitpunkt der Veröffentlichung der Beschreibung liegt im Ermessen des Auftraggebers. Spätestens aber mit dem Aufforderungsschreiben zum Dialog muss der Auftraggeber die Beschreibung an die ausgewählten Bewerber übermitteln gem. Art. 40 Abs. 2 VKR, bzw. § 10a lit. e VOB/A.[768]

Jedenfalls mit der Beschreibung, also spätestens mit der Aufforderung zur Teilnahme am Dialoggespräch, ist auch die Gewichtung der Zuschlagskriterien zu publizieren: Art. 40 Abs. 5 lit. c VKR.[769] Die Zuschlagskriterien werden sich in vielen Bereichen mit den KRA decken. Die Eignungskriterien (Zuverlässigkeit, Fachkunde und Leistungsfähigkeit) sind dagegen begrenzt, wie in Art. 45 ff. VKR bzw. § 8 Nr. 2 VOB/A beschrieben.

---

765 EU-Kommission in CC/2005/04 v. 5.10.2005, S.4, Fn. 9.
766 Siehe zu den allgemeinen Grundsätzen Erwägungsgrund 39 der VKR.
767 Kapellmann/Messerschmidt – Kallmayer, § 3a VOB/A, Rdnr. 26.
768 So auch Knauff, Matthias: Neues europäisches Vergabeverfahrensrecht: Der wettbewerbliche Dialog, VergabeR 2004, 287, 291 f.; a.A. Franzius, Ingo: Verhandlungen im Verfahren der Auftragsvergabe, Schriften der Bucerius Law Scholl Band II/7, S. 209 f., der aufgrund des Transparenz- und Gleichbehandlungsgrundsatzes für eine getrennte Beschreibung keinen Bedarf sieht und den Auftraggeber in der Pflicht sieht, diese möglichst früh zu veröffentlichen.
769 Franzius, Ingo: Verhandlungen im Verfahren der Auftragsvergabe, Schriften der Bucerius Law Scholl Band II/7, S. 206.

Alle anderen Angabeverpflichtungen können Auftraggeber, die einen Allianzvertrag vergeben wollen, ohne Probleme erfüllen. Sie müssen selbstverständlich über die Vertragsnatur des Allianzvertrages informieren und klarstellen, dass der Zuschlag auf das wirtschaftlichste Angebot entfallen wird.[770] Ebenfalls muss die Vergabebekanntmachung auch verfahrensbezogene Informationen erhalten, da der Allianzvertrag eine bestimmte Abfolge von Interviews, Workshops und Auswertungsphasen in der Dialogphase vorsieht.

Für den Allianzvertrag kann die Beschreibung durchaus interessant sein. Je nach Einzelfall muss sich der Auftraggeber überlegen, ob eine solche für ihn vorteilhaft ist. Er sollte es aber vermeiden, die Beschreibung zu nutzen um ihm bekannte und wichtige Informationen erst möglichst spät herauszugeben. Dies widerspricht den Prinzipien des Allianzvertrages, die eine offene und transparente Vergabe als wichtige Basis für den späteren Allianzvertrag sehen.

(3) *Eignungsprüfung*

Die Vergabestelle überprüft nun in der Eignungsprüfung die Unternehmen, die innerhalb der einzuhaltenden Mindestfrist[771] (Art. 38 Abs. 3 lit. a VKR bzw. § 18 a Nr. 3 i.V.m. Nr. 2 Abs. 1 Satz 1 VOB/A) einen Teilnahmeantrag gestellt haben, daraufhin, ob sie die erforderliche Eignung auch tatsächlich besitzen. Das Auswahlverfahren des Allianzvertrages sieht in Abschnitt 1 eben eine solche Eignungsprüfung vor. Diejenigen Unternehmen, die daraus als geeignet hervorgehen, erreichen die nächste Stufe: Die Auswahl der Dialogpartner.

b) Die Dialogphase

Die Dialog- oder Verhandlungsphase unterteilt sich in die Auswahl der Dialogpartner und die anschließende Durchführung der Verhandlungen/Dialoge. In der Ausgestaltung dieser Phase ist die Vergabestelle kaum Beschränkungen unterworfen.[772] Sie kann Inhalt, Verfahren, Umfang und Dauer weitestgehend ihren Bedürfnissen anpassen. Einschränkungen ergeben sich insbesondere aus dem

---

770 Dies schreibt Anhang VII Teil A zu § 36 Abs.1 VKR zwingend vor. Ebenso ist hier die Vorschrift enthalten, Zuschlagskriterien und deren Gewichtung zu benennen, falls diese nicht in der Beschreibung enthalten sind. Zum Instrument der Beschreibung im wettbewerblichen Dialog siehe Franzius, Ingo: Verhandlungen im Verfahren der Auftragsvergabe, Schriften der Bucerius Law Scholl Band II/7, S. 209.
771 Zur Verkürzung dieser Frist siehe Franzius, Ingo: Verhandlungen im Verfahren der Auftragsvergabe, Schriften der Bucerius Law Scholl Band II/7, S. 210 ff.
772 Pünder, Hermann/Franzius, Ingo: Auftragsvergabe im wettbewerblichen Dialog, ZfBR 2006, 20, 23; Opitz, Marc: Wie funktioniert der wettbewerbliche Dialog? – Rechtliche und praktische Probleme; VergabeR 2006; 451, 453; Schröder, Holger: Voraussetzungen, Strukturen und Verfahrensabläufe des wettbewerblichen Dialogs in der Vergabepraxis, NZBau 2007, 217, 222.

Vertraulichkeitsgrundsatz, dem Gleichbehandlungsgrundsatz und dem Wettbewerbs- und Transparenzgebot.

(1) *Auswahl der Dialogpartner*

Es kann den öffentlichen Vergabestellen nicht zugemutet werden, mit jedem geeigneten Bewerber Verhandlungsgespräche zu führen. Zwar würde dies dem Wettbewerbsprinzip am weitesten gerecht werden, jedoch würde dies die Vergabe bis zum Erliegen hin lähmen. Unter diesem Aspekt ist eine Begrenzung des Bewerberkreises vor Verhandlungsbeginn sachlich notwendig.[773]

Hinsichtlich der Auswahl der Dialogpartner sieht § 6a Abs. 3 VgV, entgegen den klaren Vorgaben der Richtlinie in Art. 29 Abs. 2 i.V.m. Art. 44 bis 52 VKR keine Angaben vor. Lediglich § 8a Nr. 6 VOB/A bzw. Art. 44 Abs. 3 VKR gibt vor, dass der Auftraggeber die Zahl der Teilnehmer begrenzen darf[774] und nicht alle gem. § 8 Nr. 3 VOB/A geeigneten Bewerber an dem weiteren Verfahren teilnehmen lassen muss.[775] Die Auswahl unter den geeigneten Bewerbern muss der Auftraggeber anhand von in der Bekanntmachung vorgesehenen objektiven und nicht diskriminierenden, auftragsbezogenen Kriterien vollziehen.[776] Unzulässig ist es aufgrund des Trennungsgrundsatzes („Kein mehr an Eignung"), dass Eignungskriterien hier eine Rolle spielen. Ist ein Bewerber als geeignet anzusehen, dürfen die hierfür angewandten Kriterien im Teilnahmewettbewerb nicht mehr zur Abgrenzung herangezogen werden.[777]

Ebenfalls in der Bekanntmachung muss die Mindestanzahl und ggf. auch die Höchstzahl an einzuladenden Bewerbern angegeben werden.[778] Die Anzahl der zu Verhandlungen aufgeforderten Bewerber darf dabei gem. § 8a Nr. 6 VOB/A bzw. Art. 44 Abs. 3 Unterabs. 2 VKR bei hinreichender Anzahl geeigneten Bewerber nicht unter drei liegen. Die Prüfung selbst erfolgt unter Beachtung des Transparenz- und Gleichbehandlungsgrundsatzes.[779]

---

773 Franzius, Ingo: Verhandlungen im Verfahren der Auftragsvergabe, Schriften der Bucerius Law Scholl Band II/7, S. 221.
774 Zu den rechtstaatlichen Bedenken gegen eine solche Auswahl nach der Eignungsprüfung siehe Franzius, Ingo: Verhandlungen im Verfahren der Auftragsvergabe, Schriften der Bucerius Law Scholl Band II/7, S. 223.
775 Schranner, Urban in Ingenstau/Korbion: VOB-Kommentar, 16. Auflage, 2006, § 8a Rdnr. 16.
776 Vgl. § 8a Nr.6 VOB/A.
777 Vgl. EuGH, Urteil vom 19.6.2003, Rs. C-315/01; BGH NJW 1998, 3644, 3645; Franzius, Ingo: Verhandlungen im Verfahren der Auftragsvergabe, Schriften der Bucerius Law Scholl Band II/7, S. 214, Fn. 778 m.w.N.
778 § 8a Nr. 4 VOB/A bzw. Art. 36 VKR i.V.m. Anhang VII Teil A, 3. Abschnitt, Ziffer 19 und 20.
779 Siehe auch 39. Erwägungsgrund der VKR.

Der Allianzvertrag sieht eine Reduzierung der Bieter, die zum Dialog eingeladen werden, auf zumeist drei Wettbewerber vor. Allerdings variiert diese Zahl stark und ist vom jeweiligen Projekt abhängig. Der Auftraggeber soll aus den, an sich geeigneten, Unternehmen diejenigen herausfiltern, die er für einen Allianzvertrag und das konkrete Projekt für passend hält. Eine bestimmte Rechtsform der Bietergemeinschaft, insbesondere für den Fall der Teamausschreibung,[780] schreibt das Vergaberecht nicht vor. Allerdings kann der Auftraggeber gem. § 8a Nr. 8 VOB/A die Annahme einer bestimmten Rechtsform fordern. Wie bereits gesehen, haben Bietergemeinschaften bei Allianzverträgen typischerweise die Rechtsform einer GbR in Form der Außengesellschaft.[781]

Die Phase der Auswahl der Dialogpartner ist in ihrer Bedeutung nicht zu unterschätzen. Schon hier trifft der Auftraggeber eine Vorauswahl und läuft damit Gefahr, möglicherweise doch geeignete Bieter und Lösungsansätze auszuschließen. Gleiches gilt für die Bieter. Ist die Eignungsprüfung bestanden und werden sie zum Dialog eingeladen, haben sie eine große Hürde schon genommen und viele Konkurrenten ausgestochen. Die eingereichten Unterlagen sollten aus diesem Grunde vollständig und aussagekräftig sein. Ebenfalls sollte hier ein klares Bekenntnis zu den allianzvertraglichen Prinzipien erfolgen und innovative Lösungsansätze erkennbar sein.

(2) Aufnahme von Verhandlungsgesprächen

Die Verhandlungsphase wird durch die Vergabestelle eröffnet, indem sie gem. Art. 40 Abs. 1 VKR gleichzeitig und auf schriftlichem Wege die ausgewählten Bewerber auffordert, am Dialog teilzunehmen. Diese Aufforderung hat gem. Art. 40 Abs. 2 VKR die in der Vergabebekanntmachung bzw. der Beschreibung zum Auftragsgegenstand gemachten Angaben, die Ausgestaltung des wettbewerblichen Dialogs, den Termin und Ort der Konsultationsphase sowie die verwendeten Sprachen und, soweit noch nicht geschehen, gem. Art. 40 Abs. 5 lit. e VKR die Gewichtung der Zuschlagskriterien zu enthalten.[782]

(3) Inhaltliche Ausgestaltung der Verhandlungsgespräche

Das Herzstück des Auswahlverfahrens von Allianzverträgen bilden die Interviews und Workshops, die mit den in Abschnitt 2, also in die Verhandlungs-/Dialogphase, eingeladenen Bietern geführt werden. Je nach Anzahl der eingeladenen Teilnehmer kann diese Phase einige Zeit in Anspruch nehmen. Das allianzvertragliche Auswahlverfahren sieht vor, dass in dieser Phase weitere

---

780 Vgl. zum Unterschied zwischen Einzel- und Teamausschreibung Kap. BIX20.
781 Siehe hierzu Kap. CI3(4)(d).
782 Siehe auch Franzius, Ingo: Verhandlungen im Verfahren der Auftragsvergabe, Schriften der Bucerius Law Scholl Band II/7, S. 225.

Bewerber ausscheiden und am Schluss idealerweise ein bevorzugter Kandidat und ein weiterer Kandidat übrig bleiben. Mit dem bevorzugten Kandidaten würden dann endgültige Vertragsverhandlungen geführt, die in einen Interims- oder endgültigen Allianzvertrag münden.

Verringerung der Teilnehmer

Aus der gesetzlichen Verpflichtung gem. § 8a Nr. 6 VOB/A bzw. Art. 44 Abs. 3 Unterabs. 2 VKR mindestens drei Bewerber zum Dialog aufzufordern folgt nicht, dass diese Zahl während der Dialogphase beizubehalten ist.[783] Vielmehr empfiehlt es sich laut VKR,[784] „aufgrund der eventuell erforderlichen Flexibilität sowie der mit diesen Vergabemethoden verbundenen zu hohen Kosten den öffentlichen Auftraggebern die Möglichkeit zu bieten, eine Abwicklung des Verfahrens in sukzessiven Phasen vorzusehen, so dass die Anzahl der Angebote, die noch Gegenstand des Dialogs oder der Verhandlungen sind, auf der Grundlage von vorher angegebenen Zuschlagskriterien schrittweise reduziert wird. Diese Reduzierung sollte - sofern die Anzahl der geeigneten Lösungen oder Bewerber es erlaubt - einen wirksamen Wettbewerb gewährleisten." Die öffentlichen Auftraggeber können daher gem. Art. 29 Abs. 4 VKR vorsehen, „dass das Verfahren in verschiedenen aufeinander folgenden Phasen abgewickelt wird, um so die Zahl der in der Dialogphase zu erörternden Lösungen anhand der in der Bekanntmachung oder in der Beschreibung angegebenen Zuschlagskriterien zu verringern. In der Bekanntmachung oder in der Beschreibung ist anzugeben, ob diese Möglichkeit in Anspruch genommen wird." Der deutsche Gesetzgeber hat diese Regelung nahezu wortgetreu in § 6a Nr. 4 VgV bzw. § 3a Nr. 4 Abs. 4 VOB/A übernommen.

Die Vergabestelle hat dabei streng das Trennungsprinzip zu beachten. Kriterien, die bereits Bestandteil der Eignungsprüfung waren, dürfen nicht mehr als Zuschlagskriterien und damit auch nicht mehr zur Verringerung der Bieter in der Dialogphase verwendet werden. So dürfen kleinere Unternehmen, die infolge ihrer Marktanteile weniger leistungsfähig sind, nicht gegenüber größeren Unternehmen benachteiligt werden, wenn sie die Eignungskriterien erfüllt haben. Es gibt kein „Mehr an Eignung".[785]

Es ist demnach für die Vergabestelle möglich, den Kreis der Bewerber in der Dialogphase zu reduzieren. Allerdings ist dies nur anhand der bekannt gemachten Zuschlagskriterien und deren Gewichtung bzw. Reihenfolge vorzu-

---

783 Franzius, Ingo: Verhandlungen im Verfahren der Auftragsvergabe, Schriften der Bucerius Law Scholl Band II/7, S. 226.
784 Erwägungsgrund Nr. 41 der VKR.
785 Vgl. EuGH, Urteil vom 19.6.2003, Rs. C-315/01; BGH NJW 1998, 3644, 3645; Franzius, Ingo: Verhandlungen im Verfahren der Auftragsvergabe, Schriften der Bucerius Law Scholl Band II/7, S. 214, Fn. 778 m.w.N.

nehmen. Jede andere Entscheidung würde dem Wettbewerbs- und Transparenzgebot widersprechen.[786]

Verringerung der Dialogteilnehmer bis auf einen Kandidaten

In der Literatur ist umstritten, wie viele Bieter am Ende der Dialogphase noch beteiligt sein müssen. Der Ausleseprozess kann im Extremfall dazu führen, dass letztlich nur noch mit einem Unternehmen verhandelt wird bzw. Gespräche geführt werden. Für den wettbewerblichen Dialog geht § 6a Abs. 5 Satz 2 und Abs. 6 Satz 1 VgV bzw. Art. 29 Abs. 6 Unter-abs. 1 VKR von mehreren Bietern aus, die zur Abgabe von Angeboten aufgefordert werden. Ebenso heißt es in Art. 44 Abs. 4 VKR, dass in der Schlussphase noch so viele Angebote vorliegen müssen, dass ein echter Wettbewerb gewährleistet ist. Diese Regel gilt aber nur, „sofern eine ausreichende Anzahl von Lösungen oder geeigneten Bewerbern vorliegt." Es ist demzufolge nach Ansicht der Europäischen Kommission möglich, „dass nach der Reduzierung der Zahl der Lösungen aufgrund der Zuschlagskriterien lediglich eine Lösung und ein geeigneter Bewerber übrig bleibt, was den Auftraggeber nicht daran hindern würde, das Verfahren fortzusetzen".[787]

Dementgegen sehen *Schröder*[788], *Dreher*[789] und *Opitz*[790] den Wettbewerbsgrundsatz verletzt, wenn nur noch ein Teilnehmer zur Angebotsabgabe aufgefordert wird. Dem widerspricht *Franzius*[791] und verweist darauf, dass sonst ein laufendes Verfahren beendet und die Leistung erneut ausgeschrieben werden müsste. Dies widerspräche verfahrensökonomischen Gründen. Jedenfalls muss die Vergabestelle gem. § 6a Abs. 4 Satz 3 VgV die ausgeschiedenen Unternehmen über ihr Ausscheiden informieren. Nach dem Wortlaut dieser Vorschrift müssen die Gründe einer Nichtberücksichtigung für die nächste Dialogphase zwar nicht mitgeteilt werden, teilweise wird aber in der Literatur darauf verwiesen, aus Gründen der Verfahrenstransparenz wären zumindest auf Antrag hin die hauptausschlaggebenden Gründe mitzuteilen.[792] Ebenso gibt Art. 41 Abs. 2 VKR den Bietern einen Anspruch auf Mitteilung der Gründe für Ablehnung ihr-

---

786 Opitz, Marc: Wie funktioniert der wettbewerbliche Dialog? – Rechtliche und praktische Probleme, VergabeR 2006, 451, 458 f.
787 EU-Kommission in CC/2005/04 v. 5.10.2005, S. 3 f.
788 Schröder, Holger: Voraussetzungen, Strukturen und Verfahrensabläufe des wettbewerblichen Dialogs in der Vergabepraxis, NZBau 2007, 217, 223.
789 Dreher in Immenga/Mestmäcker, 4. Auflage, 2007, § 101 GWB, Rdnr. 40.
790 Opitz, Marc: Wie funktioniert der wettbewerbliche Dialog? – Rechtliche und praktische Probleme, VergabeR 2006, 451, 459.
791 Franzius, Ingo: Verhandlungen im Verfahren der Auftragsvergabe, Schriften der Bucerius Law Scholl Band II/7, S. 229.
792 Schröder, Holger: Voraussetzungen, Strukturen und Verfahrensabläufe des wettbewerblichen Dialogs in der Vergabepraxis, NZBau 2007, 217, 223.

er Bewerbung.[793] Entscheidend ist, dass eine Reduzierung gem. § 6a Abs. 4 VgV nur anhand der in der Bekanntmachung oder Beschreibung angegebenen Zuschlagskriterien erfolgen darf. Es sind also dieselben Kriterien zu beachten, die bei der späteren Angebotswertung auch beachtet werden müssten. Es kann daher mit der Kommission davon ausgegangen werden, dass eine Reduzierung auf einen Bewerber in der Dialogphase möglich ist.[794] Allerdings ist dies sehr restriktiv zu handhaben, wenn eine ausreichende Anzahl an geeigneten Bewerbern oder Lösungen vorliegt. *Opitz*[795] sieht einen Anwendungsbereich lediglich in Fällen, in denen sich nur ein Bewerber für die Teilnahme am Dialog qualifiziert hat oder Teilnehmer selbst zurückgezogen haben.

Es spricht auch aus Sicht der Vergabestelle viel dafür, mindestens einen weiteren Kandidaten „im Rennen" zu belassen, um den Wettbewerbsdruck aufrechtzuerhalten. Es sollten in der Schlussphase der Dialoggespräche mindestens zwei Kandidaten an den Gesprächen beteiligt sein.[796] Der Allianzvertrag sieht eine solche „keeping the runner-up on the backburner"[797]-Situation ebenfalls vor, in der er zwar einen bevorzugten Kandidaten zulässt, gleichzeitig aber mindestens einen weiteren Kandidaten sozusagen in „Lauerstellung" belässt.

Verhandlungen mit einem „bevorzugten Kandidaten"

Die so genannte „preferred bidder" Problematik entspringt demselben Problemkreis, wie die Reduzierung auf nur einen Bieter. Hintergrund ist auch hier die Gewährleistung eines ausreichenden Wettbewerbs gem. § 97 Abs. 1 GWB.

---

793 Die EU Kommission hält Art. 41 VKR für direkt anwendbar auf die Reduzierung der Teilnehmerzahl in der Dialogphase, vgl. EU-Kommission in CC/2005/04 v. 5.10.2005, S.9, Fn. 32.
794 Die Europäische Kommission sieht dies ausdrücklich vor, vgl. EU-Kommission in CC/2005/04 v. 5.10.2005, S.9; Opitz hält diese Ansicht indes für kaum vertretbar und meint, diese Ansicht wäre wohl auf Druck einiger Mitgliedstaaten in die „Erläuterungen" gelangt: Opitz, Marc: Wie funktioniert der wettbewerbliche Dialog? – Rechtliche und praktische Probleme, VergabeR 2006, 451, 459.
795 Opitz, Marc: Wie funktioniert der wettbewerbliche Dialog? – Rechtliche und praktische Probleme, VergabeR 2006, 451, 459.
796 Ebenso Dreher in Immenga/Mestmäcker, 4. Auflage, 2007, § 101 GWB, Rdnr. 40; Opitz, Marc: Wie funktioniert der wettbewerbliche Dialog? – Rechtliche und praktische Probleme, VergabeR 2006, 451, 459; Brown, Adrian, The Impact of the New Procurement Directive on Large Public Infrastructure Projects: Competitive Dialogue or Better the Devil you Know?, PPLR, 2004, 160, 166 und 174; a.A. Franzius, Ingo: Verhandlungen im Verfahren der Auftragsvergabe, Schriften der Bucerius Law Scholl Band II/7, S. 229; ders. In Pünder, Hermann/Franzius, Ingo: Auftragsvergabe im wettbewerblichen Dialog, ZfBR 2006, 20, 23.
797 Jones, Douglas: Project Alliances, The International Construction Law Review 2001, S.429.

Im Verhandlungsverfahren wird eine solche Gesprächsführung wohl allgemein als zulässig erachtet.[798] Jedoch ist der entscheidende Unterschied zum Verhandlungsverfahren, dass dieses direkt in einem Vertragsabschluss enden kann. Der wettbewerbliche Dialog dagegen sieht nach der Dialogphase eine Aufforderung zur Angebotsabgabe vor. Mit dem in der Folge ausgewählten Bestbieter dürfen dann nur noch bestimmte Einzelheiten näher besprochen werden oder Zusagen bestätigt werden, vgl. § 6a Abs. 6 Satz 2 VgV. Diesen Unterschied verdeutlicht Art. 44 Abs. 4 Satz 2 VKR, der einen echten Wettbewerb auch in der Schlussphase vorschreibt.[799] Gleichzeitig steht der Erhebung eines Bewerbers zum „preferred bidder" der für die Dialogphase geltende Gleichbehandlungsgrundsatz entgegen.[800] Eine solche Bevorzugung ist demnach nicht möglich.

Die Entscheidung, wer Bestbieter ist, ist erst aufgrund der letzten Angebote in der Angebotsphase zu treffen. Eine Ernennung eines „preferred bidder" schon in der Dialogphase widerspricht dagegen dem Wettbewerbs- und Gleichbehandlungsgrundsatz.[801] Das allianzvertragliche Auswahlverfahren muss daher mindestens zwei Bewerber für die Abgabe eines Angebots vorsehen, es sei denn, es liegt eine zulässige Reduzierung auf einen Kandidaten vor.[802]

Einrichtung von Interviews und Workshops

Wie bereits erwähnt, ist die Vergabestelle weitgehend frei darin, wie sie den Dialog ausgestaltet. In der Dialogphase dürfen alle Einzelheiten des Auftrags in technischer, rechtlicher (beispielsweise allianzvertraglicher) und finanzieller Hinsicht diskutiert werden. Das Vergaberecht sieht hierfür keine besondere Form vor. Die Ausgestaltung in Interviews und Workshops ist daher rechtlich möglich. Sie darf allerdings nicht dergestalt sein, dass ein Bieter bevorzugt wird.[803] Ebenso müssen sämtliche am Dialog teilnehmenden Bieter über den vorgesehenen Ablauf informiert werden. Beides gebietet der Gleichbehand-

---

798 OLG Brandenburg BVwZ 1999, 1142; OLG Frankfurt, Beschluss v. 10.4.2001, 11 Verg 1/01, NZBau 2002, 161, 163 = VergabeR 2001, 299; OLG Hamburg Beschl. v. 19.12.2003, 1 Verg 6/03, NZBau, 2003, 519, 520; OLG Düsseldorf, Beschl. v. 9.4.2003, Verg 66/02, nachgewiesen bei VERIS, S. 15; Müller-Wrede in Ingenstau/Korbion: VOB-Kommentar, 16. Auflage, 2006, § 3a Rdnr. 32.
799 Allerdings gilt Art. 44 Abs. 4 Satz 2 nun auch für das Verhandlungsverfahren, weswegen abzuwarten ist wie sich die Rechtsprechung hier entwickelt, vgl. Opitz, Marc: Wie funktioniert der wettbewerbliche Dialog? – Rechtliche und praktische Probleme, VergabeR 2006, 451, 459, Fn. 47.
800 Müller-Wrede in Ingenstau/Korbion: VOB-Kommentar,16.Auflage, 2006, § 3a Rdnr 19.
801 So Opitz, Marc: Wie funktioniert der wettbewerbliche Dialog? – Rechtliche und praktische Probleme, VergabeR 2006, 451, 459; Kaeble, Hendrik in Müller-Wrede: Kompendium des Vergaberechts, Kap. 15 Der wettbewerbliche Dialog, Rdnr. 60.
802 Vgl. hierzu den vorangegangenen Abschnitt.
803 Franzius, Ingo: Verhandlungen im Verfahren der Auftragsvergabe, Schriften der Bucerius Law Scholl Band II/7, S. 229.

lungsgrundsatz, den die Vergabestelle gem. § 97 Abs. 2 GWB und § 6a Abs. 3 Satz 3 und 4 VgV zu beachten hat. Ebenso darf die Vergabestelle von dem von ihr vorgesehenen Ablauf nicht abweichen.[804]

Die Vergabestelle kann daher die allianzvertraglich üblichen Interviews und Workshops in der Dialogphase umsetzen. Sie hat dabei nur die oben erwähnten Grundsätze zu beachten. Insbesondere der Gleichbehandlungsgrundsatz sorgt in dieser Phase dafür, dass keine Benachteiligung entsteht und allen Bietern dieselben Fristen, Überarbeitungszeiträume etc. zur Verfügung stehen. Es kann sich, insbesondere da es eine relativ neue Art der Vergabe ist, empfehlen, zu Beginn der Dialogphase ein sog. Kick-Off-Meeting zu veranstalten, in dem die Bieter über Verfahrensablauf, Motive, Vorstellungen und Wünsche der Vergabestelle informiert werden.[805]

Austausch von Informationen

Im Verlauf der Dialogphase kann sich herausstellen, dass die verschiedenen Bieter jeweils innovative Lösungen erarbeitet haben, die aber gemeinsam einen noch höheren Nutzen für den Auftraggeber und das Projekt haben würden. In solchen Konstellationen würde es sich anbieten, die Lösungen zu kombinieren und Wissen zu transferieren. Dies verstößt jedoch gegen den Vertraulichkeitsgrundsatz, der in § 6a Abs. 3 Satz 4 VgV niedergelegt ist. Danach dürfen insbesondere Fabrikations-, Betriebs- oder Geschäftsgeheimnisse, die Lösungsvorschläge, Informationen, die als vertraulich gekennzeichnet sind oder Unterlagen, die sich für die Anmeldung eine gewerblichen Schutzes eignen, nicht ohne Zustimmung des betroffenen Unternehmens weitergegeben werden.[806] Ob die Vergabestelle die Teilnahme an der Dialogphase von der Zustimmung zur Weitergabe vertraulicher Informationen abhängig machen darf, ist zweifelhaft und muss wohl entgegen der Ansicht der Kommission[807] abgelehnt werden. Der Vertraulichkeitsgrundsatz als einer der wichtigsten Grundsätze einer fairen Vergabe

---

804 Zur Selbstbindung im Verhandlungsverfahren vgl. OLG Düsseldorf, Beschl. v. 18.6. 2003, Verg 15/03, nachgewiesen bei VERIS, S.8; OLG Bremen, Beschl. v. 13.11.2004, IBR 2004, S.163; OLG Celle, Beschl. v. 16.1.2002, VergabeR 2002, S.299, 301; Franzius, Ingo: Verhandlungen im Verfahren der Auftragsvergabe, Schriften der Bucerius Law Scholl Band II/7, S. 236 f.
805 Heiermann, Wolfgang: Der wettbewerbliche Dialog, ZfBR 2005, 766, 773; Opitz, Marc: Wie funktioniert der wettbewerbliche Dialog? – Rechtliche und praktische Probleme, VergabeR 2006, 451, 454; Schröder, Holger: Voraussetzungen, Strukturen und Verfahrensabläufe des wettbewerblichen Dialogs in der Vergabepraxis, NZBau 2007, 217, 223.
806 Heiermann, Wolfgang: Der wettbewerbliche Dialog, ZfBR 2005, 766, 774.
807 Dafür spricht die Erläuterung der Kommission in EU-Kommission in CC/2005/04 v. 5.10.2005, S.7, Fn. 22.

würde ansonsten nahezu vollständig ausgehöhlt.[808] Jedenfalls aber ist dies mit Zustimmung des Unternehmens ausdrücklich erlaubt. Es empfiehlt sich in diesem Falle, zugleich eine urheberrechtliche Vereinbarung zu treffen.[809]

(4) *Dialogabschluss*

Die staatlichen Auftraggeber haben gem. § 6a Abs. 5 VgV den Dialog für abgeschlossen zu erklären, wenn eine Lösung gefunden worden ist, die ihre Bedürfnisse erfüllt oder erkennbar ist, dass keine Lösung gefunden werden kann. Die Unternehmen sind gem. § 6a Abs. 4 Satz 3 VgV über den Dialogabschluss zu informieren. Nach der Idee der Vergabe des Allianzvertrages sollte das Verfahren allerdings erst abgeschlossen werden, wenn auch die vertraglichen Details ausgehandelt wurden. Dies lässt sich jedoch mit den vergaberechtlichen Vorschriften nicht ganz vereinbaren. Selbstverständlich dürfen Vertragsverhandlungen auch während des Dialoges stattfinden, sobald allerdings eine Lösung gefunden worden ist, ist der Dialog für beendet zu erklären. Anders ist dies beim Verhandlungsverfahren. Hier ist die Vergabestelle wesentlich freier in der Beendigung der Verhandlungen. Sie muss aber auch hier die Verhandlungen beenden, wenn der Auftragsinhalt und die Vertragsbedingungen im Einzelnen feststehen.[810] Das ist der große Vorteil des Verhandlungsverfahrens, da hier wirklich bis in die Details der Vertrag ausgehandelt werden kann. Der Normgeber hat das Ende der Bietergespräche im Verhandlungsverfahren nicht vorgegeben.[811]

c) Die Angebotsphase

Nach Abschluss der Dialogphase werden die verbliebenen Bieter gem. § 6a Abs. 5 Satz 2 VgV zur Abgabe ihrer endgültigen Angebote aufgefordert. Diese müssen alle zur Ausführung des Projekts erforderlichen Einzelheiten enthalten.[812] Nach Aufforderung zur Angebotsabgabe sind keine wesentlichen Änderungen mehr möglich und weitere Verhandlungsrunden ausgeschlossen (Umkehrschluss

---

808 vgl. Opitz, Marc: Wie funktioniert der wettbewerbliche Dialog? – Rechtliche und praktische Probleme, VergabeR 2006, 451, 459; Heiermann, Wolfgang: Der wettbewerbliche Dialog, ZfBR 2005, 766, 774; Kapellmann/Messerschmidt – Kallmayer, § 3a VOB/A, Rdnr. 44 f.
809 Kapellmann/Messerschmidt – Kallmyer, § 3a VOB/A, Rdnr. 46.
810 Franzius, Ingo: Verhandlungen im Verfahren der Auftragsvergabe, Schriften der Bucerius Law Scholl Band II/7, S. 248 f.
811 Franzius, Ingo: Verhandlungen im Verfahren der Auftragsvergabe, Schriften der Bucerius Law Scholl Band II/7, S. 249.
812 Vgl. Heiermann, Wolfgang: Der wettbewerbliche Dialog, ZfBR 2005, 766, 775.

zu Art. 29 Abs. 6 VKR und § 6a Abs. 6 VgV).[813] Dem Auftraggeber steht es jedoch zu Präzisierungen, Klarstellungen und Ergänzungen zu den Angeboten zu verlangen, wenn dies keine Änderung der grundlegenden Elemente des Angebotes oder der Ausschreibung zur Folge hat, die den Wettbewerb verfälschen oder diskriminierend wirken könnten (vgl. § 6a Abs. 5 Satz 5 VgV). Es gibt daher einen nicht unwesentlichen Spielraum für Angebotsanpassungen nach der Angebotsabgabe. Konkret dürfte es für Mitbewerber zudem schwierig sein, zu kontrollieren, inwieweit der Wettbewerb in dieser Phase verfälscht wird.[814] Die Rechtsprechung zu § 21 VOB/A ist jedenfalls auf den wettbewerblichen Dialog nicht übertragbar.[815]

Nach dem „fine tuning"[816] erfolgt die Angebotswertung anhand der Zuschlagskriterien. Auch nach der Auswertung kann der Auftraggeber gem. § 6a Abs. 6 Satz 3 VgV, „das Unternehmen, dessen Angebot als das wirtschaftlichste ermittelt wurde, auffordern, bestimmte Einzelheiten des Angebotes näher zu erläutern oder im Angebot enthaltene Zusagen zu bestätigen". Die Angebotsphase und damit das ganze Vergabeverfahren enden sodann im Zuschlag.

d) Der Zuschlag

Den Zuschlag erhält das, anhand der in der Bekanntmachung oder Beschreibung festgelegten Zuschlagskriterien bewertete, wirtschaftlich günstigste Angebot gem. Art. 29 Abs. 7 bzw. § 6a Abs. 6 Satz 1 VgV.[817] Eine Wertung allein nach dem niedrigsten Preis ist unzulässig.[818] Die VKR enthält eine nicht abschließende Aufzählung von möglichen Kriterien (vgl. Art. 53 Abs. 1 VKR: Qualität, Preis, technischer Wert, Ästhetik, Zweckmäßigkeit, Umwelteigenschaften, Betriebskosten, Rentabilität, Kundendienst und technische Hilfe, Lieferzeitpunkt und Lieferungs- oder Ausführungsfrist). Die Vergabestelle hat sich streng an die Gewichtung der Kriterien in der Bekanntmachung oder Beschreibung zu halten. Allerdings besitzt die Vergabestelle bei der Angebotsauswertung auch einen ei-

---

813 Franzius, Ingo: Verhandlungen im Verfahren der Auftragsvergabe, Schriften der Bucerius Law Scholl Band II/7, S. 248.
814 Vgl. zu dieser Problematik Opitz, Marc: Wie funktioniert der wettbewerbliche Dialog? – Rechtliche und praktische Probleme, VergabeR 2006, 451, 455.
815 BGH X ZB 43/02, BGHZ 154, 32, 54. Gegen die Übertragbarkeit vgl. Opitz, Marc: Wie funktioniert der wettbewerbliche Dialog? – Rechtliche und praktische Probleme; VergabeR 2006; 451, 455.
816 Opitz, Marc: Wie funktioniert der wettbewerbliche Dialog? – Rechtliche und praktische Probleme, VergabeR 2006, 451, 455.
817 Zum Problem der Wertung grundlegend verschiedener Lösungsvorschläge und Angebote siehe Knauff: Im wettbewerblichen Dialog zur Public Private Partnership, NZBau 2005, 249, 253.
818 Kapellmann/Messerschmidt – Kallmayer, § 3a VOB/A, Rdnr. 20.

genen Beurteilungsspielraum.[819] Das Verfahren wird durch den Zuschlag beendet und gleichzeitig gem. § 28 Nr. 2 Abs. 1 VOB/A der Vertrag abgeschlossen. Das Zusammenfallen der Zuschlagserteilung und des Vertragsschlusses ist eine deutsche Besonderheit, wird aber durch § 28a VOB/A nicht angetastet.[820] Letzteres stellt für den Allianzvertrag ein Problem dar. Dieser muss, da er auf das jeweilige Projekt zugeschnitten ist, im Vergleich zum VOB-Vertrag relativ aufwendig verhandelt werden. Es spielen viele einzelne Klauseln, insbesondere im Vergütungssystem, eine entscheidende Rolle. Diese Vertragsverhandlungen können nur in der Dialogphase und in geringem Maße[821] auch in der Angebotsphase, wenn hierdurch keine grundlegenden Elemente mehr geändert werden gem. § 6a Abs. 5 Satz 5 VgV, geführt werden.

Hier wäre das Verhandlungsverfahren im Vorteil, da in diesem Verfahren bis zum Vertragsschluss verhandelt werden kann. Auch aus diesem Grunde ist es zu empfehlen, sich als Auftraggeber genau zu überlegen, welches Vergabeverfahren man wählt. Ist ein Ideen- und Lösungswettbewerb gefragt, bietet sich der wettbewerbliche Dialog an. Dieser hat gegenüber dem Verhandlungsverfahren, wie gesehen, aber auch Nachteile, insbesondere wenn Verhandlungen bis zum Vertragsabschluss gewollt sind. Hier bietet das Verhandlungsverfahren mehr Freiheiten.[822]

Mit dem Zuschlag kommt jedenfalls der Allianzvertrag zustande.

8. Zwischenergebnis

Der Allianzvertrag kann nach europarechtlichen Vorschriften[823] im wettbewerblichen Dialog vergeben werden. Aufgrund der Überschneidung wesentlicher Abschnitte mit dem Verhandlungsverfahren scheint eine Vergabe auch mit diesem Verfahren möglich. Es ist eine Einzelfallentscheidung, welches der beiden Verfahren angewandt werden muss oder soll.[824] Der von europarechtlichen Vorgaben dominierte wettbewerbliche Dialog, kann in den einzelnen Phasen der in Australien üblichen Ausschreibung angepasst werden. Nicht möglich ist es, ein-

---

819 BGH NJW 1985, 1466; OLG Frankfurt BauR 1990, 91; OLG Rostock NZBau 2002, 170, 171; Franzius, Ingo: Verhandlungen im Verfahren der Auftragsvergabe, Schriften der Bucerius Law Scholl Band II/7, S. 251, Fn. 909 m.w.N.
820 Portz, Norbert in Ingenstau/Korbion VOB, 16. Auflage, 2007, § 28 VOB/A, Rdnr. 1 ff.
821 Dies hat auch die EU-Kommission erkannt und spricht in den Erläuterungen von einem relativ geringen Spielraum; vgl. Erläuterung der Kommission in EU-Kommission in CC/2005/04 v. 5.10.2005, S. 9 f.
822 Im Verhandlungsverfahren kann auch ein „preferred bidder" benannt werden, vgl. Kap. (3). Zur Wahl der Verfahrensarten vgl. Kap. CIV5.
823 Insbesondere die VKR und die einschlägigen Verordnungen, die in GWB, VgV und den a-Paragraphen der VOB/A umgesetzt wurden.
824 Zum Konkurrenzverhältnis und den Unterschieden der beiden Verfahren siehe Kap. CIV6c).

en „preferred bidder" zu benennen. Ebenfalls muss darauf geachtet werden, dass der Wettbewerbsgrundsatz nicht verletzt wird. Es sind daher, bei einer genügend hohen Anzahl an geeigneten Bietern, mindestens zwei Unternehmen zur Angebotsabgabe aufzufordern. Ein Aushandeln des Vertrages mit anschließendem Abschluss ist beim wettbewerblichen Dialog nicht möglich. Dies bietet nur das Verhandlungsverfahren. Der wettbewerbliche Dialog sieht nach dem Dialog eine Angebotsphase und erst danach einen Zuschlag vor.

Das Ausschreibungsverfahren des wettbewerblichen Dialogs kann nach rein europarechtlichen Maßstäben für den Allianzvertrag verwendet werden. Die § 97 ff. GWB, die VgV und der 2. Abschnitt der VOB/A, mithin die Umsetzung des europäischen Vergaberechts, nehmen keinen Einfluss auf den Inhalt der abzuschließenden Bauverträge.[825]

Allerdings sieht die VOB/A noch weitere Vorschriften für die Vergabe vor und belässt es nicht bei einer Umsetzung der europäischen Vorgaben für die Vergabe öffentlicher Aufträge.

9. Vereinbarkeit mit den VOB/A Basisparagraphen

Die Auftraggeber nach § 98 Nr. 1 bis 3, 5 und 6 GWB haben gem. § 6 VgV und § 1a VOB/A bei der Vergabe von Bauleistungen zwingend die Bestimmungen des 2. Abschnittes der VOB/A zu befolgen. § 1a VOB/A schreibt vor, dass auch die Basisparagraphen anzuwenden sind, soweit die Vorschriften des 2. Abschnittes diesen nicht widersprechen. Die a-Paragraphen dienen rein der Umsetzung der Europäischen Vergabekoordinierungsrichtlinie (VKR) und europäischen Verordnungen wie Nr. 2083/2005.[826]

Die VOB/A setzt also nicht nur das europäische Vergaberecht eins zu eins um, sondern ist eine Reglung mit überschießendem Inhalt. Das bedeutet, sie enthält Regelungen, die europarechtlich nicht vorgeschrieben sind. Dies betrifft insbesondere die Basisparagraphen, die erst durch die Verweisung über § 6 VgV und § 1a Nr. 1 Abs. 1 VOB/A Anwendung finden. Diese Paragraphen enthalten einige weitere Verpflichtungen für öffentliche Auftraggeber, die sich zum Teil nicht mit der Ausschreibung eines Allianzvertrages vereinbaren lassen. Die bisher überprüften Gesetze, Verordnungen und Richtlinien hatten die Besonderheit, dass nie auf den Inhalt des abzuschließenden Bauvertrages abgestellt wurde. Dies ändert sich bei den Basisparagraphen der VOB/A.[827]

---

825 Beck´scher VOB-Komm./Motzke B Einleitung Rdnr. 186.
826 Müller-Wrede in Ingenstau/Korbion: VOB-Kommentar, 16. Auflage, 2006, § 1a Rdnr 1.
827 Beck´scher VOB-Komm./Motzke B Einleitung Rdnr. 186.

a) Verpflichtung zur Anwendung der VOB/B in § 10 VOB/A

Die VOB/B ist für den weit überwiegenden Teil der Bauverträge heute die Vertragsgrundlage. Insbesondere die öffentlichen Auftraggeber sind entweder aufgrund von § 10 Nr. 1 Abs. 2 VOB/A oder haushaltsrechtlicher Bestimmungen weitgehend gezwungen die VOB/B ihren Bauverträgen zugrundezulegen.[828] Die VOB/B gehört damit zu den notwendigen Vertragsbedingungen und ist unbedingt erforderlich.[829] Teil B der VOB wird demnach mit seinen Bestimmungen grundsätzlich insgesamt zum Gegenstand der Vertragsverhandlungen gemacht und damit später zum Inhalt des Bauvertrages.[830] Dieser bleibt grundsätzlich gem. § 10 Nr. 2 Abs. 1 VOB/A unverändert. Selbst zusätzliche Vertragsbedingungen dürfen den Allgemeinen Vertragsbedingungen nicht widersprechen (vgl. § 10 Nr. 1 Abs. 1 Satz 2 und 3 VOB/A). Lediglich Ergänzungen, sind für die Erfordernisse des Einzelfalles gem. § 10 Nr. 2 Abs. 2 Satz 1 VOB/A erlaubt. Änderungen der Allgemeinen Vertragsbedingungen, insbesondere der VOB/B, sind sehr restriktiv zu handhaben und bilden, vor allem vor dem Hintergrund der AGB-Rechtsprechung bezüglich der VOB/B, eine absolute Ausnahme.[831]

Hiermit nimmt die VOB/A großen Einfluss auf die Vertragsgestaltung zwischen Vergabestelle und Unternehmen. Diesen bleiben letztlich nur der VOB-Vertrag oder mit der VOB kompatible Verträge übrig. Andere Verträge dürfen im Geltungsbereich der VOB/A nicht abgeschlossen werden. Der Allianzvertrag mit seinem besonderen Vergütungssystem, den „no blame – no dispute"-Regeln und seinem starken kooperativen Charakter wird dem nicht gerecht, wie schon in Kap. CII2 festgestellt. Ergänzungen oder Öffnungsklauseln der VOB/B reichen schon im Ansatz nicht aus, um den Allianzvertrag unter einen VOB-Vertrag subsumieren zu können. Weder die Grundausrichtung noch die einzelnen Klauseln eines Allianzvertrages sind mit der VOB/B und deren Verständnis eines Bauvertrages vereinbar.

Aus der Verpflichtung zur Anwendung der VOB/B erklärt sich auch, warum das deutsche Kartellvergaberecht nur wenig Möglichkeiten zur (rechtlichen) Vertragsverhandlung gibt und diese so gut wie nicht problematisiert. Durch die Verpflichtung zur Anwendung der VOB/B als Ganzes ergeben sich wesentlich weniger Möglichkeiten, einen Bauvertrag zu gestalten. Die Verträge sind inhaltlich sehr stark standardisiert und unterscheiden sich hauptsächlich in Finanzierungs- und Vergütungsfragen.

---

828 Vygen in Müller-Wrede in Ingenstau/Korbion: VOB-Kommentar, 16. Auflage, 2006, Einleitung, Rdnr. 11.
829 Kratzenberg in Ingenstau/Korbion VOB, 16. Auflage, 2007, § 10 VOB/A, Rdnr. 6.
830 Dies muss auch aufgrund der Privilegierung der VOB/B so sein, da diese sonst nicht mehr gegeben ist. Vgl. dazu Kapellmann/Messerschmidt – von Rintelen, Einleitung VOB/B, Rdnr. 47 ff.
831 Kratzenberg in Ingenstau/Korbion VOB, 16. Auflage, 2007, § 10 VOB/A, Rdnr. 21.

Aus dieser Vorschrift und der Verpflichtung zur Anwendung der VOB/B ohne Veränderungen ergibt sich, dass der Allianzvertrag im Anwendungsbereich der VOB/A nicht umgesetzt werden kann. Es ist auch nicht möglich, den Allianzvertrag an die VOB/B anzupassen. Dies würde die charakteristischen Klauseln wie das Vergütungssystem, die „no blame – no dispute"-Klausel, der Umgang mit Gewährleistungsansprüchen und das Konfliktmanagement so stark ändern, dass die Idee des Allianzvertrages einer kooperativen Projektausführung nicht mehr gewährleistet wäre.

b) Verjährung der Mängelansprüche § 4 und 13 VOB/A

In § 4 Abs. 1 VOB/A wird die Vorgabe einer zweifelsfrei umfassenden Haftung für Mängelansprüche rechtlich fixiert,[832] während § 13 VOB/A auf die Verjährung der Mängelansprüche eingeht. Auch diese Paragraphen nehmen direkten Einfluss auf den späteren Vertragsinhalt. Die Mängelansprüche und deren Verjährung haben für den Auftraggeber einen besonders hohen Stellenwert. Ziel ist es, eine „übersichtliche und objektiv eindeutige Mängelhaftung zu erreichen und Klarheit über die Pflichten der Mängelhaftung des jeweiligen Unternehmens zu erzielen".[833] Allerdings sind beide Vorschriften „Soll"-Vorschriften und formulieren eher einen Appell oder Grundsatz.

Der Allianzvertrag selbst kommt in seiner „Reinform" komplett ohne Mängelansprüche aus. Gewährleistungsrechte in der in Standardverträgen üblichen Form gibt es beim Allianzvertrag nicht. Mängel werden auf Kosten des Auftraggebers repariert und spielen erst auf Ebene der Vergütung II und III eine Rolle. Dies ändert sich auch nach Fertigstellung nicht. Allerdings sieht auch der Allianzvertrag einen Zeitpunkt der „endgültigen Fertigstellung" vor, zu dem der Vertrag als endgültig abgewickelt gilt.[834] Ungeklärt ist, ob § 13 VOB/A die Mängelansprüche selbst als verbindlich ansieht. Da dies die VOB/B vorsieht und deren Verwendung verpflichtend ist, kann diese Frage offen bleiben.

c) Vergabe in Losen gem. § 97 Abs. 3 GWB und § 4 VOB/A

Die Vergabe in Losen dient der Förderung des Mittelstandes. Ziel ist es, dass nicht alle Bauleistungen einheitlich in Form eines einzigen Auftrages vergeben werden, sondern diese in Fach- oder Teillose aufgeteilt werden, um so mehreren Unternehmen, insbesondere kleineren und mittleren, Aufträge zukommen zu lassen.[835] Dieser Grundsatz ist ebenfalls in § 97 Abs. 3 GWB verankert und gilt

---

832 Schranner in Ingenstau/Korbion VOB, 16. Auflage, 2007, § 4 VOB/A, Rdnr. 6.
833 Schranner in Ingenstau/Korbion VOB, 16. Auflage, 2007, § 4 VOB/A, Rdnr. 6.
834 Siehe dazu Kap. BIV und CIII c)(1).
835 Schranner in Ingenstau/Korbion VOB, 16. Auflage, 2007, § 4 VOB/A, Rdnr. 2.

für alle Verfahrensarten. Durch die Vergaberechtsreform 2009[836] wurde dieser Grundsatz zu einer Rechtspflicht verschärft.[837] Die Ausnaheregelung sieht in § 97 Abs. 3 Satz 3 GWB jedoch vor, dass mehrere Teil- oder Fachlose auch zusammen vergeben werden können, wenn dies „wirtschaftliche oder technische Gründe" erfordern. Die VKR hingegen wählt eine andere Formulierung und sieht in Erwägungsgrund 32 vor: „Um den Zugang von kleinen und mittleren Unternehmen zu öffentlichen Aufträgen zu fördern, sollten Bestimmungen über Unteraufträge vorgesehen werden." Dies wurde nun ebenfalls in § 97 Abs. 3 Satz 4 GWB aufgenommen.

Insgesamt stehen mittelständische Unternehmen dem wettbewerblichen Dialog eher kritisch gegenüber. Ein maßgeblicher Grund hierfür ist der Aufwand in der Dialogphase, der große Unternehmen bevorzugt. Ebenfalls ist die Sorge groß, dass bei komplexen Leistungen, wie sie der wettbewerbliche Dialog in seinen Voraussetzungen fordert, die Gestaltungen der einzelnen Leistungen so stark voneinander abhängen, dass eine Vergabe in Teil- oder Fachlosen gem. § 4 Abs. 2 Nr. 2 und 3 VOB/A nicht in Betracht kommt.[838]

Der Allianzvertrag bevorzugt klar die Vergabe an ein Konsortium oder eine Bietergemeinschaft. Wie bereits gesehen, kommt der Allianzvertrag bei komplexen, riskanten, technisch schwierigen oder sehr innovativen Projekten in Betracht. Es ist daher schon bei einem Großteil der Projekte nicht möglich, den Auftrag in Teil- oder Fachlose aufzuteilen. Gegen eine solche Aufteilung sprechen auch die hohen Implementierungskosten eines Allianzvertrages. Anders als andere Bauverträge sind die Anlaufkosten höher und amortisieren sich nur durch die Größe des Projekts.[839]

Mittelständischen Interessen kann aber auch beim Allianzvertrag Rechnung getragen werden, indem sich diese Unternehmen als Bietergemeinschaft zusammenfinden oder als Nachunternehmer bzw. Subunternehmer fungieren. Selbst als Subunternehmer können sie Allianzpartei werden.[840] Schließlich ist auch der abgestufte Dialog für mittelständische Unternehmen günstig, da dies den Aufwand der Bewerber reduziert.[841]

Für Allianzverträge stellt § 97 Abs. 3 GWB kein Hinderniss dar, da die Ausnahme-tatbestände, wie übrigens auch bei PPP`s, wohl zumeist vorliegen werden.[842]

---

836 Gesetz zur Modernisierung des Vergaberechts, BGBl I, 790, in Kraft getreten am 24.4.2009.
837 Gabriel, Marc: Die Vergaberechtsreform 2009 und die Neufassung des vierten Teils des GWB, NJW 2009, 2011, 2012.
838 Kapellmann/Messerschmidt – Kallmayer, § 3a VOB/A, Rdnr. 59.
839 Vgl. dazu Kap. XI über die Anwendungsbereiche von Allianzverträgen.
840 Siehe dazu Kap. d).
841 Kapellmann/Messerschmidt – Kallmayer, § 3a VOB/A, Rdnr. 59.
842 Gabriel, Marc: Die Vergaberechtsreform 2009 und die Neufassung des vierten Teils des GWB, NJW 2009, 2011, 2012.

d) § 5 VOB/A

Die VOB/A begrenzt in § 5 VOB/A die möglichen Vertragsgestaltungen, insbesondere die Vergütungsmöglichkeiten. Der Allianzvertrag bildet ein völlig neues, auf Koopera-tion zielendes Vergütungssystem, das die Höhe des Gewinns vom Erfolg des ganzen Projekts und nicht der einzelnen Leistung abhängig macht.[843] Daraus ist bereits ersichtlich, dass der Allianzvertrag keine Vergütung nach Leistung, so wie es die VOB/A in § 5 versteht, zulässt. Die VOB/A fasst unter diesen Begriff den Einheitspreisvertrag gem. § 5 Nr.1 lit. a VOB/A und den Pauschalpreisvertrag gem. § 5 Nr. 1 lit. b VOB/A. Beide Verträge verlangen, dass der Bieter festlegt, was er für die Leistung oder eine bestimmte Teilleistung verlangen wird. Dies widerspricht dem zentralen Gedanken des Allianzvertrages. Dieser beruht darauf, dass den Allianzparteien alle direkten Kosten ersetzt werden und der Gewinn von diesen Kosten getrennt wird. Ebenso sind detaillierte Leistungsbeschreibungen und Leistungsverzeichnisse beim Allianzvertrag nicht gewollt. Dies sehen die Leistungsverträge nicht vor.[844]

Der Allianzvertrag entspricht eher der Idee eines Selbstkostenerstattungsvertrages, auch wenn er sich bei weitem nicht darauf reduzieren lässt.[845] Dieser soll nach dem Willen des Gesetzgebers gem. § 5 Nr. 3 Abs. 1 VOB/A zwar die Ausnahme bilden, aber eben genau bei Verträgen größeren Umfangs, deren Leistungen nicht eindeutig und so erschöpfend bestimmt werden können, dass eine einwandfreie Preisermittlung möglich ist, anwendbar sein. Genau dies ist bei Allianzverträgen und den für ihn in Frage kommenden Projekten der Fall.

Die VOB/A ist dem Selbstkostenerstattungsvertrag gegenüber aber auch weiterhin sehr skeptisch eingestellt, wie schon § 5 Nr. 3 Abs. 3 Satz 1 VOB/A zeigt, der einen nachträglichen Übergang zum Leistungsvertrag fordert, sobald eine einwandfreie Preisermittlung möglich wird. Wie dies theoretisch erreicht werden kann ist zwar geklärt, wie dies in der Praxis geschehen soll, ohne dass die Vertragsdurchführung leidet, bleiben die Kommentatoren schuldig.[846] Allerdings ist diese Vorschrift eine „Soll"-Vorschrift. Es besteht kein gesetzlicher Zwang dies zu tun und eine Änderung ist nur durch übereinstimmende Willenserklärung möglich.[847] Jedenfalls sieht diese Vergütungsvariante, wie auch der Allianzvertrag, eine Aufspaltung der Vergütung in Selbstkosten und Gewinnsatz vor. Allerdings macht er die Höhe des Gewinns bisher weder von der einzelnen

---

843 Das Vergütungssystem wurde bereits ausführlich in Kap. 1 beschrieben.
844 Keldungs in Ingenstau/Korbion VOB, 16. Auflage, 2007, § 5 VOB/A, Rdnr. 5 ff.
845 Der Selbstkostenerstattungsvertrag ist nur eine spezielle Vergütungsvereinbarung. Der Allianzvertrag geht darüber weit hinaus wie z.B. die starken Kooperationspflichten, die innovative Streitkultur und das Streitmanagement zeigen.
846 Keldungs in Ingenstau/Korbion VOB, 16. Auflage, 2007, § 5 VOB/A, Rdnr. 34 ff.
847 Keldungs in Ingenstau/Korbion VOB, 16. Auflage, 2007, § 5 VOB/A, Rdnr. 34.

geschweige denn von der gemeinschaftlichen Leistung abhängig.[848] Dies ist ein neuer Ansatz des Allianzvertrages. Rechtlich verbietet § 5 VOB/A aber, trotz der bestehenden Skepsis gegenüber den Selbstkostenerstattungsverträgen, nicht das allianzvertragliche Vergütungssystem. § 5 Nr. 3 Abs. 2 VOB/A schreibt nur vor, dass festzulegen ist, „wie" zu vergüten und der Gewinn zu bemessen ist. Er verbietet nicht, dass der Gewinn auch von der Leistung anderer abhängig gemacht werden darf oder gar ganz wegfallen kann.

Modifizierung durch die VOB 2009

Die VOB 2009 Teil A sieht den Selbstkostenerstattungsvertrag nicht mehr vor. Dass diese Vertragsart gestrichen werden soll, dürfte mit der Skepsis und den Unwägbarkeiten hinsichtlich der preislichen Intransparenz und der endgültigen Kosten zusammenhängen. Dass diese Skepsis im Falle von Allianzverträgen bei vernünftiger Zusammenarbeit nicht angebracht ist, zeigt die hohe Akzeptanz dieses Vertrages in Australien. Jedenfalls sind, sollte die VOB 2009 in unveränderter Form verbindlich werden, Bauleistungen in Zukunft so zu vergeben, dass die Vergütung nach Leistung bemessen wird: § 4 Abs.1 VOB/A 2009. In Betracht kommen, ausweislich des weiteren Wortlautes der Norm, nur Einheitspreis- oder Pauschalverträge. Der ebenso mögliche Stundenlohnvertrag dürfte für Allianzverträge kaum in Betracht kommen. Diese Modifizierung und die Verwendung des Imperativ („sind zu vergeben") durch die VOB/A 2009 stehen in direktem Gegensatz zum Allianzvertrag. Dies zeigt, dass der DVA gegenüber Allianzverträgen und innovativen Vertrags- und Vergütungsmethoden sehr zurückhaltend ist.

e) Ergebnis: Nationale Gesetzesänderung nötig!

Um Allianzverträge auch im Anwendungsbereich der VOB/A verwenden zu können, bedarf es daher eines Umdenkens des Gesetzgebers und letztlich auch der Auftraggeber und der Bauindustrie. Die VOB-Bauverträge als solche dominieren heute in der Praxis bei weitem. Öffentliche Auftraggeber oberhalb der Schwellenwerte sind durch die VgV gezwungen, die VOB/A und damit auch die VOB/B anzuwenden. Unterhalb der Schwellenwerte ist die VOB für öffentliche Bauaufträge aufgrund der Bundeshaushaltsordnung, der Landeshaushaltsordnungen und den Gemeindehaushaltsordnungen verpflichtend anzuwenden.[849] Wie gesehen, ist eine Vergabe eines Allianzvertrages durch einen öffentlichen, zur Anwendung der VOB/A verpflichteten, Auftraggeber nicht möglich. Es bedürfte daher einer Änderung der VgV oder einer Änderung der VOB/A durch den DVA.

---

848 Vgl. Keldungs in Ingenstau/Korbion VOB, 16. Auflage, 2007, § 5 VOB/A, Rdnr. 37; Kapellmann/Messerschmidt – Kapellmann, §5 VOB/A, Rdnr. 41 ff.
849 Vygen in Ingenstau/Korbion VOB, 16. Auflage, 2007, Einleitung Rdnr. 100.

Die VOB ihrerseits ist nicht nur auf eine wettbewerbsorientierte Vergabe gerichtet, sondern schreibt, insbesondere in Teil B, den Parteien auch weitestgehend den Inhalt des zu schließenden Bauvertrages vor. Sie ist daher (auch) eine bereitliegende Vertragsordnung.[850] Über die Modernisierung und Fortentwicklung dieser Vertragsordnung gibt es sicherlich unterschiedliche Ansichten.[851] Klar ist aber, dass die VOB als Vertragsordnung der Entwicklung neuer Vertragstypen, wie dem Allianzvertrag, im Wege steht. Dem DAV ist zwar durchaus ein Reformwille zuzugestehen, beachtet man nur die zahlreichen Änderungen seit der Ausgabe der VOB/B im Jahre 1926, jedoch verhindert die VOB eine Koexistenz verschiedener Vertragsordnungen. Nur unter die VOB subsumierbaren Verträge haben daher eine echte Chance, sich in Deutschland durchzusetzen. Dies mag im Interesse einiger Auftraggeber liegen,[852] spricht aber nicht gerade für eine Bereitschaft zu innovativer Vertragsgestaltung.

Wie gesehen, steht dem Allianzvertrag das europäisch dominierte Vergaberecht des GWB, der VgV und der a-Paragraphen der VOB/A nicht entgegen. Vielmehr sind es die Basisparagraphen der VOB/A und die VOB/B, die eine Anwendung für öffentliche Auftraggeber unmöglich machen. Will man den Allianzvertrag in Zukunft auch für deutsche öffentliche Auftraggeber zulassen, muss die VOB geändert werden. Für eine solche Änderung wäre aber ein Umdenken des DAV nötig. Wie gesehen, würde es sich dabei nicht nur um kleine Änderungen am Rande handeln, sondern vielmehr um eine Systemumstellung weg von einer mehr oder weniger gerechten Verteilung der Risiken und starren Vertragsordnungen hin zu flexiblen Verträgen und einer gemeinsamen Bewältigung von Risiken. Der Kooperationsgedanke würde eine wesentliche Stärkung erfahren. Jedenfalls müsste der DAV eine Flexibilisierung der Vertragsordnung zulassen. Nach bisher geltendem Recht bestehen fast keine Möglichkeiten zur inhaltlichen Ausgestaltung von Bauverträgen.[853] Lediglich Leistungsumfänge und technische Lösungen können Inhalt von Verhandlungen sein. Echte Vertragsverhandlungen über die rechtliche Umsetzung sind bisher nicht möglich.[854]

---

850 Beck'scher VOB-Komm./Motzke Einleitung Rdnr. 89.
851 Vgl. Vygen in Ingenstau/Korbion VOB, 16. Auflage, 2007, Einleitung Rdnr. 14ff; Beck'scher VOB-Komm./Motzke Einleitung Rdnr. 47 ff.; Kapellmann/Messerschmidt – von Rintelen Einleitung VOB/B Rdnr. 4.
852 Immerhin setzt sich der DAV mehrheitlich aus öffentlichen Auftraggebern zusammen, vgl. Kapellmann/Messerschmidt – von Rintelen Einleitung VOB/B Rdnr. 3.
853 Die inhaltlichen Ausgestaltungen sind nur die von der VOB/A und VOB/B vorgegebenen. Nur an wenigen (unwichtigen) Stellen finden sich Öffnungsklauseln.
854 Vgl. Roth, Frank: Zur Verbindlichkeit von Vertragsentwürfen in Verhandlungsverfahren, VergabeR 2009, 423, 424.

10. Anwendungsgebiete aus vergaberechtlicher Sicht

Die möglichen Anwendungsgebiete des Allianzvertrages lassen sich aus vergaberechtlicher Sicht in drei Bereiche aufteilen. Zum einen in den „klassischen" öffentlichen Bereich mit öffentlichen Auftraggebern gem. § 98 Nr. 1 bis 3, 5 und 6 GWB. Zum anderen in einen Bereich mit privaten Auftraggebern. Dieser wiederum splittet sich in den so genannten Sektorenbereich des § 98 Nr. 4 GWB und den „rein" privaten Bereich.

a) Öffentliche Auftraggeber

Im öffentlichen Bereich bleiben für den Allianzvertrag de lege lata keine Anwendungsgebiete. Öffentliche Auftraggeber sind sowohl oberhalb als auch unterhalb der Schwellenwerte dazu verpflichtet, die Basisparagraphen der VOB/A anzuwenden.[855]

b) Sektorenauftraggeber

Die Vorschriften für Sektorenauftraggeber wurden durch die Vergaberechtsreform 2009 komplett neu geordnet.[856] Bisher war die Sektorentätigkeit in § 98 GWB, §§ 7 und 8 VgV definiert. Nunmehr fasst § 98 Nr. 4 GWB und dessen Anhang die Definition zusammen. Unter die Sektorenauftraggeber fallen nun, vereinfacht gesagt, natürliche oder juristische Personen, die auf dem Gebiet der Trinkwasser- oder Energieversorgung oder des Verkehrs tätig sind.[857]

Die wohl bedeutendste Änderung für Sektorenunternehmen liegt aber im Entfallen des Anwendungsbefehls in § 7 Abs. 1 VgV, der, infolge der Aufhebung von § 8 VgV, gegenstandslos wird. Bisher hatten Sektorenauftraggeber teilweise den 3. Abschnitt der Verdingungsordnung anzuwenden. Während der 4. Abschnitt nur die Anforderungen der Sektorenrichtlinie umsetzte, verpflichtete der 3. Abschnitt die Sektorenauftraggeber zusätzlich zur Anwendung der Basisparagraphen. Diese unnötige Trennung und gemeinschaftsrechtlich überschießende Umsetzung, wird zukünftig durch eine einheitliche Sektorenverordnung[858] ersetzt werden.[859] Zudem haben in Zukunft Sektorenauftraggeber die freie Wahl zwischen den klassischen drei Vergabearten. Der Wettbewerbliche Dialog steht ihnen allerdings nicht zur Verfügung, vgl. § 101 Abs. 7 Satz 2 GWB.

---

855 siehe Kap. CIV9e).
856 Gesetz zur Modernisierung des Vergaberecht v. 20.April 2009, BGBl. I S. 790.
857 Den genauen Wortlaut der Norm kann § 98 Nr.4 GWB entnommen werden.
858 Diese liegt gegenwärtig erst als Entwurf vor.
859 Gabriel, Marc: Die Vergaberechtsreform 2009 und die Neufassung des vierten Teils des GWB, NJW 2009, 2011, 2013.

Ob der Allianzvertrag in diesem Bereich umgesetzt werden kann liegt an der Umsetzung der Sektorenrichtlinie. Die Tatsache, dass den Sektorenunternehmen der wettbewerbliche Dialog nicht zur Verfügung steht, ist zwar bedauerlich, aber für den Allianzvertrag nicht unüberwindbar. Nach Willen des Gesetzgebers soll es möglich sein, das Verhandlungsverfahren weitestgehend als wettbewerblichen Dialog ausgestalten zu können.[860] Je nach Umsetzung der Sektorenrichtlinie könnte es daher zukünftig möglich sein, den Allianzvertrag zu nutzen.

c) Anwendung im nicht-öffentlichen (privaten) Bereich

Während öffentliche Auftraggeber, wie gesehen, entweder aufgrund haushaltsrechtlich bindender Vorgaben oder des GWB i.V.m. der VgV gezwungen sind, ihren Bauaufträgen die VOB zugrunde zu legen, sind private Auftraggeber, wenn sie nicht unter die Sektorenrichtlinie fallen, dazu nicht verpflichtet. Dennoch überwiegen auch hier die VOB-Bauverträge bei weitem.[861]

Im nicht-öffentlichen Bereich, also unter rein privaten Personen gilt aber trotz aller Verhaltensmuster die Vertragsautonomie und weitestgehend die Freiheit den Vertragsinhalt selbst gestalten zu dürfen. Für die Industrie und sonstige private Auftraggeber, wenn sie nicht der VOB/A unterliegen,[862] ist der Allianzvertrag daher eine Option.

11. Erkenntnisse für die Vergabe von Allianzverträgen

Die Idee Allianzverträge auch in Deutschland umsetzen zu können, erhält durch das deutsche Kartellvergaberecht einen erheblichen Dämpfer. Das deutsche Vergaberecht, mit seiner Verpflichtung zum VOB-Bauvertrag, steht „Kooperationsmodellen" wie dem Allianzvertrag skeptisch gegenüber. Werden solche Modelle durch innovative Ansätze, wie eine flexible Leistungserbringung, Modifizierung des Gewährleistungsrechts, neuen Ansätzen zu Nachträgen, modernes Streitmanagement und viele andere Abweichungen von Standardverträgen ergänzt, ist eine Anwendung im öffentlichen Bereich nicht mehr möglich. Der Trend der letzten Jahre und auch die BGH Rechtsprechung zeigen,[863] dass Kooperationsmodelle immer mehr Akzeptanz finden und auch gefordert werden. Dies sollte der deutsche Gesetzgeber und der DAV zum Anlass nehmen, um das Vergaberecht anzupassen.

---

860 BT-Dr 15/5668, S. 11; krit. dazu Müller, Martin/Brauser-Jung, Gerrit: Öffentlich-Private-Partnerschaften und Vergaberecht – Ein Beitrag zu den vergaberechtlichen Rahmenbedingungen, NVwZ 2007, 884, 889.
861 Vygen in Ingenstau/Korbion VOB, 16. Auflage, 2007, Einleitung Rdnr. 11.
862 Hier sind insbesondere die Sektorenauftraggeber gemeint.
863 Siehe dazu die Einleitung sowie Kap. BIII.

D. Zusammenfassung/Ergebnis

In Australien hat sich gezeigt, dass Allianzverträge gegenüber herkömmlichen Bauverträgen teils erhebliche Vorteile haben. Insbesondere eine innovative Risikoverteilung durch gemeinsame Bewältigung anstatt einseitige Zuweisung, ein Vergütungssystem, das eine gemeinsame Projektbewältigung fördert, einstimmige Entscheidungen und eine Streitkultur, die Auseinandersetzungen friedlich lösen will und erst als allerletztes Mittel kontradiktorische Verfahren zulässt, kennzeichnen den Allianzvertrag. Diese Ansätze dienen allesamt dem Ziel, das Projekt in den Vordergrund zu stellen und einzelne Befindlichkeiten weitestgehend zurückzustellen. Ebenfalls soll, wenn auch durch rechtliche Strukturen gezwungen, eine von Gemeinschaftlichkeit geprägte Atmosphäre entstehen, unter der gegenseitige Schuldzuweisungen zurückgedrängt werden. Probleme sollen frühzeitig erkannt und gemeinschaftlich (kooperativ) bewältigt werden.

Der Allianzvertrag lässt sich daher nicht mit herkömmlichen Selbstkostenerstattungsverträgen, GMP-Modellen, Partnering-Ansätzen oder ähnlichem vergleichen, sondern ist vielmehr die Summe der Überlegungen, die zu diesen Verträgen geführt haben. Diese werden in einem rechtlich bindenden Vertrag zusammengefasst und bilden keine bloßen Konzepte oder Anregungen, sondern verbindliche Regelungen. Der Allianzvertrag ist daher in der Lage, wenn die Parteien das Kooperationsmodell verinnerlicht haben und bereit sind es mitzutragen, die für die bisherigen Verträge typischen Konflikte zu verhindern. Diese resultieren im deutschen Baurecht insbesondere aus Nachträgen, den Gewährleistungsansprüchen sowie Verzögerungen. Durch ein „pain- und gain-share" Modell werden zudem Anreize geschaffen, effizient und qualitativ hochwertig zu bauen.

Während in Australien eine Vielzahl solcher Verträge bereits umgesetzt wurde, fehlt es im deutschen Rechtsraum an Erfahrungen mit diesem Vertragsmodell. Dies mag insbesondere an der Unsicherheit gelegen haben, die der Allianzvertrag als neue Vertragsform mit sich bringt. Rechtlich sind unter anderem die Rechtsnatur, die „No blame – no Dispute"-Klausel und das damit zusammenhängende Konfliktlösungsverfahren, das Einstimmigkeitsgebot sowie vergaberechtliche Probleme zu nennen. Aber der Allianzvertrag verlangt auch ein Umdenken in der Umsetzung. Sind es Vertragsparteien nach Abschluss eines Standardvertrages bisher gewohnt, sich eher kritisch zu beäugen und auf ihren Vorteil zu achten, ist dies bei einem Allianzvertrag, der nur die gemeinschaftliche Leistung belohnt, anders. Die bisherige „Your gain is my loss"-Situation wird aufgelöst. Eine Bereicherung zu Lasten des anderen ist nicht mehr möglich. Entweder es gewinnen alle gemeinsam oder es verlieren alle gemeinsam (win:win-Situation).

In rechtlicher Hinsicht konnte mit dieser Arbeit eine grundlegende Einordnung des Allianzvertrages im deutschen System der Gesellschaftsformen erreicht werden. Nach Ansicht des Verfassers ist es möglich den Allianzvertrag so auszugestalten, dass eine Innengesellschaft bürgerlichen Rechts entsteht, die ein Minimum an Gesellschaft darstellt und dem Willen der Parteien, möglichst keine Gesellschaft gründen zu wollen, am ehesten Rechnung trägt. Der Klageverzicht (Teil der no blame – no dispute-Klausel) kann in ihrer „Reinform" nicht umgesetzt werden, da hier insbesondere höchstrichterliche Rechtsprechung entgegensteht. Allerdings kann durch eine leichte Abweichung oder Modifizierung des Streitbeilegungssystems eine äquivalente Lösung erreicht werden.

Das Einstimmigkeitsgebot, die Kündigungsklauseln und der Umgang mit Treuepflichten halten weitestgehend einer rechtlichen Überprüfung stand. Größtes Problem für den Allianzvertrag dürfte in Deutschland das Vergabesystem mit den Vertrags- und Vergabeordnungen werden. Hier schreibt die VOB, insbesondere in Teil B, einige nicht mit dem Allianzvertrag zu vereinbarende Regelungen vor. Der Allianzvertrag ist eben mehr als nur ein neues Vergütungssystem, wie beispielsweise der GMP-Vertrag.[864] Dies lässt sich aber mit den starren Vorschriften der VOB nicht vereinbaren. Dem deutschen Gesetzgeber und des, für die Entwicklung der VOB maßgeblichen, DVA sollte daher nahegelegt werden, die Nutzung von Allianzverträgen, durch eine Gesetzesänderung oder Öffnungsklauseln für öffentliche Auftraggeber, auch in Deutschland zu ermöglichen. Dabei handelt es sich um die rein deutsche Gesetzgebung und Vertragsordnung. Europäisches Vergaberecht steht dem Allianzvertrag nicht entgegen. Allianzverträge können je nach Einzelfall im Verhandlungsverfahren oder wettbewerblichen Dialog vergeben werden.

Abschließend lässt sich daher sagen, dass Allianzverträge aus rechtlicher Sicht in Deutschland mit leichten Modifizierungen möglich sind. Die deutsche Bauwirtschaft, die seit Jahren mit enormem Preiswettbewerb und damit zusammenhängend mit einer Vielzahl von gerichtlichen Auseinandersetzungen zu kämpfen hat, sollte den Allianzvertrag nutzen, um zu einer fairen Bezahlung und Risikoverteilung zurückzukommen. Aber auch für Auftraggeber hat der Allianzvertrag erhebliche Vorteile, die von Synergieeffekten, aufgrund früher Zusammenarbeit aller am Projekt Beteiligten, bis hin zu innovativeren Bauten und weniger Kosten für anschließende Gerichtsverfahren reichen.

Selbstverständlich hat der Allianzvertrag auch Nachteile,[865] die sich insbesondere aus der Unsicherheit einer kooperativen Zusammenarbeit und der innovativen Streitbehandlung ergeben. Bei gegenseitigen Verträgen, hinter denen man sich gegebenenfalls zurückziehen kann, hat man vermeintlich eine sicherere Position. Die Praxis und insbesondere die Zahl der Baurechtssachen spricht aber eine andere Sprache.[866]

---

864 Keldungs in Ingenstau/Korbion VOB, 16.Auflage, 2007, § 5 VOB/A, Rdnr. 38 ff.
865 Eine Auflistung möglicher Vor- und Nachteile findet sich im Anschluss an Kap. BX.
866 Vgl. Kap. BIII1.

Literaturverzeichnis:

Abrahams, Anthony/*Cullen*, Alan: Project Alliances In The Construction Industry, ACLN, 1998, Heft 62, S. 31 ff.

Alchimie Pty Ltd: Target Outturn Cost: Demonstrating and Ensuring Value for Money, Hrsg.: Alchimie Pty Ltd, Juni 2004, http://www.alchimie.com.au/downloads/-Ensuring%20Value%20for%20Money%20through%20TOC%20Process.pdf.

Baker Ellis: Partnering Strategies: The Legal Dimension, Construction Law Journal, 2007, Heft 5, S. 344 ff.

Bamberger, Heinz Georg/*Roth*, Herbert: Kommentar zum Bürgerlichen Gesetzbuch, 2. Auflage, München, C.H. Beck Verlag, 2008.

Baumbach, Adolf/*Lauterbach*, Wolfgang/*Albers*, Jan/*Hartmann*, Peter: Zivilprozessordnung, 67. Auflage, München, C.H. Beck Verlag, 2009.

Beitzke, Günther: Nichtigkeit, Auflösung und Umgestaltung von Dauerschuldverhältnissen, Schloß Bleckede a.d. Elbe, Meissner, 1948.

Biebelheimer/Wazlawik: Der GMP-Vertrag - Der Versuch einer rechtlichen Einordnung, BauR, 2001, Heft 11, S. 1639.

Blankenburg, Erhard: Mobilisierung des Rechts. Eine Einführung in die Rechtssoziologie, 1. Auflage, Berlin, Springer Verlag, 1995.

Borowsky, Martin: Das Schiedsgutachten im Common Law, 1. Auflage, Baden-Baden, Nomos Verlagsgesellschaft.

Brown, Adrian: The Impact of the New Procurement Directive on Large Public Infrastructure Projects: Competitive Dialogue or Better the Devil you Know?, PPLR, 2004, Heft 4, S. 160.

Capelli, Sergio: Project Alliance Agreement, Kingsgrove to Reversby Quadruplication, Hrsg.: Clayton Utz, Sydney, http://www.tidc.nsw.gov.au/SectionIndex.aspx?-PageID=916.

Cassidy, Julie: Hrsg.: The Federation Press, Concise Corporations Law, 4th Edition, Federal Pub Co, 2003.

Chew, Andrew: Alliancing in delivery of major infrastructure projects and outsourcing services in Australia - An overview of legal issues, ICLR, 2004, Heft 3, S. 319 ff.

Coulson, Robert: MEDALOA: A Practical Technique for Resolving International Business Disputes, J Int Arb, 1994, Heft 2, S. 111 ff.

Davies, John: Alliances, Public Sector Governance and Value for Money, ACLN, 2007, Heft 113, S. 38 ff.

Dorgan, Caroll: The ICC's New Dispute Board Rules, ICLR, 2005, Vol. 22, issue 2, S. 142 ff.

Dreher, Meinrad: Die gesellschaftsrechtliche Treuepflicht bei der GmbH, DStr, 1993, Heft 44, S. 1632.

Drömann, Dietrich: wettbewerblicher Dialog und ÖPP-Beschaffungen - Zur "besonderen Komplexität" so genannter Betreibermodelle, NZBau, 2007, Heft 12, S. 751.

Eberl, Walter/*Friedrich*, Fabian: Alternative Streitbeilegung im zivilen Baurecht, BauR, 2002, Heft 2, S. 250.

Egger, Alexander: Europäisches Vergaberecht, 1. Auflage, Baden-Baden, Nomos Verlagsgesellschaft, 2008.

Eidenmüller, Horst: Hybride ADR-Verfahren bei internationalen Wirtschaftskonflikten, RIW, 2002, Heft 1, S. 1.

Europäische Kommission: Erläuterungen - wettbewerblicher Dialog - Klassische Richtlinie, Hrsg.: Generaldirektion Binnenmarkt und Dienstleistungen, 5.10.2005, CC/2005/04_rev1.

Eusani, Guido: Zweckstörung bei gewerblichen Mietverhältnissen in Einkaufszentren, ZMR, 2003, S. 473.

Eusani, Guido/*Eusani*, Renato: Projektübergreifende Kooperationen bei Ingenieuren und Architekten, NZBau, 2008, Heft 9, S. 551.

Flume, Werner: Rechtsgeschäft und Privatautonomie, C.F. Müller Karlsruhe, 1960.

Franzius, Ingo: Hrsg.: Schmidt, Karsten, Verhandlungen im Verfahren der Auftragsvergabe, Band II/7, Berlin, Carl Heymanns Verlag GmbH, 2007.

Freidrich, Fabian: Schlichtungs- und Mediationsklauseln in Allgemeinen Geschäftsbedingungen, SchiedsVZ, 2007, Heft 1, S. 31.

Fritz, Aline: Erfahrungen mit dem wettbewerblichen Dialog in Deutschland, VergabeR, 2008, Heft 2a, S. 379.

Gabriel, Marc: Die Vergaberechtsreform 2009 und die Neufassung des vierten Teils des GWB, NJW, 2009, Heft 28, S. 2011.

Ganten, Hans/*Jagenburg*, Walter/*Motzke*, Gerd: Vergabe- und Vertragsordnung für Bauleistungen Teil B, Beck'scher VOB- und Vergaberechts-Kommentar, 2. Auflage, München, C.H. Beck Verlag, 2008.

Gehle, Bjorn/*Wronna*, Alexander: Der Allianzvertrag - Neue Wege kooperativer Vertragsgestaltung, BauR, 2007, Heft 1, S. 2.

Greger, Reinhard/*Stubbe*, Christian: Schiedsgutachten, München, C.H. Beck Verlag, 2007.

Gröning, Jochem: Die VOB/A 2009 - ein erster Überblick, VergabeR, 2009, Heft 2, S. 117.

Grunewald, Barbara: Hrsg.: Bierich, Marcus; Hommelhoff, Peter; Kropff, Bruno, Festschrift für Johannes Semler zum 70. Geburtstag, Berlin, Walter de Gryter, 1993.

Gummert, Hans/*Riegger*, Bodo/*Weipert*, Lutz: Münchner Handbuch des Gesellschaftsrechts, Band 1, 2. Auflage, München, C.H. Beck Verlag, 2004.

Harbst, Ragnar/*Mahnken*, Volker: Adjudication und Dispute Review Boards nach den neuen ICC Regeln, SchiedsVZ, 2005, Heft 1, S. 34 ff.

Hartung, Wolfgang: Sozietät oder Kooperation, AnwBl, 1995, Heft 7, S. 333.

Haupt, Günter/*Reinhardt*, Rudolf: Gesellschaftsrecht, 4.Auflage, Tübingen, J.C.B. Mohr (Paul Siebeck) Tübingen, 1952.

Hayford, Owen: Paying the price under project alliances, Hrsg.: Clayton Utz, Project Issues 2002, Sydney, http://www.claytonutz.com/redirector.asp?doc=109.

Heiermann, Wolfgang: Der wettbewerbliche Dialog, ZfBR, 2005, Heft 8, S. 766.

Heiermann/Riedel/Rusam: Handkommentar zur VOB, 11. Auflage, Wiesbaden, Vieweg+Teubner, 2008.

Heister, Peter: Die Undisclosed Agency des Anglo-Amerikanischen Rechtes. Aspekte zur so genannten mittelbaren Stellvertretung des Deutschen Rechtes unter besonderer Berücksichtigung des obligatorischen Geschäfts für den, den es angeht, Bonn, Univ., Diss., Bonn, 1980.

Hoeniger, Heinrich: Die gemischten Verträge in ihren Grundformen, Mannheim & Leipzig, J. Bensheimer, 1910.

Horvath, Günter: Juristisches Konfliktmanagement bei risikoreichen Bauprojekten, Hrsg.: Nicklisch, Fritz, Öffentlich-private Großprojekte, Band 23, München, C.H. Beck Verlag, 2005, S. 135 ff.

Horvath, Günther: Juristische Schlüsselfragen bei Allianzverträgen, Wien, Linde Verlag Wien, 2003.

Hueck, Alfons: Inwieweit besteht eine gesellschaftliche Pflicht des Gesellschafters einer Handelsgesellschaft zur Zustimmung von Gesellschafterbeschlüssen, ZGR, 1972, Heft 3, S. 237 ff.

Hueck, Alfred: Der Treuegedanke im modernen Privatrecht, München, Verlag der Bayerischen Akademie der Wissenschaften, 1947.

Immenga, Ulrich/*Mestmäcker*, Ernst Joachim: Wettbewerbsrecht, Band 2, 4. Auflage, München, C.H. Beck Verlag, 2007.

Jahnke, Matthias: Gesellschaftsrechtliche Treuepflicht, Frankfurt a.M., Peter Lang GmbH, 2003.

Jahnke, Volker: Rechtsformzwang und Rechtsformverfehlung, ZHR, 1982, Heft 146, S. 595.

Jensen, Christina: Das Dilemma der Bauverträge, Baden-Baden, Nomos Verlagsgesellschaft, 2006.

Jestaedt, Mathias: Schiedsverfahren und Konkurs, Berlin, Duncker & Humblot, 1985.

Jones, Douglas: Keeping the options open: Alliancing and other forms of relationship contracting with Government, Hrsg.: Clayton Utz, BCL, Volume 17, 2001, Heft 17, S. 153 ff.

Jones, Douglas: Project Alliances, ICLR, 2001, S. 411 ff.

Joussen, Edgar: Das Ende der Arge als BGB-Gesellschaft?, BauR, 1999, Heft 10, S. 1063.

Kapellmann, Klaus/*Messerschmidt*, Burkhard: VOB Teile A und B, 2. Auflage, München, C.H. Beck Verlag, 2007.

Kemper, Ralf/*Wronna*, Alexander: Alliance Contracting - Allianzvertrag, Der Bausachverständige, 2007, Heft 5, S. 54.

Kemper, Ralf/*Wronna*, Alexander: Der Allianzvertrag - Neuer Vertragstyp für Partnering-Modelle bei Großbauvorhaben, Baumarkt + Bauwirtschaft, 2007, Heft 5, S. 65.

Kiesel, Helmut: Das Gesetz zur Beschleunigung fälliger Zahlungen, NJW, 2000, Heft 23, S. 1673.

Knauff, Matthias: Im wettbewerblichen Dialog zur Public Private Partnership, NZBau, 2005, Heft 5, S. 249.

Knauff, Matthias: Neues europäische Vergabeverfahrensrecht: Der wettbewerbliche Dialog, VergabeR, 2004, Heft 3, S. 287.

Kniffka, Rolf: Die Kooperationspflichten der Bauvertragspartner im Bauvertrag, BauR, 2001, Heft 1, S. 1.

Kuffer, Johann/Wirth, Axel: Handbuch des Fachanwalts Bau- und Architektenrecht, 2. Auflage, Köln, Luchterhand, 2008.

Lacey, James: Partnering and Alliancing: Back to the future? ARELJ, 2007, Heft 26, S. 69 ff.

Latham, Michael: Latham Report 1994, 16.3.2009, http://www.nvo.com/vklaw/nss-folder/ukusconstrucioncomparison/.

Leenen, Detlef: Die Neugestaltung des Verjährungsrechts durch das Schuldrechtsmodernisierungsgesetz, DStR, 2002, Heft 1-2, S. 34.

Leinemann, Ralf/*Maibaum*, Thomas: Die neue europäische einheitliche Vergabekoordinierungsrichtlinie für Lieferverträge, Dienstleistungsaufträge und Bauaufträge - ein Optionsmodell, VergabeR, 2004, Heft 3, S. 275.

Lembcke, Moritz: Die Influenz von Justizgewährungsanspruch, Rechtsprechungsmonopol des Staates und rechtlichem Gehör auf außergerichtliche Streitbeilegungsverfahren, NVwZ, 2008, Heft 1, S. 42.

Lembcke, Moritz: Dispute Adjudication - Vorbild für die Konfliktbewältigung in Deutschland, BZBau, 2007, Heft 5, S. 273 ff.

Lembcke, Moritz: Gesetzliche Streitschlichtung in England im Spannungsfeld von Entscheidungsfrist und rechtsstaatlichen Verfahrensgrundsätzen, ZZP, 2007, Heft 1, S. 73.

Lenkeit, Olaf: Das modernisierte Verjährungsrecht, BauR, 2002, Heft 1a, S. 196.

Lieb, Manfred: Hrsg.: Fachbereich Rechtswissenschaft der Universität Tübingen, Die Ehegattenmitarbeit im Spannungsfeld zwischen Rechtsgeschäft, Bereicherungsausgleich und gesetzlichem Güterstand, Tübingen, J.C.B. Mohr (Paul Siebeck) Tübingen, 1970.

Lochner, Horst/Vygen, Klaus: Ingenstau/Korbion, VOB Kommentar, 16. Auflage, Neuwied, Wolters Kluwer Deutschland GmbH, 2007.

Lotmar, Philipp: Der Arbeitsvertrag nach dem Privatrecht des deutschen Reiches, Band 1, Leipzig, Duncker & Humblot, 1902.

Mansel, Hans-Peter: Die Neuregelung des Verjährungsrechts, NJW, 2002, Heft 2, S. 89.

Maunz, Theodor/*Dürig*, Günter: Grundgesetz Kommentar, Loseblattsammlung, München, Stand: Februar 2009.

Messerschmidt, Burkhard/*Voit*, Wolfgang: Privates Baurecht, München, C.H. Beck Verlag, 2008.

Mitgliedern des Bundesgerichtshofes: Das Bürgerliche Gesetzbuch: mit bes. Berücks. d. Rechtsprechung d. Reichsgerichts u. d. Bundesgerichtshofes, Band 2; Teil 4, 12. Auflage, Berlin, Walter de Gruyter, 1978.

Müller, Hermann/*Veil*, Winfried: Wettbewerblicher Dialog und Verhandlungsverfahren im Vergleich, VergabeR, 2007, Heft 3, S. 298.

Müller, Martin/Brauser-Jung, Gerrit: Öffentlich-Private-Partnerschaften und Vergaberecht - Ein Beitrag zu den vergaberechtlichen Rahmenbedingungen, NVwZ, 2007, Heft 8, S. 884.

Müller-Wrede, Malte: Kompendium des Vergaberechts, 1.Auflage, Berlin, Bundesanzeiger Verlag GmbH, 2008.

Myers, James J: Alliancing Contracting: A Potpourri of proven Techniques for successful Contracting, ICLR, 2001, S. 56 ff.

Noch, Rainer: Vergaberecht kompakt, Handbuch für die Praxis, 4. Auflage, Köln, Werner Verlag, 2008.

Nußbaumer, Manfred/*Nübel*, Konrad: Konfliktbewältigung bei risikoreichen Bauprojekten, Hrsg.: Nicklisch, Franz, Öffentlich-private Großprojekte, Band 23, München, C.H. Beck Verlag, 2005, S. 121 ff.

Ollmann, Horst: wettbewerblicher Dialog eingeführt - Änderungen des Vergaberechts durch das ÖPP-Beschleunigungsgesetz, VergabeR, 2005, Heft 6, S. 685.

Opitz, Marc: Wie funktioniert der wettbewerbliche Dialog? - Rechtliche und praktische Probleme, VergabeR, 2006, Heft 4, S. 451.

Palandt, Otto: Bürgerliches Gesetzbuch, Kommentar, 68. Auflage, München, C.H. Beck Verlag, 2009.

Pieper, Helmut/*Breunung*, Leonie/*Stahlmann*, Günther: Hrsg.: Pieper, Helmut, Sachverständige im Zivilprozeß: Theorie, Dogmatik u. Realität des Sachverständigenbeweises, München, C.H. Beck Verlag, 1982.

Prieß, Hans-Joachim: Handbuch des Vergaberechts, 3. Auflage, Köln, Heymann Verlag, 2005.

Pünder, Hermann/*Franzius*, Ingo: Auftragsvergabe im wettbewerblichen Dialog, ZfBR, 2006, Heft 1, S. 20.

Raiffa, Howard: The Art and Science of Negotiation, 17, Cambridge, Mass., Harvard Univ. Press, 2003.

Raisch, Peter: Zur Rechtsnatur des Automatenaufstellvertrages, BB, 1968, Heft 10, S. 526 ff.

Rauscher, Thomas/*Wax*, Peter/*Wenzel*, Joachim: Münchner Kommentar zu Zivilprozessordnung, 3. Auflage, München, C.H. Beck Verlag.

Rinck, Ursula: Hrsg.: Parteivereinbarungen in der Zwangsvollstreckung aus dogmatischer Sicht, Frankfurt am Main, Lang, 1996.

Risse, Jörg: Adjudication - Ein Heilmittel für Baustreitigkeiten?!-, Hrsg.: Nicklisch, Fritz, Öffentlich-private Großprojekte, Band 23, München, C.H.Beck Verlag, 2005, S. 169 ff.

Risse, Jörg: Neue Wege der Konfliktbewältigung: Last-Offer-Schiedsverfahren, High/Low-Arbitration und Michigan-Mediation, BB, 2001, Beilage Mediation & Recht, S. 16.

Risse, Jörg: Wirtschaftsmediation, NJW, 2000, Heft 22, S. 1614.

Rosenberg, Leo/*Schwab*, Karl Heinz/*Gottwald*, Peter: Zivilprozessrecht, 16. Auflage, München, C.H. Beck Verlag, 2004.

Ross, Jim: Introduction to Project Alliancing, Hrsg.: Project Control International Pty Ltd., Brisbane, Queensland, 2003, 27.10.2008, www.pci.d2g.com.

Roth, Frank: Zur Verbindlichkeit von Vertragsentwürfen in Verhandlungsverfahren, VergabeR, 2009, Heft 3, S. 423.

Rümelin, Gustav: Dienstvertrag und Werkvertrag, Tübingen, J.C.B. Mohr, 1905.

Rusch, Konrad: Gewinnhaftung bei Verletzung von Treuepflichten, Tübingen, J.C.B. Mohr (Paul Siebeck) Tübingen, 2003.

Säcker, Franz Jürgen/*Rixecker*, Roland: Münchner Kommentar zum Bürgerlichen Gesetzbuch, 5. Auflage, München, C.H. Beck Verlag.

Schaumburg, Harald: Internationale Joint Ventures, Stuttgart, Schäffer-Poschel Verlag Stuttgart, 1999.

Scheef, Hans-Claudius: Das Außenkonsortium der Anlagenbauer als OHG? - Konsequenzen aus OLG Dresden (- 2 U 1928/01-) und KG Berlin (- 29 AR 54/01 -), BauR, 2004, Heft 7, S. 1079.

Schiedermaier, Gerhard: Vereinbarungen im Zivilprozeß, Bonn, Ludwig Röhrscheid Verlag, 1935.

Schmidt, Karsten: Hrsg.: Schmidt, Karsten, Gesellschaftsrecht, 4, Köln, Berlin, Bonn, München, Carl Heymanns Verlag KG, 2002.

Schmidt, Karsten: Münchner Kommentar zum Handelsgesetzbuch, 2. Auflage, München, C.H. Beck Verlag/Verlag Franz Vahlen, 2008.

Schmidt, Karsten: Die Arbeitsgemeinschaft im Baugewerbe: als OHG eintragungspflichtig oder eintragungsfähig?, Band DB, 2003, Heft 13, S. 703.

Schröder, Holger: Voraussetzungen, Strukturen, und Verfahrensabläufe des wettbewerblichen Dialogs in der Vergabepraxis, NZBau 2007, Heft 4, S. 216.

Schröder, Rainer: Die statistische Realität des Bauprozesses, NZBau 2008, Heft 1, S. 1.

*Soerg*el, Theodor: Bürgerliches Gesetzbuch mit Einführungsgesetz und Nebengesetzen, Band 5/1, 12. Auflage, Stuttgart, Kohlhammer.

Soffels, Markus: AGB-Recht, NJW-Schriften, Band 11, München C.H. Beck Verlag.

Steckhan, Hans-Werner/*von Lübtow* Ulrich: Die Innengesellschaft, Duncker & Humblot, Berlin 1966.

Stein, Friedrich/*Jonas*, Martin: Kommentar zur Zivilprozessordnung, 22. Auflage, Tübingen, Mohr Siebeck Verlag, 2008.

Stelkens, Paul/*Bonk*, Heinz Joachim/*Sachs*, Michael: Verwaltungsverfahrensgesetz Kommentar, 7. Auflage, München C.H. Beck Verlag, 2008.

Stoye, Jörg/*Kriener*, Franziska: Wettbewerblicher Dialog auch für staatliche Sektorenauftraggeber möglich!, IBR 2009, S. 189.

Stubbe, Christian: Mediation und Claim Management, BB-Beilage, 1998, Beilage 10, S. 25.

Stubbe, Christian: Wirtschaftsmediation und Claim Management, BB, 2001, Heft 14, S. 685.

Stumpf, Christoph: Alternative Streitbeilegung im Verwaltungsrecht, Tübingen, Mohr Siebeck, 2006.

Tevor, Thomas: Alliance Contracts: Utility and enforceability, BCL 2007, Vol 23, Nr. 5329.

The Secretary of Treasury and Finance of Victoria: Project Alliancing Practitioners' Guide, State of Victoria, Project Alliancing Practitioners' Guide, Melbourne 2006, www.dtf.vic.gov.au/projectalliancing.

Thierau, Thomas/*Messerschmidt*, Burkhard: Die Bau-ARGE Teil 1: Grundstrukturen und Vertragsgestaltung, NZBau 2007, Heft 3, 129 ff.

Tyrill, John: The dark side of partnering, ADRJ 1998, S. 165 ff.

Uechtritz, Michael/*Otting*, Olaf: Das "ÖPP-Beschleunigungsgesetz": Neuer Name, neuer Schwung für "öffentlich-private Partnerschaften"?, NVwZ 2005, Heft 10, S. 1105.

Vieweg, Klaus/*Leßmann*, Herbert/*Großfeld*, Bernhard/*Vollmer*, Lothar: Festschrift für Rudolf Lukes zum 65. Geburtstag, Köln; Berlin; Bonn; München, Carl Heymanns Verlag KG, 1989.

Wagner, Gerhard: Prozeßverträge: Privatautonomie im Verfahrensrecht, Tübingen, Möhr Siebeck, 1998.

Wagner, Volkmar: Schiedsgerichtsbarkeit, Schiedsgutachten, Schlichtung, Dispute Adjudikation, Mediation - Möglichkeiten der alternativen Konfliktlösung im Baurecht, NZBau 2001, Heft 4, S. 169 ff.

Westermann, Peter: BGB Handkommentar, Band I, 12. Auflage, Köln Dr. Otto Schmidt, 2008.

Westpfahl, Lars/*Busse*, Daniel: Vorläufige Maßnahmen durch ein bei Großprojekten vereinbartes ständiges Schiedsgericht, SchiedsVZ 2006, Heft 1, S. 21 ff.

Wiegand, Christian: "Adjudikation" - beschleunigte außergerichtliche Streiterledigungsverfahren im englischen Baurecht und im internationalen FIDIC-Standardvertragsrecht, RIW 2000, Heft 3, S. 107 ff.

Wolf, Manfred: Die Vorformulierung als Voraussetzung der Inhaltskontrolle, Hrsg.: Pfeiffer, Gerd; Kummer, Joachim; Scheuch, Silke, Festschrift für Hans Erich Brandner, Köln, Dr. Otto Schmidt KG, 1996.

Wolf, Manfred/*Lindacher*, Walter/*Pfeiffer*, Thomas: AGB-Recht Kommentar, 5. Auflage, München, C.H. Beck Verlag, 2009.

Wolff, Manfred: Baurechtliche Arbeitsgemeinschaft, Hrsg.: Messerschmidt/ Voit: Privates Baurecht, München, C.H. Beck OHG, 2008, 75 ff.

Wood, Geoff/*Chew*, Andrew: Alliance Contracts - A Partnership in Business, ACLN, Heft 609.

Zerhusen, Jörg: Die SOBau der ARGE Baurecht im Deutschen Anwaltverein - praktische Erfahrungen, BauR 2004, Heft 1a, 216 ff.

Ziekow, Jan/*Windoffer*, Alexander: Public Private Partnership, Baden-Baden, Nomos Verlagsgesellschaft, 2008.

Zöller, Richard: Zivilprozessordnung, 26. Auflage, Köln, Dr. Otto Schmidt Verlag, 2007.

Schriften zum deutschen und internationalen Baurecht

Herausgegeben von Axel Wirth

Band 1 Sebastian Ulbrich: Leistungsbestimmungsrechte in einem künftigen deutschen Bauvertragsrecht vor dem Hintergrund, der Funktion und der Grenzen von §§ 1 Nr. 3 und Nr. 4 VOB/B. 2007.

Band 2 Alice Müller: Nachhaltigkeit im öffentlichen Baurecht unter besonderer Berücksichtigung energieeffizienten Bauens und des Einsatzes erneuerbarer Energien. 2008.

Band 3 Petra Christiansen-Geiss: Voraussetzungen und Folgen des Koppelungsverbotes Art. 10 § 3 MRVG. 2009.

Band 4 Johannes Kuffer: Heilung unwirksamer Bauvertragsklauseln. 2009.

Band 5 Stefan Schifferdecker: Bindungswirkung städtebaulicher Wettbewerbe. Rechtliche und soziale Bindungen im Abwägungsprozess. 2009.

Band 6 Christian Felix Fischer: Die zweifelhafte Abnahmefiktion des § 640 Abs. 1 S. 3 BGB. Eine Untersuchung der Voraussetzungen und Rechtsfolgen, ihres Sinn und Zwecks sowie der Folgen für die Praxis. 2010.

Band 7 Jan-Bertram A. Hillig: Die Mängelhaftung des Bauunternehmers im deutschen und englischen Recht. 2010.

Band 8 Hajo Willner: Zahlungsansprüche von Bauunternehmern bei Störungen des Bauablaufs. Eine Untersuchung in Bezug auf VOB/B-Verträge. 2010.

Band 9 Kathrin Susanne Jansen: Die Mangelrechte des Bestellers im BGB-Werkvertrag vor Abnahme. 2010.

Band 10 Franz Weinberger: *Alliancing Contracts* im deutschen Rechtssystem. 2010.

www.peterlang.de

Madeleine Hampel

Das private Bauvertragsrecht im russischen Recht
Ein bewertender Vergleich zum deutschen Recht

Frankfurt am Main, Berlin, Bern, Bruxelles, New York, Oxford, Wien, 2009.
XXXIV, 576 S.
Europäische Hochschulschriften. Reihe 2: Rechtswissenschaft. Bd. 4962
ISBN 978-3-631-59528-2 · br. € 99,80*

Das private Bauvertragsrecht hat trotz befürwortender Stimmen in Rechtstheorie und Rechtspraxis bislang noch keine Kodifizierung im deutschen Recht gefunden. Demgegenüber reicht im russischen Recht die Normierung des Bauvertrages bis in das Jahr 1835 zurück. Ob und wie effektiv beide Zivilrechtsysteme vor diesem Hintergrund die Interessen der Bauvertragsparteien wahren, ist Schwerpunkt dieser rechtsvergleichenden Untersuchung. Sie behandelt das Interesse des Auftraggebers an einem mangelfrei und fristgemäß hergestellten Werk und das Interesse des Auftragnehmers an der Vergütung. Dabei findet ein Exkurs in die kommerziellen Formen des Bauens statt und es wird auf die technischen Reglements eingegangen, die am 01.01.2010 die russischen Baunormen und -regeln ersetzen.

Aus dem Inhalt: Geschichte des Russischen Bauvertragsrechts · Rechtsquellen · Beteiligte am Bauvertrag · Kommerzielle Formen des Bauens · Vertragsbestandteile des Bauvertrages · Pflichten der Bauvertragsparteien · Gefahrtragung · Zusatzarbeiten, Preisänderungen und Bauzeitveränderungen · Mängelhaftung · Außervertragliche Haftung · Sicherheiten

Frankfurt am Main · Berlin · Bern · Bruxelles · New York · Oxford · Wien
Auslieferung: Verlag Peter Lang AG
Moosstr. 1, CH-2542 Pieterlen
Telefax 00 41 (0) 32 / 376 17 27

*inklusive der in Deutschland gültigen Mehrwertsteuer
Preisänderungen vorbehalten
Homepage http://www.peterlang.de

www.ingramcontent.com/pod-product-compliance
Ingram Content Group UK Ltd.
Pitfield, Milton Keynes, MK11 3LW, UK
UKHW021827210426
5322IPUK00003B/63

9 783631 603055